普通高等学校
电类规划教材
电子信息与通信工程

U0300259

数字通信

技术与应用

◎毛京丽 董跃武 编著

人民邮电出版社

北 京

图书在版编目（CIP）数据

数字通信技术与应用 / 毛京丽，董跃武编著. -- 北京 : 人民邮电出版社，2017.3（2023.8重印）
普通高等学校电类规划教材. 电子信息与通信工程
ISBN 978-7-115-44654-1

Ⅰ. ①数… Ⅱ. ①毛… ②董… Ⅲ. ①数字通信－高等学校－教材 Ⅳ. ①TN914.3

中国版本图书馆CIP数据核字(2017)第005877号

内 容 提 要

为了适应数字通信新技术的发展需要，全书共分 6 章，在简要介绍了数字通信系统基本概念的基础上，详细论述了数字终端编码技术——语音信号数字化（包括脉冲编码调制 PCM 及语音信号压缩编码）、时分多路复用及 PCM30/32 路系统、数字信号复接技术——PDH 与 SDH、数字信号传输技术等，最后探讨了 SDH 网络技术与应用。

此外，为便于学生学习过程的归纳总结和培养学生分析问题和解决问题的能力，在每章最后都附有本章小结和习题。

本书取材适宜，结构合理，阐述准确，文字简练，深入浅出，条理清晰，易于学习理解和讲授。它既可作为高等院校通信专业本、专科教材，也可作为从事通信工作的科研和工程技术人员的学习参考书。

- ◆ 编　著　毛京丽　董跃武
　　责任编辑　张孟玮
　　执行编辑　李　召
　　责任印制　杨林杰
- ◆ 人民邮电出版社出版发行　　北京市丰台区成寿寺路 11 号
　　邮编　100164　电子邮件　315@ptpress.com.cn
　　网址　https://www.ptpress.com.cn
　　涿州市殷润文化传播有限公司印刷
- ◆ 开本：787×1092　1/16
　　印张：15　　　　　　　2017 年 3 月第 1 版
　　字数：368 千字　　　　2023 年 8 月河北第 6 次印刷

定价：45.00 元

读者服务热线：**(010)81055256**　印装质量热线：**(010)81055316**
反盗版热线：**(010)81055315**
广告经营许可证：京东市监广登字 20170147 号

21 世纪人类已进入高度发达的信息社会，这就要求高质量的信息传输与之相适应，而数字通信是现代信息传输的重要手段。

掌握数字通信基本理论和实际应用技术，对于高等院校通信专业学生和通信工作者是至关重要的。

本书在编写过程中注重教学改革实践效果和数字通信新技术的发展，既有数字通信基本概念和基本原理的介绍，又论述了数字信号复接和数字信号传输技术等各种实际问题，而且还研究了 SDH 组网的相关内容与 SDH 技术的应用。

全书共有 6 章。

第 1 章概述，主要介绍了数字通信的概念、数字通信系统的构成、数字通信的特点及数字通信系统的主要性能指标。

第 2 章数字终端编码技术——语音信号数字化，首先简单介绍了语音信号编码的基本概念，接着详细分析了 PCM 通信系统的构成、A/D 变换和 D/A 变换的基本方法，然后讨论了几种语音信号压缩编码技术，主要包括自适应差值脉冲编码调制（ADPCM）、参量编码（LPC）和混合编码（子带编码）。

第 3 章时分多路复用及 PCM30/32 路系统，首先介绍了频分复用、时分复用、波分复用和码分复用几种多路复用方法，然后借助 PCM 时分多路通信系统的构成，详细分析了 PCM 系统是如何实现时分多路通信的，并具体论述了 PCM30/32 路系统的帧结构、定时系统、帧同步系统的工作原理及 PCM30/32 路的系统构成等。

第 4 章数字信号复接技术——PDH 与 SDH，包括两大方面的内容：一是准同步数字体系（PDH），主要介绍了数字复接的基本概念、同步复接与异步复接原理、PCM 零次群和PCM 高次群、PDH 的网络结构及 PDH 的弱点。二是同步数字体系（SDH），主要介绍了 SDH的基本概念、SDH 的速率体系、SDH 的基本网络单元、SDH 的帧结构、SDH 的复用映射结构和具体映射、定位、复用方法等。

第 5 章数字信号传输技术，首先介绍了数字信号传输的基本概念，然后论述了数字信号的基带传输系统的构成、基本准则、基带传输码型及再生中继传输，最后分析了数字信号的频带传输所涉及的问题（主要包括频带传输系统的基本结构及数字调制方法），并介绍了几种频带传输系统。

第 6 章 SDH 网络技术与应用，首先介绍了 SDH 传输网的拓扑结构及 SDH 传输网的分层结构，然后论述了传输网的网络保护方式、SDH 传输网的网同步，继而研究了基于 SDH 的 MSTP 技术，最后探讨了 SDH 与 MSTP 技术的应用问题。

全书第 1、2、3、4 章及第 6 章由毛京丽编写，第 5 章由董跃武编写。

本书在编写过程中，得到了勾学荣教授的指导以及姬艳丽、陈全、徐鹏、贺雅璇、黄秋钧、魏东红、齐开诚、夏之斌、胡凌霄、高阳、任永攀、武强、许世纳等的帮助，在此表示感谢！

在本书的编写过程中，参考了一些相关的文献，从中受益匪浅，在此对这些文献的著作者表示深深的感谢！

编　者

2017 年 3 月

目 录

第 **1** 章 概述

为了使读者对数字通信系统有一个比较全面的了解，本章简要介绍了有关数字通信的一些最基本的概念，主要包括数字通信的概念、数字通信系统的构成、数字通信的特点、数字通信系统的主要性能指标及数字通信技术的发展概况等。

1.1 数字通信系统的基本概念

1.1.1 信息、信号及分类

1. 信息的概念

通信的目的就是传递或交换信息。什么是信息呢？

（1）信息的定义

从信息论的观点来看，本体论层次（无条件约束的层次、纯客观角度）信息的定义是事物运动的状态和方式；认识论层次（站在人类主体的立场上）信息的定义是某主体所表述的相应事物的运动状态和运动方式。

与通信结合较紧密的信息的定义是美国的一位数学家、信息论的主要奠基人仙农（C.E.Shannnon）提出的。他把信息定义为"用来消除不定性的东西"。通信的过程就是传递"用来消除不定性的东西"。

（2）信息的基本特征

信息具有以下基本特征。

① 可度量性

信息可采用基本的二进制度量单位（比特）进行度量。一个二进制的"1"或者一个二进制的"0"所含的信息量是 1 比特（bit）。

② 可识别性

自然信息（自然界存在的信息：动物、植物等运动的状态和方式）可以采取直观识别、比较识别和间接识别等多种方式来把握，例如听、看、触觉感知等；社会信息（将自然信息用语言、文字、图表和图像等表达出来）可以采取综合识别方式。

③ 可转换性

信息可以从一种形态转换为另一种形态，自然信息可转换为语言、文字、图表和图像等社会信息。

社会信息和自然信息都可转换为由电磁波为载体的电话、电报、电视或数据等信号。

④ 可存储性

信息可以以各种方式进行存储。大脑就是一个天然信息存储器，人脑利用其 100 亿～150 亿个神经元，可存储 100 万亿～1000 万亿比特的信息。除大脑的自然信息存储外，人类早期一般用文字进行信息存储，而后又发展了录音、录像、缩微以及计算机存储等多种信息存储方式，不但能存储静态信息，而且可存储动态信息。

⑤ 可处理性

信息具有可处理性。人脑就是一个最佳的信息处理器，其他像计算机信息处理等只不过是人脑的信息处理功能的一种外化而已。

⑥ 可传递性

信息常用的传递方式有语言、表情、动作、报刊、书籍、广播、电视、电话等。

⑦ 可再生性

信息经过处理后，可以其他形式再生。如自然信息经过人工处理后，可用语言或图形等方式再生成信息，输入计算机的各种数据文字等信息，可用显示、打印、绘图等方式再生成信息。

⑧ 可压缩性

信息可按照一定规则或方法进行压缩，以用最少的信息量来描述一个事物。压缩的信息处理后可还原。

⑨ 可利用性

信息具有实效性或可利用性，它只对特定的接收者才能显示出来，如有关农作物生长的信息，只对农民有效，对工人则效用甚微。而且，对于不同的接收者，信息的可利用度也不同。

⑩ 可共享性

信息具有不守恒性，它具有扩散性。在信息的传递中，对信息的持有者来说，并没有任何损失。这就导致了信息的一个重要特性——可共享性。

2. 信号的概念

信号是携带信息的载体，信息则是这个载体所携带的内容。

对于通信系统（后述）信源发出的信息要经过适当的变换和处理，使之变成适合在信道上传输的信号才可以传输。信号应具有某种可以感知的物理参量，如电压、电流及光波强度、频率、时间等。

3. 信号的分类

（1）根据信源发出的信息的形式分类

根据信源发出的信息的形式不同，信号可分为语音信号、电报信号、电视信号、传真信号和数据信号等。

（2）根据信号物理参量基本特征分类

信号的时间波形的特征可用两个物理参量（时间、幅度）来表示。根据信号物理参量基本特征的不同，信号可以分为两大类：模拟信号和数字信号。

① 模拟信号

图 1-1（a）所示的信号是模拟信号。可见模拟信号波形模拟着信息的变化而变化，其特点是幅度连续。连续的含义是在某一取值范围内可以取无限多个数值。从图 1-1（a）波形中又可看出，此信号波形在时间上也是连续的，我们将时间上连续的信号叫连续信号。图 1-1

（b）所示的是图 1-1（a）的抽样信号，即对图 1-1（a）的信号波形每隔 T_S 时间抽样一次，因此其波形在时间上是离散的，但幅度取值仍是连续的，所以图 1-1（b）仍然是模拟信号，由于此波形在时间上是离散的，故它又是离散信号。电话信号、传真信号、电视信号等都属于模拟信号。

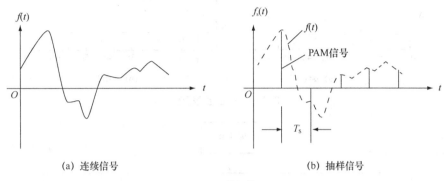

(a) 连续信号　　　　　　　　　　(b) 抽样信号

图 1-1　模拟信号

② 数字信号

图 1-2 所示的是数字信号的波形，其特点是幅值被限制在有限个数值之内，它不是连续的，而是离散的。图 1-2（a）所示的是二进码，每一个码元只取两个幅值（0，A）；图 1-2（b）所示的是四电平码，其每个码元只取四个幅值（3，1，-1，-3）中的一个。这种幅度离散的信号称为数字信号。电报信号、数据信号（计算机等数据终端输出的信号称为数据信号）等属于数字信号。

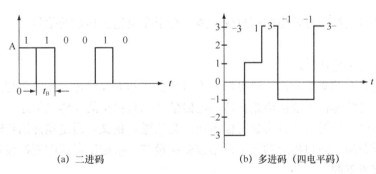

(a) 二进码　　　　　　　　　　(b) 多进码（四电平码）

图 1-2　数字信号

从以上分析可知，数字信号与模拟信号的区别是根据幅度取值上是否离散而定的。虽然模拟信号与数字信号有明显区别，但二者之间，在一定条件下是可以互相转换的。

在此顺便介绍一下占空比的概念。参见图 1-3，设"1"码脉冲的宽度为 τ，二进制码元允许的时间为 t_B（即二进制码元的间隔），占空比 $a = \dfrac{\tau}{t_B}$，可见，图 1-3（a）中 $a=1$，图 1-3（b）中 $a=1/2$。

1.1.2　通信系统的组成

信息的传递和交换的过程称为通信。

我们知道信息可以有多种表现形式，如语音、文字、数据、图像等。近代通信系统也是种类繁多、形式各异，但可以把通信系统概括为一个统一的模型。这一模型包括信源、变换器、信道、反变换器、信宿和噪声源六个部分，如图 1-4 所示。

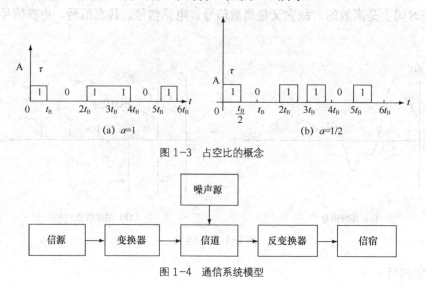

图 1-3　占空比的概念

图 1-4　通信系统模型

通信系统模型中各部分的功能如下。

1．信源

信源是指发出信息的信息源。在人与人之间通信的情况下，信源是发出信息的人；在机器与机器之间通信的情况下，信源是发出信息的机器，如计算机等。

2．变换器

变换器的功能是把信源发出的信息变换成适合于在信道上传输的信号。

3．信道

信道是信号的传输通道。

如果按传输媒介的类型分，信道可以分为有线信道和无线信道。有线信道主要包括双绞线、同轴电缆、光纤等；无线信道是指传输电磁信号的自由空间（详见下述）。

如果按范围分，信道可以分为狭义信道和广义信道。狭义信道是指纯的传输媒介；广义信道则是传输媒介加上两边相应的通信设备或变换设备。根据所考虑的变换设备多少，广义信道的范围也有所不同。

如果按信道上传输的信号形式分，信道可以分为模拟信道与数字信道。传输模拟信号的信道称为模拟信道；传输数字信号的信道称为数字信道。

4．反变换器

反变换器是变换器的逆变换。其功能就是把从信道上接收的信号变换成信息接收者可以接收的信息。

5．信宿

信宿是指信息传送的终点，也就是信息接收者。它可以是与信源对应的，构成人—人通信或机—机通信，也可以是与信源不一致的，构成人—机通信。

6．噪声源

噪声是通信系统中存在的对正常信号传输起干扰作用的、不可避免的一种干扰信号。

干扰噪声可能在信源信息初始产生的周围环境中就混入了，也可能从构成变换器的电子设备中引入，还有在传输信道中及接收端的各种设备中都可能引入干扰噪声。模型中的噪声源是以集中形式表示的，即把发送、传输和接收端各部分的干扰噪声集中地由一个噪声源来表示。

噪声按照统计特性分有高斯噪声和白噪声。高斯噪声是指噪声的概率密度函数服从高斯分布（即正态分布）；白噪声是指噪声的功率谱密度函数在整个频率域（$-\infty < \omega < +\infty$）内是均匀分布的，即它的功率谱密度函数在整个频率域（$-\infty < \omega < +\infty$）内是常数（白噪声的功率谱密度通常以 N_0 来表示，它的量纲单位是瓦/赫（W/Hz））。

若噪声的概率密度函数服从高斯分布，功率谱密度函数在整个频率域（$-\infty < \omega < +\infty$）内是常数，这类噪声称为高斯白噪声。实际信道中的噪声都是高斯白噪声。

1.1.3 传输信道

1. 信道类型及特性

上已述及，有线信道主要包括双绞线、同轴电缆、光纤等；无线信道是指传输电磁信号的自由空间。下面简单介绍这几种信道。

（1）双绞线

双绞线是由两条相互绝缘的铜导线扭绞起来构成的，一对线作为一条通信线路。其结构如图 1-5（a）所示，通常一定数量这样的导线对捆成一个电缆，外边包上硬护套。双绞线可用于传输模拟信号，也可用于传输数字信号，其通信距离一般为几到几十千米，其传输衰减特性如图 1-6 所示。由于电磁耦合和集肤效应，线对的传输衰减随着频率的增加而增大，故信道的传输特性呈低通型特性。

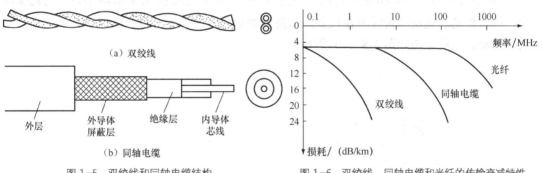

图 1-5 双绞线和同轴电缆结构　　　　图 1-6 双绞线、同轴电缆和光纤的传输衰减特性

由于双绞线成本低廉且性能较好，在数据通信和计算机通信网中都是一种普遍采用的传输媒质。目前，在某些专门系统中，双绞线在短距离传输中的速率已达 100～155Mbit/s。

（2）同轴电缆

同轴电缆也像双绞线那样由一对导体组成，但它们是按同轴的形式构成线对，其结构如图 1-5（b）所示。其中最里层是内导体芯线，外包一层绝缘材料，外面再套一个空心的圆柱形外导体，最外层是起保护作用的塑料外皮。内导体和外导体构成一组线对。应用时，外导体是接地的，故同轴电缆具有很好的抗干扰性，并且它比双绞线具有较好的频率特性。同轴电缆与双绞线相比成本较高。

与双绞线信道特性相同，同轴电缆信道特性也是低通型特性，但它的低通频带要比双绞线的频带宽。

（3）光纤

① 光纤的结构

光纤有不同的结构形式，目前通信用的光纤绝大多数是用石英材料做成的横截面很小的双层同心玻璃体，外层玻璃的折射率比内层稍低。折射率高的中心部分叫作纤芯，其折射率为 n_1，直径为 $2a$；折射率低的外围部分称为包层，其折射率为 n_2，直径为 $2b$。光纤的基本结构如图 1-7 所示。

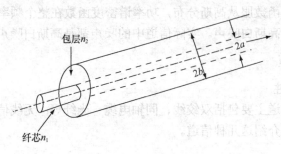

图 1-7　光纤的基本结构

② 光纤的种类

按照折射率分布、传输模式多少、材料成分等的不同，光纤可分为很多种类，下面简单介绍有代表性的几种。

a. 按照折射率分布分。 光纤按照折射率分布可以分为阶跃型光纤和渐变型光纤两种。

● 阶跃型光纤。纤芯折射率 n_1 沿半径方向保持一定，包层折射率 n_2 沿半径方向也保持一定，而且纤芯和包层的折射率在边界处呈阶梯型变化，这种光纤称为阶跃型光纤，又可称为均匀光纤，它的结构如图 1-8（a）所示。

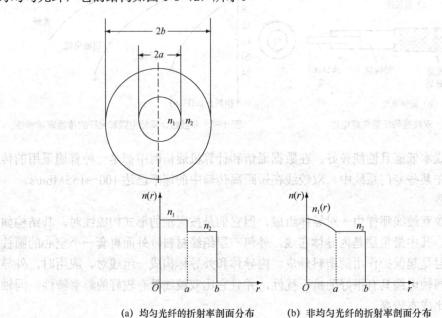

(a) 均匀光纤的折射率剖面分布　　　(b) 非均匀光纤的折射率剖面分布

图 1-8　光纤的折射率剖面分布

- 渐变型光纤。纤芯折射率 n_1 随着半径加大而逐渐减小，而包层中折射率 n_2 是均匀的，这种光纤称为渐变型光纤，又称为非均匀光纤，它的结构如图 1-7（b）所示。

b. 按照传输模式的多少来分。所谓模式，实质上是电磁场的一种场型结构分布形式，模式不同，其场型结构不同。根据光纤中传输模式的数量，可分为单模光纤和多模光纤。

- 单模光纤。只传输单一模式的光纤，叫作单模光纤。单模光纤的纤芯直径较小，约为 $4 \sim 10\,\mu m$，通常认为纤芯中的折射率是均匀分布的。由于单模光纤只传输基模，从而完全避免了模式色散，使传输带宽大大加宽。因此，它适用于大容量、长距离的光纤通信。

- 多模光纤。在一定的工作波长下，可以传输多种模式的光纤，称为多模光纤。多模光纤的纤芯直径约为 $50\,\mu m$，由于模式色散的存在使多模光纤的带宽变窄，但其制造、耦合、连接都比单模光纤容易。

c. 按光纤的材料来分。

- 石英系光纤。这种光纤的纤芯和包层是由高纯度的 SiO_2 掺有适当的杂质制成，光纤的损耗低，强度和可靠性较高，目前应用最广泛。

- 石英芯、塑料包层光纤。这种光纤的纤芯用石英制成，包层采用硅树脂。

- 多成分玻璃纤维。这种光纤一般用钠玻璃掺有适当杂质制成。

- 塑料光纤。这种光纤的纤芯和包层都由塑料制成。

（4）无线信道

无线通信中信号是以微波的形式传输。微波是一种频率在 300MHz～300GHz 之间的电磁波，有时我们把这种电磁波简称为电波。电波由天线辐射后，便向周围空间传播，到达接收地点的能量仅是一小部分。距离越远，这一部分能量越小。

无线通信中主要的电波传播模式有 3 种——空间波、地表面波和天波，如图 1-9 所示。

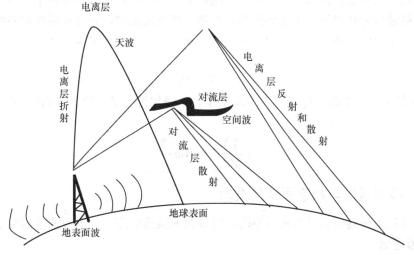

图 1-9　电波传输模式

空间波是指在大气对流层中进行传播的电波传播模式。在电波的传播过程中，会出现反射、折射和散射等现象。长途微波通信和移动通信中均采用这种视距通信方式。

地表面波是指沿地球表面传播的电波传播模式。长波、中波一般采用这种传播方式，天线直接架设在地面。

天波是利用电离层的折射、反射和散射作用进行的电波传播模式。短波通信采用的正是这种电波传播模式。

对于无线信道，电波空间所产生的自然现象，例如雨、雾、雪及大气湍流等都会对电波的传输质量带来影响，并产生衰落。尤其在卫星通信中，由于卫星通信的传播路径遥远，要通过对流层中的云层以及再上面的同温层、中间层、电离层和外层空间，故电波传播受空间影响更大。

2. 传输损耗

信号在传输介质中传播时将会有一部分能量转化成热能或者被传输介质吸收，从而造成信号强度不断减弱，这种现象称为传输损耗（或传输衰减）。衰减将对信号传输产生很大的影响，若不采取有效措施，信号在经过远距离传输后其强度甚至会减弱到接收方无法检测到的地步，如图 1-10 所示。

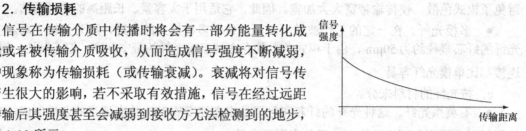

图 1-10 传输衰减

可见传输衰减是影响传输距离的重要因素之一。传输衰减的衡量是网络的输入端功率与输出端功率之差。衰减常用的电平符号是 dB（分贝），分贝（dB）是以常用对数表示两个功率之比的一种计量单位。

如设 0 点为发送源点，其发送功率为 P_0，传输终点为 1 点，接收点功率为 P_1，则 0 点到 1 点的传输损耗就是

$$D = 10\lg\frac{P_0}{P_1}(\text{dB}) \tag{1-1}$$

3. 信噪比

如前所述，信号在传输过程中不可避免地要受到传输损耗和信道噪声干扰的影响，信噪比就是用来描述信号传输过程所受到损耗和噪声干扰程度的量，它是衡量传输系统性能的重要指标之一。信噪比是指某一点上的信号功率与噪声功率之比，可表示为

$$\frac{S}{N} = \frac{P_S}{P_N} \tag{1-2}$$

式中，P_S 是信号平均功率；P_N 是噪声平均功率。信噪比通常是以分贝（dB）来表示的，其公式为

$$\left(\frac{S}{N}\right)_{\text{dB}} = 10\lg\frac{P_S}{P_N} \tag{1-3}$$

1.1.4 模拟通信与数字通信的概念

根据在信道上传输的信号形式的不同，可分为两类通信方式：模拟通信和数字通信。

1. 模拟通信

模拟通信是以模拟信号的形式传递消息。模拟通信采用频分复用实现多路通信，即通过调制将各路信号的频谱搬移到线路的不同频谱上，使各路信号在频率上错开以实现多路通信。

2. 数字通信

数字通信是以数字信号的形式传递消息。数字通信采用时分复用实现多路通信，即利用各路信号在信道上占有不同的时间间隔的特征来分开各路信号。

1.1.5 数字通信系统的构成模型

数字通信系统的构成模型如图 1-11 所示。

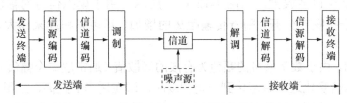

图 1-11 数字通信系统的构成模型

发送终端是把原始信息变换成原始电信号。常见的信源有产生模拟信号的电话机、话筒、摄像机和输出数字信号的电子计算机、各种数字终端设备等。

信源编码的功能之一是把模拟信号变换成数字信号，即完成模/数变换的任务；功能之二是数据压缩。如果信源产生的已经是数字信号，可省去信源编码部分。

传输过程中由于信道中存在噪声干扰，使得传输的数字信号产生差错——误码。为了在接收端能自动进行检错或纠正差错，在信源编码后的信息码元中，按一定的规律附加一些监督码元，形成新的数字信号。接收端可按数字信号的规律性来检查接收信号是否有差错或纠正错码。这种自动检错或纠错功能是由信道编码来完成的。

信道是指传输信号的通道。前面我们已知信道的种类，其中双绞线和同轴电缆可以直接传输基带数字信号（未经调制变换的数字信号），而其他各种信道媒介都工作在较高的频段上，因此需将基带数字信号经过调制，将其频带搬移到适合于信道传输的频带上。基带数字信号直接在信道中传输的方式称为基带传输；将基带数字信号经过调制后再送到信道的传输方式称为频带传输。调制器的作用是对数字信号进行频率搬移。

接收端的解调、信道解码、信源解码等几个方框的功能与发送端几个对应的方框正好相反，是一一对应的反变换关系，这里不再赘述。信源解码后的电信号，由接收终端所接收。

这里有两个问题需要说明。

① 图 1-11 中的发送终端其实包括图 1-4 中信源和变换器的一部分；信源编码、信道编码和调制相当于图 1-4 中变换器的另一部分。接收终端包括图 1-4 中信宿和反变换器的一部分；解调、信道解码、信源解码相当于图 1-4 中反变换器的另一部分。

② 对于具体的数字通信系统，其方框图并非都与图 1-11 方框图完全一样，例如：

• 若信源是数字信息时（例如发送终端发送的是数据信号），则信源编码和信源解码可去掉，这样就构成数据通信系统。

• 若通信距离不太远，且通信容量不太大时，信道一般采用电缆，即采用基带传输方式，这样就不需要调制和解调部分。

• 传送语音信息时，即使有少量误码，也不影响通信质量，一般不加信道编码、解码。

• 在对保密性能要求比较高的通信系统中，可在信源编码与信道编码之间加入加密器，同时在接收端加入解密器。

1.2 数字通信的特点

数字通信具有以下几个主要特点。

1. 抗干扰能力强，无噪声积累

在模拟通信中，为了提高信噪比，需要及时对传输信号进行放大（增音），但与此同时，串扰进来的噪声也被放大，如图 1-12 （a）所示。由于模拟信号的幅值是连续的，难以把传输信号与干扰噪声分开，随着传输距离的增加，噪声累积越来越大，将使传输质量严重恶化。

对于数字通信，由于数字信号的幅值为有限的离散值（通常取二个幅值），在传输过程中受到噪声干扰，当信噪比还没有恶化到一定程度时，即在适当的距离，采用再生的方法，再生成已消除噪声干扰的原发送信号，如图 1-12 （b）所示。由于无噪声积累，可实现长距离、高质量的传输。

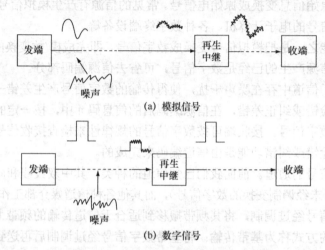

图 1-12 两类通信方式抗干扰性能比较

2. 便于加密处理

信息传输的安全性和保密性越来越显得重要。数字通信的加密处理比模拟通信容易得多。以语音信号为例，经过数字变换后的信号可用简单的数字逻辑运算进行加密、解密处理，如图 1-13 所示。

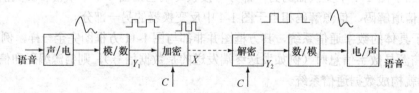

图 1-13 加密数字电话方框图

3. 采用时分复用实现多路通信

时分复用是利用各种信号在信道上占有不同的时间间隙，同在一条信道上传输，并且互不干扰。

4. 设备便于集成化、微型化

数字通信采用时分多路复用，不需要昂贵的、体积较大的滤波器。由于设备中大部分电路都是数字电路，可以用大规模和超大规模集成电路实现，这样功耗也较低。

5．占用信道频带宽

一路数字电话的频带为 64kHz（见第 3 章），而一路模拟电话所占频带仅为 4kHz，前者是后者的 16 倍。然而随着微波、卫星、光缆信道的大量利用（其信道频带非常宽），以及频带压缩编码器的实现和大量使用，数字通信占用频带宽的矛盾正逐步减小。

1.3　数字通信系统的主要性能指标

衡量数字通信系统性能好坏的主要指标是有效性和可靠性。

1.3.1　有效性指标

有效性指标具体包括以下 3 项内容。

1．信息传输速率（R）

信息传输速率简称传信率，也叫数码率（常用 f_B 表示）。它定义为每秒所传输的信息量。

信息量是信息多少的一种度量，信息的不确定性程度越大，则其信息量越大。信息量的度量单位为"比特"（bit）。在满足一定条件下，一个二进制码元（一个"1"或一个"0"）所含的信息量是一个"比特"（条件为：随机的、各个码元独立的二进制序列，且"0"和"1"等概率出现），所以信息传输速率的定义也可以说成是每秒所传输的二进制码元数，其单位为bit/s。根据推导（推导过程见第 3 章）可以得出数码率的公式为

$$f_B = f_s \cdot n \cdot l \tag{1-4}$$

其中，f_s 为抽样频率，n 是复用的路数，l 是编码的码位数。

传信率（或数码率）的物理意义有两条：一是它反映了数字信号的传输速率；二是数码率的数值代表数字信号（二进制时）的带宽，即数字信号的带宽约等于 f_B。

2．符号速率（N_{Bd}）

符号速率也叫码元速率，它定义为每秒所传输的码元数目（这里的码元可以是多进制的，也可以是二进制的），其单位为"波特"（Bd）。

一般将二进制码元称为代码，符号（或码元）与代码的关系为：一个符号用 $\log_2 M$ 个代码表示（M 为进制数或电平数）。表 1-1 列出了四进制符号与二进制码元（代码）的一种对应关系。

表 1-1　　　　　　　　　　　　四进制符号与二进制码元的对应关系

四进制	二进制
-3	00
-1	01
+1	10
+3	11

综上所述，很容易得出信息传输速率与符号速率的关系为

$$R = N_{Bd} \log_2 M \tag{1-5}$$

可见，二进制时，信息传输速率与符号速率相等。

3．频带利用率

在比较不同的通信系统时，单看它们的传输速率是不够的，还要看传输这种信息所占的

信道频带的宽度。通信系统所占的频带越宽，传输信息的能力越大。所以真正用来衡量数字通信系统传输效率的指标（有效性）应当是频带利用率，即单位频带内的传输速率。具体公式为

$$\eta = \frac{符号速率}{频带宽度} (\mathrm{baud / Hz}) \tag{1-6}$$

$$\eta = \frac{信息传输速率}{频带宽度} (\mathrm{bit / s \cdot Hz}) \tag{1-7}$$

1.3.2 可靠性指标

反映数字通信系统可靠性的主要指标是误码率和信号抖动。

1. 误码率

数字信号在传输的过程中，当噪声干扰太大时将会导致错误地判决码元，即"1"码误成"0"码或"0"码误成"1"码，误码率是用来衡量误码多少的指标。

误码率定义为在传输过程中发生误码的码元个数与传输的总码元之比，即

$$P_e = \lim_{N \to \infty} \frac{发生误码个数(n)}{传输总码元(N)} \tag{1-8}$$

这个指标是多次统计结果的平均量，所以这里指的是平均误码率。

误码率的大小由传输系统特性、信道质量及系统噪声等因素决定，如果传输系统特性和信道特性都是高质量的，而且系统噪声较小，则系统的误码率就较低；反之，系统的误码率就较高。这里讲的误码是指在一个再生中继段传输过程中，前一个站的输出与下一个站判决再生输出相比而言的一个中继段的误码，即指的是一个站的误码。在一个传输链路中，经多次再生中继后的总误码率是以一定方式累计的，在传输的终点以累积的结果作为总的误码率。

2. 信号抖动

在数字通信系统中，信号抖动是指数字信号码相对于标准位置的随机偏移。其示意图如图 1-14 所示。

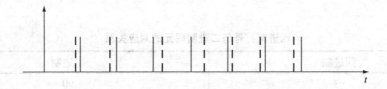

图 1-14 信号抖动示意图

数字信号位置的随机偏移，即信号抖动的定量值的表示是统计平均值，它同样与传输系统特性、信道质量及噪声等有关。同样，多中继段链路传输时，信号抖动也具有累积效应。

从可靠性角度而言，误码率和信号抖动都直接反映了通信质量。如对语声信号数字化传输，误码和抖动都会对数/模变换后的语音质量产生直接影响。

以上介绍了数字通信系统的有效性和可靠性指标，这两个指标是矛盾的，需要综合考虑它们的大小，以获得最好的传输效果。

1.4 数字通信技术的发展概况

数字通信终端设备、数字传输技术方面的发展有以下几个趋势。

1. 向着小型化、智能化方向发展

随着微电子技术的发展，数字通信设备不断在更新换代，每换一代，性能就更先进、更全面，经济效益就更好，更能适应现代通信的需要。

例如某公司生产的 PCM30/32 复用系统，每个 30 路系统占一个 300mm×120mm×225mm 机框，功耗仅 2.5W，共 5 块印制电路板，其中话路占 4 块（每块装 8 路），群路为一块，具备开放 4 个 64kbit/s 数据口。一个窄条架可装 8 个系统，共 240 路，相当于一个标准宽架可装 1200 路。

另外是它的智能化。微处理器技术已应用到设备中。例如利用微处理器完成信令变换，使得设备能灵活适应长途、市话中各种型式的交换机。在再生中继故障定位中使用微处理器实现不停业务的自动监测告警。

随着小型化、低功耗和故障的自动诊断，系统可靠性大大提高，成本也大大下降。

2. 向着数字处理技术的开发与应用发展

（1）压缩频带和比特率

数字通信每路带宽为 64kHz，这是一个缺点。但这是基于对每个样值量化后进行 8bit PCM 编码得到的。实际上语音信号样值之间有相关性，根据前几个样值可以预测后一样值的幅度，每次对实际样值幅度与预测之差进行修正就可以了，就是说无须传输每个样值本身的幅度，只要对样值与其预测值之差进行量化编码后传输即可。这就是自适应差值脉冲编码调制，即 ADPCM。由于差值幅度动态范围远小于样值本身，每个差值只需用 4bit 编码，每路速率可压缩为 32kbit/s，其质量仍然满足 CCITT（现更名为 ITU-T）的要求，这样在 2Mbit/s 传输系统上只需要再配置一对 30 路 PCM 端机及 60 路 ADPCM 编码转换设备就可以传 60 个话路。

（2）数字语音插空

在通话过程中，一方在讲话时，另一方必然在听，也就是说电路总有一个方向是空闲的，况且讲话的一方还有停顿，因此电路中每一方向的平均利用率不到 50%。可以利用已经占用的电路在通话过程中的空闲时间来传送其他话路的信号，这叫语音插空技术（DSI）。利用 DSI 技术可以把 120 条电路当作 240 条电路使用。

（3）数字电路倍增

ADPCM 技术是利用语音信号的相关性压缩信号的冗余度，而 DSI 技术是利用通话的双向性提高电路利用率。两种技术并不矛盾，可同时采用，这就是数字电路倍增（DCME），它可使电路容量翻两番，即一条 2Mbit/s 电路，可传 120 路电话。最新资料表明，DSI 技术可做到 2.5 倍增益，这样一条电路可当作 5 条电路使用。

3. 向着用户数字化发展

数字程控交换与数字传输的结合构成综合数字网（IDN）。对电话用户而言，网络的入口仍然是模拟的。由于每个话路带宽为 300～3400Hz，传输速度不高于 9600baud，这样的入口限制了 IDN 的能力的发挥。解决的方法是打开网络入口，使数字化从交换节点至交换节点扩展到用户—网络接口至用户—网络接口。不同业务的信号都以数字信号形式进网，同一个网可承担多种业务，实现端至端的数字连接。

要将数字化从交换节点延伸到用户所在地的用户—网络接口，必须解决用户线的数字传输问题。另外，数字传输一般都是四线制，来、去方向分别用一对线，而用户线是二线制，还要解决利用二线实现双向数字传输的问题，目前一般采用乒乓法和回波抵消法两种方法。

4．向着高速大容量发展

为了提高长距离干线传输的经济性，近年来，国内外都在开发高速大容量的数字通信系统，国内外的 PCM 二、三、四次群数字复接设备都经历了换代和进一步小型化的过程。

从低次群到高次群，从原理上讲基本一样，但每升高一次群，速率倍乘 4 倍，实现上增加许多难度，需要选择适应工作速度高的器件。例如，二、三次群可选用 HCT（可与 TTL 兼容的高速 CMOS 电路）、LSTTL 等器件；四次群可选用 STTL、FTTL、HCT、ECL 等器件。

其实数字通信系统向着高速大容量方向发展的关键是传输体制由传统的准同步数字体系（PDH）过渡到同步数字体系（SDH），即交换局间采用 SDH 网进行传输。SDH 网的最高传输速率可以达到 9953.280 Mbit/s，甚至更高。

小　　结

1．信息的传递和交换的过程称为通信。通信系统的模型包括信源、变换器、信道、反变换器、信宿和噪声源六个部分。

2．信源产生的是原始的信息，信号是携带信息的载体。根据信源发出的信息的形式不同，信号可分为语音信号、电报信号、电视信号、传真信号和数据信号等。

根据信号物理参量基本特征的不同，信号可以分为两大类：模拟信号和数字信号。模拟信号的特点是幅度取值连续；数字信号的特点是幅度取值离散。

3．信道是信号的传输通道。如果按传输媒介的类型分，信道可以分为有线信道和无线信道。有线信道主要包括双绞线、同轴电缆、光纤等；无线信道是指传输电磁信号的自由空间。不同的信道有其各自的特性。

如果按范围分，信道可以分为狭义信道和广义信道。狭义信道是指纯的传输媒介；广义信道则是传输媒介加上两边相应的通信设备或变换设备。根据所考虑的变换设备多少，广义信道的范围也有所不同。

如果按信道上传输的信号形式分，信道可以分为模拟信道与数字信道。传输模拟信号的信道称为模拟信道；传输数字信号的信道称为数字信道。

4．数字通信是时分制多路通信，以数字信号的形式传递消息。数字通信系统的构成模型主要包括发送端的发送终端、信源编码、信道编码、调制和接收端的解调、信道解码、信源解码、接收终端以及信道。

5．数字通信的主要优点是抗干扰性强、无噪声积累，便于加密处理，采用时分复用实现多路通信，设备便于集成化、微型化。其缺点是数字信号占用频带较宽。

6．衡量数字通信系统性能的指标是有效性和可靠性。

信息传输速率、符号速率和频带利用率属于有效性指标。信息传输速率简称传信率，也叫数码率，定义是每秒所传输的信息量（或比特数或二进制码元数）；符号速率也叫码元速率，定义是每秒所传输的码元数目；真正用来衡量数字通信系统有效性的指标是频带利用率，即单位频带内的传输速率。

可靠性指标包括误码率和信号抖动。误码率的定义为在传输过程中发生误码的码元个数与传输的总码元之比；信号抖动是指数字信号码相对于标准位置的随机偏移。

7. 数字通信技术目前正向着以下几个方向发展：小型化、智能化，数字处理技术的开发与应用，用户数字化和高速大容量等。

习 题

1-1 模拟信号和数字信号的特点分别是什么？

1-2 数字通信系统的构成模型中，信源编码和信源解码的作用分别是什么？画出语音信号的基带传输系统模型。

1-3 数字通信的特点有哪些？

1-4 为什么说数字通信的抗干扰性强，无噪声积累？

1-5 设数字信号码元时间长度为 1μs，如采用四电平传输，求信息传输速率及符号速率。

1-6 接上例，若传输过程中 2s 误 1bit，求误码率。

1-7 假设数字通信系统的频带宽度为 1024kHz，可传输 2048kbit/s 的比特率，试问其频带利用率为多少？

1-8 数字通信技术的发展趋势是什么？

第2章 数字终端编码技术——语音信号数字化

数字通信是以数字信号的形式来传递消息的，而语音信号等模拟信号是幅度、时间取值均连续的模拟信号，所以数字通信所要解决的首要问题是模拟信号的数字化，即模/数变换（A/D 变换）。

模/数变换的方法主要有脉冲编码调制（PCM）、差值脉冲编码调制（DPCM）、自适应差值脉冲编码调制（ADPCM）、线性预测编码（LPC）和子带编码（SBC）等。

本章首先简单介绍语音信号编码的概念及分类，然后详细分析脉冲编码调制（PCM）的相关内容，最后讨论几种语音信号压缩编码方法，主要包括自适应差值脉冲编码调制（ADPCM）、参量编码和混合编码。

2.1 语音信号编码的概念和分类

2.1.1 语音信号编码的概念

所谓语音（语音）信号编码指的就是模拟语音信号的数字化。

2.1.2 语音信号编码的分类

根据语音信号的特点及编码的实现方法，语音信号的编码可分为三大类型。

1. 波形编码

波形编码是根据语音信号波形的特点，将其转换为数字信号。常见的波形编码有脉冲编码调制（PCM）、差值脉冲编码调制（DPCM）、自适应差值脉冲编码调制（ADPCM）、增量调制（DM）等。

2. 参量编码

参量编码是提取语音信号的一些特征参量，对其进行编码。它主要是跟踪波形产生的过程，传送反映波形产生的主要变化参量，并且利用这些参量在接收端根据语音产生过程的机理恢复成语音信号。

参量编码的特点是编码速率低，但语音质量要低于波形编码。线性预测编码（LPC）属于参量编码。

3. 混合编码

混合编码是介于波形编码和参量编码之间的一种编码，即在参量编码的基础上，引入一定的波形编码的特征。子带编码（SBC）属于混合编码。

2.2 脉冲编码调制（PCM）

2.2.1 PCM 通信系统的构成

1. 脉冲编码调制（PCM）的概念

脉冲编码调制（PCM）是模/数变换（A/D 变换）的一种方法，它是对模拟信号的瞬时抽样值量化、编码，以将模拟信号转化为数字信号。

2. PCM 通信系统的构成

若模/数变换的方法采用 PCM，由此构成的数字通信系统称为 PCM 通信系统。采用基带传输的 PCM 通信系统构成方框图如图 2-1 所示。

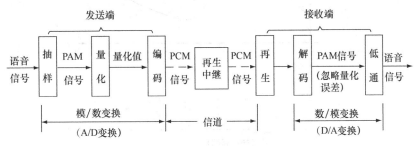

图 2-1 PCM 通信系统的构成方框图（基带传输）

它由三个部分构成。

（1）模/数变换

PCM 通信系统的模/数变换（A/D 变换）具体包括抽样、量化、编码三步。

- 抽样。把模拟信号在时间上离散化，变为脉冲幅度调制（PAM）信号。
- 量化。把 PAM 信号在幅度上离散化，变为量化值（共有 N 个量化值）。
- 编码。用二进码来表示 N 个量化值，每个量化值编 l 位码，则有 $N = 2^l$。

（2）信道部分

信道部分包括传输线路及再生中继器。由第 1 章可知再生中继器可消除噪声干扰，所以数字通信系统中每隔一定的距离加一个再生中继器以延长通信距离。

（3）数/模变换

接收端首先利用再生中继器消除数字信号中的噪声干扰，然后进行数/模变换。数/模变换包括解码和低通两部分。

- 解码。解码是编码的反过程，解码后还原为 PAM 信号（假设忽略量化误差——量化值与 PAM 信号样值之差）。
- 低通。接收端低通的作用是恢复或重建原模拟信号。

下面分别详细介绍有关抽样、量化、编码与解码等所涉及的问题。

2.2.2 抽样

1. 抽样的概念及分类

（1）抽样的概念

语音信号不仅在幅度取值上是连续的，而且在时间上也是连续的。要使语音信号数字化，首先要在时间上对语音信号进行离散化处理，这一处理过程是由抽样来完成的。所谓抽样就是每隔一定的时间间隔 T_S，抽取模拟信号的一个瞬时幅度值（样值）。抽样是由抽样门来完成的，在抽样脉冲 $s_T(t)$ 的控制下，抽样门闭合或断开，如图 2-2 所示。

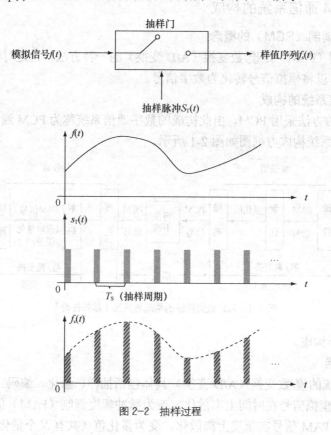

图 2-2 抽样过程

每当有抽样脉冲时，抽样门开关闭合，其输出取出一个模拟信号的样值；当抽样脉冲幅度为零时，抽样门开关断开，其输出为零（假设抽样门等效为一个理想开关）。抽样后所得出的一串在时间上离散的样值称为样值序列或样值信号，它是 PAM 信号，由于其幅度取值仍然是连续的，它仍是模拟信号。

（2）抽样的分类

抽样可以分为低通型信号的抽样和带通型信号的抽样。什么是低通型信号和带通型信号呢？

设模拟信号 $f(t)$ 的频率范围为 $f_0 \sim f_M$，$B = f_M - f_0$。若 $f_0 < B$，则该信号称为低通型信号（语音信号等属于低通型信号）；若 $f_0 \geq B$，则该信号称为带通型信号。下面重点介绍低通型信号的抽样。

2. 低通型信号的抽样

图 2-2 所示的抽样即为低通型信号的抽样，而且它为自然抽样。所谓自然抽样是其抽样脉冲有一定的宽度，样值也就有一定的宽度，且样值的顶部随模拟信号的幅度变化。实际采用的是自然抽样。

要想了解在什么条件下，接收端能从解码后的样值序列中恢复出原始模拟信号，有必要分析样值序列的频谱。为了分析方便，要借助于理想抽样分析。采用理想的单位冲激脉冲序列作为抽样脉冲（即用冲激脉冲近似表示有一定宽度的抽样脉冲）时，称为理想抽样。

（1）低通型信号的抽样频谱

下面借助于理想抽样来分析低通型信号的抽样频谱。

设抽样脉冲 $s_\mathrm{T}(t)$ 是单位冲激脉冲序列，抽样值是抽样时刻 nT 的模拟信号 $f(t)$ 的瞬时值 $f(nT)$，如图 2-3（a）所示。

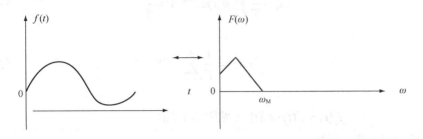

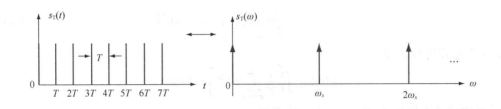

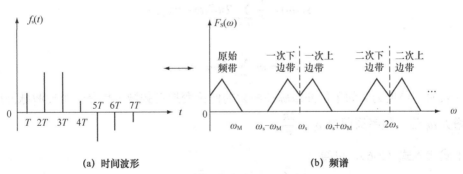

(a) 时间波形　　　　　　　　　(b) 频谱

图 2-3　理想抽样信号及频谱

现分析理想抽样时的样值序列 $f_\mathrm{s}(t)$ 的频谱 $F_\mathrm{s}(\omega)$ 与原始模拟语音信号 $f(t)$ 的频谱 $F(\omega)$ 之间的关系。

单位冲激脉冲序列 $s_\mathrm{T}(t)$ 可表示为

$$s_\mathrm{T}(t) = \sum_{n=-\infty}^{\infty} \delta(t-nT) \quad (T \text{ 为抽样周期}) \tag{2-1}$$

由于 $s_\mathrm{T}(t)$ 是周期函数，因此也可用傅氏级数表示，即

$$s_\mathrm{T}(t) = \sum_{n=-\infty}^{\infty} A_n \mathrm{e}^{jn\omega_\mathrm{s}t} \quad \left(\omega_\mathrm{s} = \frac{2\pi}{T} = 2\pi f_\mathrm{s} \right) \tag{2-2}$$

其中

$$A_n = \frac{1}{T} \int_{-\frac{T}{2}}^{\frac{T}{2}} s_T(t) \mathrm{e}^{-jn\omega_s t} \mathrm{d}t \qquad (2\text{-}3)$$

在积分界限 $-\frac{T}{2} \sim \frac{T}{2}$ 内，$s_T(t) = \delta(t)$，故

$$A_n = \frac{1}{T} \int_{-\frac{T}{2}}^{\frac{T}{2}} \delta(t) \mathrm{e}^{-jn\omega_s t} \mathrm{d}t = \frac{1}{T} \qquad (2\text{-}4)$$

因此

$$s_T(t) = \frac{1}{T} \sum_{n=-\infty}^{\infty} \mathrm{e}^{jn\omega_s t} \qquad (2\text{-}5)$$

由于有

$$f_s(t) = f(t) \cdot s_T(t) \quad （见图 2\text{-}3（a））$$

的关系，根据频率卷积定理，可得

$$F_S(\omega) = \frac{1}{2\pi} [S_T(\omega) * F(\omega)]$$

$$= \frac{1}{2\pi} \int_{-\infty}^{\infty} S_T(\lambda) F(\omega - \lambda) \mathrm{d}\lambda \qquad (2\text{-}6)$$

式中，$*$ 为卷积符号。而

$$S_T(\omega) = \int_{-\infty}^{\infty} \left(\frac{1}{T} \sum_{n=-\infty}^{\infty} \mathrm{e}^{jn\omega_s t} \right) \mathrm{e}^{-j\omega t} \mathrm{d}t$$

由于 $\mathrm{e}^{jn\omega_s t}$ 的傅氏变换为 $2\pi\delta(\omega - n\omega_s)$，故可得

$$S_T(\omega) = \frac{1}{T} \sum_{n=-\infty}^{\infty} 2\pi\delta(\omega - n\omega_s)$$

所以

$$S_T(\omega) = \omega_s \sum_{n=-\infty}^{\infty} \delta(\omega - n\omega_s) \qquad (2\text{-}7)$$

上式表明，周期为 T 的单位冲激脉冲序列的傅氏变换在频域上也是一个冲激脉冲序列，其强度增大 ω_s 倍，频率周期为 $\omega_s = \frac{2\pi}{T}$。

将上式代入式（2-6），可得

$$F_S(\omega) = \frac{1}{2\pi} \int_{-\infty}^{\infty} F(\omega - \lambda) \cdot \omega_s \sum_{n=-\infty}^{\infty} \delta(\lambda - n\omega_s) \mathrm{d}\lambda$$

$$= \frac{1}{T} \sum_{n=-\infty}^{\infty} \int_{-\infty}^{\infty} F(\omega - \lambda) \delta(\lambda - n\omega_s) \mathrm{d}\lambda$$

所以

$$F_S(\omega) = \frac{1}{T} \sum_{n=-\infty}^{\infty} F(\omega - n\omega_s) \quad （理想抽样） \qquad (2\text{-}8)$$

上式表示，抽样后的样值序列频谱 $F_S(\omega)$ 是由无限多个分布在 ω_s 各次谐波左右的上下边带所组成，而其中位于 $n = 0$ 处的频谱就是抽样前的语音信号频谱 $F(\omega)$ 本身（只差一个系数 $\frac{1}{T}$，如图 2-3（b）所示。即样值序列频谱 $F_S(\omega)$ 包括原始频带 $F(\omega)$ 及 $n\omega_s$ 的上、下边带（$n\omega_s$

的下边带是：$n\omega_s$ – 原始频带；$n\omega_s$ 的上边带是：$n\omega_s$ + 原始频带)。

由图 2-3 可知，样值序列的频谱被扩大了（即频率成分增多了），但样值序列中含原始模拟信号的信息，因此对模拟信号进行抽样处理是可行的。抽样处理后不仅便于量化、编码，同时对模拟信号进行了时域压缩，为时分复用创造了条件。在接收端为了能恢复原始模拟信号，必须要求位于 ω_s 处的下边带频谱能与原始模拟信号频谱分开。

（2）低通型信号的抽样定理

设原始模拟信号的频带限制在 $0 \sim f_M$（f_M 为模拟信号的最高频率），由图 2-4 可知，在接收端，只要用一个低通滤波器把原始模拟信号（频带为 $0 \sim f_M$）滤出，就可获得原始模拟信号的重建（即滤出式（2-8）中 $n = 0$ 的成分）。但要获得模拟信号的重建，从图 2-4（b）可知，必须使 f_M 与（$f_s - f_M$）之间有一定宽度的防卫带。否则，f_s 的下边带将与原始模拟信号的频带发生重叠而产生失真，如图 2-4（c）所示。这种失真所产生的噪声称为折叠噪声。

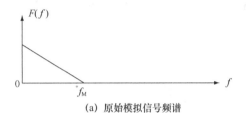

(a) 原始模拟信号频谱

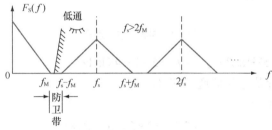

(b) $f_s > 2f_M$ 时抽样信号的频谱

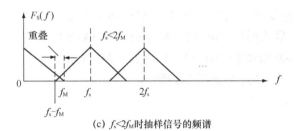

(c) $f_s < 2f_M$ 时抽样信号的频谱

图 2-4　抽样频率 f_s 对频谱 $F_s(f)$ 的影响

为了避免产生折叠噪声，对频带为 $0 \sim f_M$ 的模拟信号，其抽样频率必须满足条件：

$$f_s - f_M \geqslant f_M$$

所以

$$f_s \geqslant 2f_M \text{ 或 } T \leqslant \frac{1}{2f_M} \tag{2-9}$$

即"一个频带限制在 f_M 以下的连续信号 $f(t)$，可以唯一地用时间每隔 $T \leqslant \dfrac{1}{2f_M}$ 的抽样值序列来确定"。这就是著名的抽样定理。

语音信号的最高频率限制为 3400Hz，这时满足抽样定理的最低的抽样频率应为 $f_{smin} = 6800$Hz，为了留有一定的防卫带，CCITT 规定语音信号的抽样频率为 $f_s = 8000$Hz，这样就留出了 8000Hz$ - 6800Hz = 1200$Hz 作为滤波器的防卫带。

应当指出，抽样频率 f_s 不是越高越好，f_s 太高时，将会降低信道的利用率（因为随 f_s 的升高，f_B 也增大，则数字信号带宽变宽，导致信道利用率降低）。所以只要能满足 $f_s > 2f_M$，并有一定频宽的防卫带即可。

例 2-1 某模拟信号频谱如图 2-5 所示，求其满足抽样定理时的抽样频率，并画出抽样信号的频谱（设 $f_s = 2f_M$）。

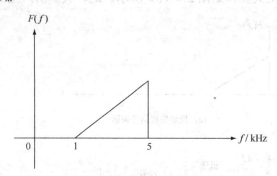

图 2-5　某模拟信号频谱

解　$f_0 = 1$kHz, $f_M = 5$kHz, $B = f_M - f_0 = 5 - 1 = 4$（kHz）

因为 $f_0 < B$，所以此信号为低通型信号。

满足抽样定理时，应有

$$f_s \geqslant 2f_M = 2 \times 5 = 10 \text{（kHz）}$$

一次下边带：f_s -原始频带=10-（1～5）=5～9（kHz）

一次上边带：f_s +原始频带=10+（1～5）=11～15（kHz）

二次下边带：$2f_s$ -原始频带=20-（1～5）=15～19（kHz）

二次上边带：$2f_s$ +原始频带=20+（1～5）=21～25（kHz）

抽样信号的频谱（$f_s = 2f_M$）如图 2-6 所示。

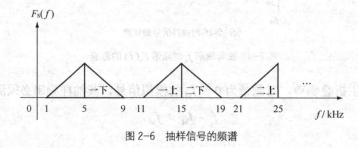

图 2-6　抽样信号的频谱

3．与抽样有关的误差

前面所讨论的抽样定理是基于下列三个前提。

- 对语音信号带宽的限制是充分的；
- 实行抽样的开关函数是单位冲激脉冲序列，即理想抽样；
- 通过理想低通滤波器恢复原语音信号。

但是，实际上上述三个条件一般是不能完全满足的，下边我们对某一前提条件不能满足时所产生的误差进行一些简单分析。

（1）抽样的折叠噪声

抽样定理指出，抽样序列无失真恢复原信号的条件是 $f_s \geq 2f_M$。为了满足抽样定理，对语音信号抽样时先将语音信号的频谱限制在 f_M 以内。为此，在抽样之前，先设置一个前置低通滤波器将输入信号的频带限制在 3400Hz 以下，然后再进行抽样。如果前置低通滤波器性能不良，或抽样频率不能满足 $f_s \geq 2f_M$ 的条件，都会产生折叠噪声，如图 2-7 所示。

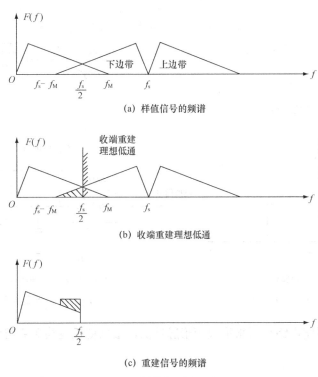

(a) 样值信号的频谱

(b) 收端重建理想低通

(c) 重建信号的频谱

图 2-7　抽样折叠噪声示意图

在脉冲编码调制中，为了减少折叠噪声，在对语音信号抽样时，除在抽样前加一个 0～3400Hz 的低通滤波器作频带限制之外，通常还将抽样频率 f_s 取得稍大一些，使其留有一定的富余量，一般是选为 8000Hz，以减少由于低通滤波器性能不理想而产生的折叠噪声。

（2）抽样展宽的孔径效应失真

在实际系统中不宜直接使用较宽的脉冲进行抽样，因为抽样脉冲宽度内样值幅度是随时间变化的，即样值的顶部不是平坦的，不能准确地选取量化标准，如图 2-8（a）所示。

在实际应用中通常是以窄脉冲作近似理想抽样，而后再经过展宽电路形成平顶样值序列进行量化和编码，抽样展宽序列如图 2-8（c）所示（为了表示方便，这里用 $s(t)$ 表示抽样信号）。

抽样展宽构成框图如图 2-9 所示。

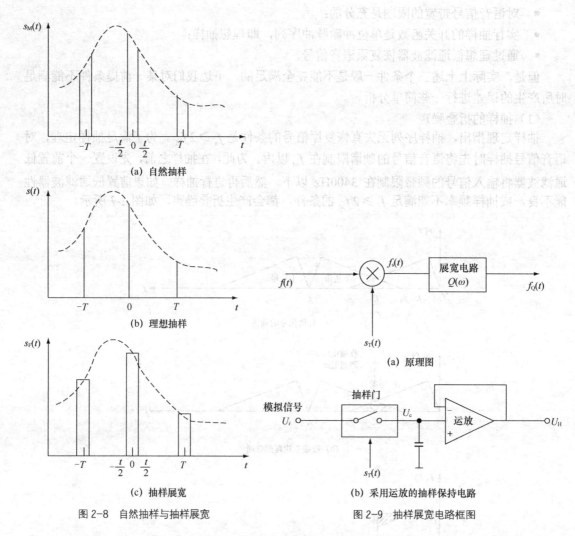

(a) 自然抽样

(b) 理想抽样

(c) 抽样展宽

图 2-8 自然抽样与抽样展宽

(a) 原理图

(b) 采用运放的抽样保持电路

图 2-9 抽样展宽电路框图

图 2-9 中所示展宽电路是用来形成矩形脉冲的，根据傅氏变换关系可知，展宽电路的网络函数可表示为

$$Q(\omega) = \int_{-\infty}^{\infty} q(t)e^{-jwt}dt = \int_{-\frac{\tau}{2}}^{\frac{\tau}{2}} 1 \cdot e^{-jwt}dt = \tau \cdot \frac{\sin\frac{\omega\tau}{2}}{\frac{\omega\tau}{2}} \qquad (2\text{-}10)$$

经展宽后的样值序列频谱为

$$F_Q(\omega) = F_S(\omega) \cdot Q(\omega) = F_S(\omega) \cdot \tau \cdot \frac{\sin\frac{\omega\tau}{2}}{\frac{\omega\tau}{2}} \qquad (2\text{-}11)$$

显然，经展宽的序列频谱 $F_Q(\omega)$ 与样值序列频谱相比要产生失真，这一失真即为展宽的孔径效应失真，如图 2-10 所示。

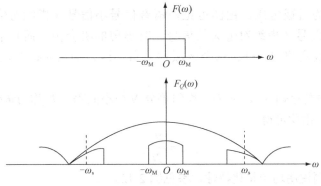

图 2-10 展宽孔径效应失真

为了解决孔径效应失真问题，在接收端恢复原信号时，应加入具有孔径均衡特性的均衡网络。其均衡网络的特性应为

$$P(\omega) = \frac{\dfrac{\omega\tau}{2}}{\sin\dfrac{\omega\tau}{2}} \tag{2-12}$$

2.2.3 量化

抽样后的信号是脉冲幅度调制（PAM）信号，虽然在时间上是离散的，但它的幅度是连续的，仍随原信号改变，因此还是模拟信号。如果直接将这种脉冲幅度调制信号送到信道中传输，其抗干扰性仍然很差，如果将 PAM 信号变换成 PCM 数字信号，将大大增加抗干扰性能。由于模拟信号的幅度是连续变化的，在一定范围内可取任意值；而用有限位数字的数字信号不可能精确地等于它。实际上并没有必要十分精确地等于它，因为信号在传送过程中必然会引入噪声，这将会掩盖信号的细微变化，而且接受信息的最终器官——耳朵（对声音而言）和眼睛（对图像而言）区分信号细微差别的能力是有限的。基于上述原因，将 PAM 信号转换成 PCM 信号之前，可对信号样值幅度分层，将一个范围内变化的无限个值，用不连续变化的有限个值来代替，这个过程叫"量化"。

量化的意思是将时间域上幅度连续的样值序列变换为时间域上幅度离散的样值序列信号（即量化值）。

量化分为均匀量化和非均匀量化两种。下面分别加以介绍。

1. 均匀量化

（1）均匀量化的概念

语音信号的概率密度分布曲线如图 2-11 所示。

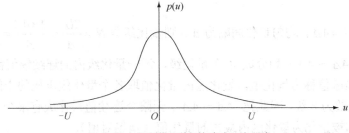

图 2-11 语音信号的概率密度分布曲线

图 2-12 中 *U* 为过载电压。由图可见，语音信号小信号（指绝对值小的信号）时出现的机会多，而大信号（指绝对值大的信号）时出现的机会少，而且语音信号主要分布在 $-U\sim+U$ 之间。我们将 $-U\sim+U$ 这个区域称为量化区，而将 $u<-U$ 与 $u>+U$ 范围称为过载区。

均匀量化是在量化区内（$-U\sim+U$）均匀等分 *N* 个小间隔。*N* 称为量化级数，每一小间隔称为量化间隔 *Δ*。由此可得

$$\varDelta = \frac{2U}{N} \tag{2-13}$$

下面以 *N*=8 为例说明均匀量化特性，参见图 2-12。

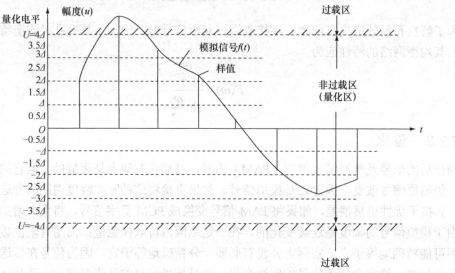

样值	1.8Δ	4.4Δ	3.3Δ	2.2Δ	0.3Δ	−1.8Δ	−2.8Δ	−2.3Δ
量化值	1.5Δ	3.5Δ	3.5Δ	2.5Δ	0.5Δ	−1.5Δ	−2.5Δ	−2.5Δ

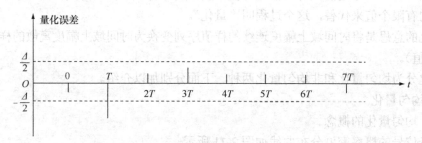

图 2-12 量化值与量化误差

图 2-12 中，$U=4\varDelta$，均匀量化间隔为 *Δ*，则量化级数 $N=\dfrac{2U}{\varDelta}=\dfrac{2\times 4\varDelta}{\varDelta}=8$ 级。这样就把连续变化电平（$-4\varDelta\sim 4\varDelta$）划分成 8 个量化级，每一量化级内的连续幅值都用一个离散值来近似表示，此离散值称为量化值。量化区内量化值取各个量化级电压的中间值，如表 2-1 所示。由于量化级数为 8 级，因此把 $-4\varDelta\sim 4\varDelta$ 中无限个连续值量化成有限个（8 个）离散值。过载时的量化值均被量化为量化区内最大的量化值（指绝对值）。

表 2-1　抽样值与量化值的关系（N=8）

抽样值（连续值）		量化值	量化级数	量化值数目
量化区	±（0～Δ）	±0.5Δ		
	±（Δ～2Δ）	±1.5Δ		
	±（2Δ～3Δ）	±2.5Δ	8	8
	±（3Δ～4Δ）	±3.5Δ		
过载区	±（4Δ～∞）	±3.5Δ		

可见，通过量化可以将 PAM 信号在幅度上离散化，即将无限多个取值变为有限个幅度值，量化值的数目等于量化级数 N（量化后对 N 个量化值要用二进制编码，编码的码位数为 l，显然 $N = 2^l$）。

（2）均匀量化误差

由于量化值（离散值）一般与样值（连续值）不相等，因而产生误差，此误差是由量化而产生的，所以叫量化误差 $e(t)$。

$$量化误差 \ e(t) = 量化值 - 样值 = u_q(t) - u(t)$$

由于样值是随时间随机变化的，所以量化误差值也是随时间变化的。图 2-13 表示了均匀量化特性与量化误差特性。

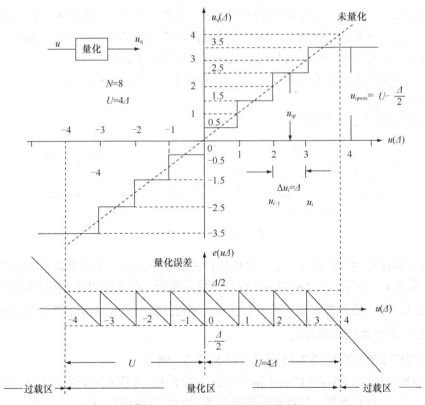

图 2-13　均匀量化特性与量化误差特性

由此可见，对于均匀量化，量化器的输出 $u_q(t)$（量化值）与量化器输入 $u(t)$（样值）之间的特性是一个均匀的阶梯关系。另外，在量化区，其最大量化误差（指绝对值）不超过半

个量化间隔 $\dfrac{\Delta}{2}$，但在过载区，量化误差将超过 $\dfrac{\Delta}{2}$。即

$$e_{\max}(t) \leqslant \frac{\Delta}{2} \quad （量化区）$$

$$e_{\max}(t) > \frac{\Delta}{2} \quad （过载区）$$

有量化误差就好比有一个噪声叠加在原来的信号上起干扰作用，这种噪声称为量化噪声。衡量量化噪声对信号影响的指标是量化信噪比，其定义为 S/N_q=语音信号平均功率/量化噪声功率（详情后述）。

（3）均匀量化的特点

均匀量化的特点是：在量化区内，大、小信号的量化间隔相同，最大量化误差也就相同，所以小信号的量化信噪比小，大信号的量化信噪比大。在 N（或 l）大小适当时，均匀量化小信号的量化信噪比太小，不满足要求，而大信号的量化信噪比较大，远远满足要求（数字通信系统中要求量化信噪比 $\geqslant$ 26dB）。为了解决这个问题，若仍采用均匀量化，需增大 N（或 l），但 l 过大时，一是使编码复杂，二是使信道利用率下降，所以引出了非均匀量化。

2．非均匀量化

非均匀量化的宗旨是：在不增大量化级数 N 的前提下，利用降低大信号的量化信噪比来提高小信号的量化信噪比（大信号的量化信噪比远远满足要求，即使下降一点也没关系）。为了达到这一目的，非均匀量化大、小信号的量化间隔不同。信号幅度小时，量化间隔小，其量化误差也小；信号幅度大时，量化间隔大，其量化误差也大。

实现非均匀量化的方法有两种：模拟压扩法和直接非均匀编解码法。

（1）模拟压扩法

模拟压扩法如图 2-14 所示。

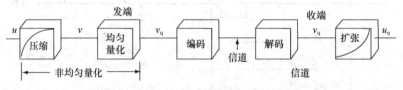

图 2-14　模拟压扩法

在发端，抽样后的样值信号（u）首先经过压缩器处理后（压缩器对小信号放大，对大信号压缩）变为 v，再对 v 进行均匀量化成 v_q，然后编码。收端解码后恢复为编码之前的 v_q，为了进行还原，将 v_q 送入扩张器，扩张特性与压缩特性正好相反（扩张器对小信号压缩，对大信号放大），扩张器的输出为 u_q。

压缩器和扩张器特性如图 2-15 所示（以 5 折线为例）。

由图 2-15 可见，压缩器特性是小信号时斜率大于 1，大信号时斜率小于 1，即压缩器对小信号放大，对大信号压缩。把经过压缩器处理后的信号再进行均匀量化，其最后的等效结果就是对原信号的非均匀量化。

扩张器特性是小信号时斜率小于 1，大信号时斜率大于 1，即扩张器对小信号压缩，对大信号放大，与压缩器的作用相互抵消。

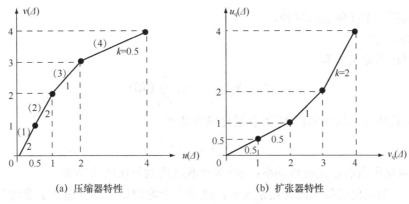

(a) 压缩器特性　　　　　　　(b) 扩张器特性

图 2-15　压缩器和扩张器特性

这里有两个问题需要说明一下。

- 上述为了分析问题方便，压缩特性采用 5 折线（正、负合起来有 5 段折线）。实际压缩特性常采用 μ 律压缩特性、A 律压缩特性及 A 律 13 折线等。

- 对压缩特性的要求是：当输入 $u = 0$ 时，输出 $v = 0$；当输入 $u = U$（过载电压）时，输出 $v = U$。而且要求扩张特性要严格地与压缩特性相反，以使压缩—扩张的总传输系数为 1，否则会产生失真。但这在实际中很难做到，所以模拟压扩法已不采用。

应当指出，虽然已不采用模拟压扩法，但它还是比较重要的。原因有两条：一是分析量化信噪比时是借助于压缩特性的；二是下面要介绍的直接非均匀编解码法是在模拟压扩法的基础上发展而来的。

（2）直接非均匀编解码法

实现非均匀量化的方法，目前一般采用直接非均匀编解码法。所谓直接非均匀编解码法就是：发端根据非均匀量化间隔的划分直接将样值编码（非均匀编码），在编码的过程中相当于实现了非均匀量化，收端进行非均匀解码。

举例说明如下：5 折线压缩特性横坐标量化间隔的划分及编码安排如表 2-2 所示。

表 2-2　　　　　　　　5 折线压缩特性量化间隔的划分及编码安排

	量化间隔（Δ）	折叠二进码（$l = 3$）
正	2～4	1 1 1
	1～2	1 1 0
	0.5～1	1 0 1
	0～0.5	1 0 0
负	0～-0.5	0 0 0
	-0.5～-1	0 0 1
	-1～-2	0 1 0
	-2～-4	0 1 1

假如一个样值为 1.7Δ，通过判断它在 $1～2\Delta$ 范围内，可直接编出相应的码字为 1 1 0（一个样值编 l 位码，l 位码的组合称为一个码字）。

有关直接非均匀编解码法的详细内容后述。

以上介绍了均匀量化与非均匀量化，尽管非均匀量化与均匀量化相比，小信号的量化信噪比得到改善，但两者的量化噪声是不可避免的。量化信噪比的分析计算是数字通信系统中的一个重要问题，下面就加以讨论。

3. 量化信噪比

量化信噪比的定义式为

$$(S/N_q)_{dB} = 10\lg\frac{S}{N_q}(dB) \tag{2-14}$$

式中，S 为语音信号平均功率；N_q 为总量化噪声功率。

$$N_q = \sigma^2 + \sigma'^2 \tag{2-15}$$

式中，σ^2 为量化区内的量化噪声功率；σ'^2 为过载区内的量化噪声功率。

式（2-14）是量化信噪比的通用定义式，既适合于均匀量化，也适合于非均匀量化。

（1）均匀量化信噪比

利用概率理论等知识可求出语音信号平均功率 S、未过载时量化噪声功率 σ^2 和过载时量化噪声功率 σ'^2，代入式（2-14），可推导出以下结论（令 $x_e = \dfrac{u_e}{U}$，为语音信号电压有效值（均方根值））。

① 当 $x_e \leqslant \dfrac{1}{10}$ 时，$\sigma'^2 \approx 0$（推导过程从略），此时 $N_q \approx \sigma^2$，则有

$$\begin{aligned}
(S/N_q)_{均匀} &\approx 20\lg(\sqrt{3}N) + 20\lg x_e \\
&= 20\lg(\sqrt{3} \cdot 2^l) + 20\lg x_e \\
&= 20\lg x_e + 6l + 4.8
\end{aligned} \tag{2-16}$$

② 当 $x_e > \dfrac{1}{10}$ 时，$\sigma^2 \approx 0$，此时 $N_q \approx \sigma'^2$，则有

$$(S/N_q)_{均匀} \approx \frac{6.14}{x_e} \tag{2-17}$$

根据式（2-16）和式（2-17）可定性地画出均匀量化信噪比曲线，如图 2-16 所示。

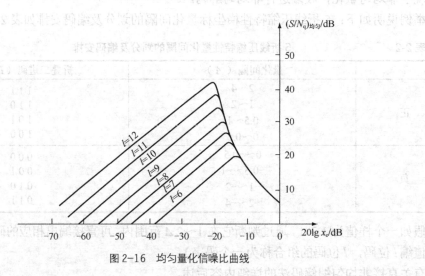

图 2-16 均匀量化信噪比曲线

可以看出，当 $x_e \leqslant \dfrac{1}{10}$（$20\lg x_e \leqslant -20dB$）时，$(S/N_q)_{均匀}$ 与 N（或 l）成正比，与信号大

小成正比；当 $x_e > \dfrac{1}{10}$（$20\lg x_e > -20\text{dB}$）时，$(S/N_q)_{均匀}$ 与 N（或 l）无关，与信号大小成反比。

根据电话传输标准的要求，长途通信经过 3～4 次音频转接后仍应有较好的语音质量。同时根据语音信号统计结果，对通信系统提出如下要求：在信号动态范围 ≥40dB 的条件下，量化信噪比不应低于 26dB。按照这一要求，利用式（2-16）计算得到

$$-40 + 6l + 4.8 \geqslant 26$$
$$l \geqslant 10.2$$

取 $l \geqslant 11$。

为了保证量化信噪比的要求，编码位数 $l \geqslant 11$。这么多的码位数，不仅设备复杂，而且使比特速率过高，以致降低信道利用率。但如果减少码位数又会降低 $(S/N_q)_{均匀}$。为了解决这一矛盾，可采用非均匀量化方法。

例 2-2　画出 $l=8$ 时的 $(S/N_q)_{均匀}$ 曲线（忽略过载区量化噪声功率）。

解　$l = 8, N = 2^8 = 256$

$$(S/N_q)_{均匀} = 20\lg\left(\sqrt{3}N\right) + 20\lg x_e$$
$$= 20\lg\left(\sqrt{3} \times 256\right) + 20\lg x_e = 53 + 20\lg x_e$$

$(S/N_q)_{均匀}$ 曲线如图 2-17 所示。

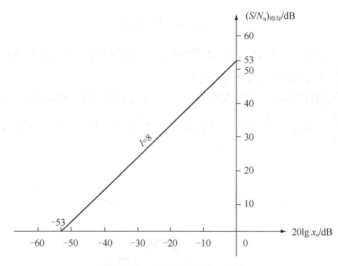

图 2-17　$l=8$ 时的 $(S/N_q)_{均匀}$ 曲线

（2）非均匀量化信噪比

这里重点分析 A 律压缩特性的 $(S/N_q)_{非均匀}$，而且为分析简化起见，忽略过载时的量化噪声功率 σ'^2（信号很少出现过载情况），认为 $N_q \approx \sigma^2$。下面首先介绍 A 律压缩特性。

① A 律压缩特性。

为了分析方便，现将压缩特性的横坐标 u 和纵坐标 v 都以过载电压 U 为单位作归一化处理，即令

$$x = \frac{u}{U}; y = \frac{v}{U}$$

当 $u = \pm U, v = \pm U$ 时，$x = \pm 1, y = \pm 1$。

非均匀量化信噪比 $(S/N_q)_{非均匀}$ 的推导过程是与压缩特性的方程式有关的。能使 $(S/N_q)_{非均匀}$=常数的压缩特性称为理想压缩特性，其方程式为

$$y = 1 + k \ln x \tag{2-18}$$

理想压缩特性如图 2-18 所示。

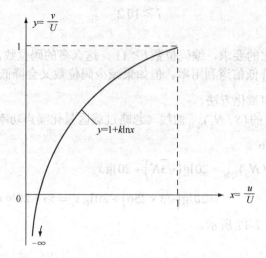

图 2-18 理想压缩特性

这种压缩特性不满足 $x = 0$ 时，$y = 0$ 的条件，即压缩特性曲线没有通过原点，不符合对压缩特性的要求，因此需要对它作一定修改。

为了修改理想压缩特性不通过原点的缺陷，从原点对理想压缩特性作一切线，切点为 a，切点的横坐标 $x_1 = \dfrac{1}{A}$（A 是一个常数）。$0a$ 直线+ab 曲线称为 A 律压缩特性，如图 2-19 所示。

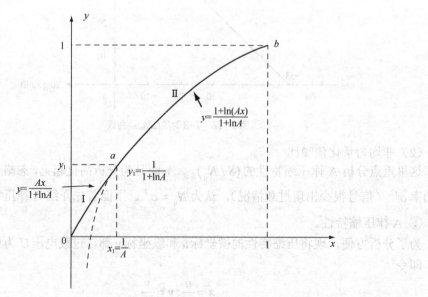

图 2-19 A 律压缩特性

其中，直线 $0a$ 段的方程为

$$y = \frac{Ax}{1 + \ln A}, \quad 0 \leqslant x \leqslant \frac{1}{A} \tag{2-19}$$

其斜率为

$$\frac{dy}{dx} = \frac{A}{1 + \ln A} \tag{2-20}$$

曲线 ab 段的方程为

$$y = \frac{1 + \ln(Ax)}{1 + \ln A}, \quad \frac{1}{A} < x \leqslant 1 \tag{2-21}$$

其斜率为

$$\frac{dy}{dx} = \frac{1}{1 + \ln A} \cdot \frac{1}{x} \tag{2-22}$$

曲线 ab 与直线 $0a$ 的交点为 a，其坐标为

$$x_1 = \frac{1}{A}, y_1 = \frac{1}{1 + \ln A}$$

其中 A 是一个重要的参量，A 取值不同，A 律压缩特性曲线的形状则有所不同，图 2-20 给出几种 A 的取值时 A 律压缩特性曲线。

由图 2-20 可见，$A = 1$ 时，由于 $y = x$，$\dfrac{dy}{dx} = 1$，属均匀量化；当 $A > 1$ 时，属非均匀量化。

在小信号区域 $\left(0 \leqslant x \leqslant \dfrac{1}{A} \right)$，$A$ 越大，则斜率越大，Q 越大。

在大信号区域 $\left(\dfrac{1}{A} < x \leqslant 1 \right)$，$A$ 越大，则斜率越小，Q 越小。

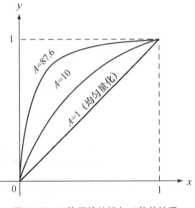

图 2-20　A 律压缩特性与 A 值的关系

一般取 $A = 87.6$（原因后述）。

② A 律压缩特性的非均匀量化信噪比。

根据推导得出 A 律压缩特性的非均匀量化信噪比为

$$(S/N_q)_{\text{非均匀}} = 20 \lg \left(\sqrt{3} N \right) + 20 \lg x + 20 \lg \frac{dy}{dx} \tag{2-23}$$

其中

$$(S/N_q)_{\text{均匀}} = 20 \lg \left(\sqrt{3} N \right) + 20 \lg x \quad (x = x_e)$$

令 $Q = 20 \lg \dfrac{dy}{dx}$ 为信噪比改善量，式（2-23）可写成

$$(S/N_q)_{\text{非均匀}} = (S/N_q)_{\text{均匀}} + Q \tag{2-24}$$

需要说明的是，式（2-24）不只适用于 A 律压缩特性，它是一个通用的式子，只不过当压缩特性不同，Q 值有所不同罢了。

现求 A 律压缩特性两段的 Q 值。

$0a$ 段：

$$Q = 20\lg\frac{\mathrm{d}y}{\mathrm{d}x} = 20\lg\frac{A}{1+\ln A}, \quad 0 \leqslant x \leqslant \frac{1}{A} \tag{2-25}$$

ab 段：

$$Q = 20\lg\frac{\mathrm{d}y}{\mathrm{d}x} = 20\lg\frac{1}{1+\ln A} - 20\lg x, \quad \frac{1}{A} < x \leqslant 1 \tag{2-26}$$

将式（2-25）、式（2-26）分别代入式（2-23），得出 A 律压缩特性的非均匀量化信噪比为

$0a$ 段：

$$(S/N_q)_{\text{非均匀}} = 20\lg\left(\sqrt{3}N\right) + 20\lg x + 20\lg\frac{A}{1+\ln A}, \quad 0 \leqslant x \leqslant \frac{1}{A} \tag{2-27}$$

ab 段：

$$(S/N_q)_{\text{非均匀}} = 20\lg\left(\sqrt{3}N\right) + 20\lg\frac{1}{1+\ln A}, \quad \frac{1}{A} < x \leqslant 1 \tag{2-28}$$

设 $l = 8, A = 87.6$，可画出 A 律压缩特性的非均匀量化信噪比如图 2-21 所示。

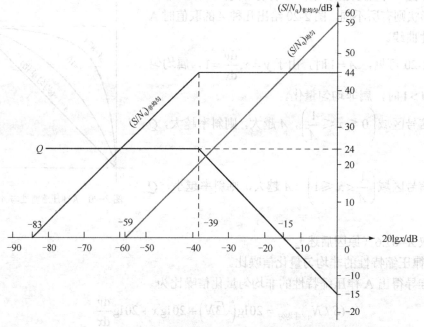

图 2-21　$l = 8$，$A = 87.6$ 时 A 律压缩特性的非均匀量化信噪比

由图 2-21 可见，小信号时，即 $20\lg x \leqslant -15\text{dB}$，由于信噪比改善量 $Q > 0$，所以 $(S/N_q)_{\text{非均匀}} > (S/N_q)_{\text{均匀}}$；大信号时，即 $20\lg x > -15\text{dB}$，由于信噪比改善量 $Q < 0$，所以 $(S/N_q)_{\text{非均匀}} < (S/N_q)_{\text{均匀}}$。

由此进一步看出，非均匀量化是利用降低大信号的量化信噪比来提高小信号的量化信噪比，以做到在不增大量化级数 N 的条件下，使信号在较宽的动态范围内的量化信噪比达到指标要求。

③ A 律 13 折线压缩特性。

为了便于编码、便于数字化实现，希望非均匀量化间隔的划分严格地成 2 的倍数关系（像

5 折线压缩特性那样）。而 A 律压缩特性基本上是一条平滑变化的曲线，由此决定的横坐标量化间隔的划分不可能严格地成 2 的倍数关系，所以，用若干段折线去逼近 A 律压缩特性，由此得出了 A 律 13 折线。

　　具体的方法是：对 x 轴在 0～1（归一化值）范围内以递减规律分成 8 个不均匀段，其分段点是 $\dfrac{1}{2},\dfrac{1}{4},\dfrac{1}{8},\dfrac{1}{16},\dfrac{1}{32},\dfrac{1}{64}$ 和 $\dfrac{1}{128}$。对 y 轴在 0～1（归一化值）范围内以均匀分段方式分成 8 个均匀段落，它们的分段点是 $\dfrac{7}{8},\dfrac{6}{8},\dfrac{5}{8},\dfrac{4}{8},\dfrac{3}{8},\dfrac{2}{8}$ 和 $\dfrac{1}{8}$。将 x 轴和 y 轴相对应的分段线在 xOy 平面上的相交点连线就是各段的折线，即将 $x=1,y=1$ 连线的交点同 $x=\dfrac{1}{2},y=\dfrac{7}{8}$ 连线的交点相连接的折线，就称作第 8 段的折线。这样信号从大到小由 8 个直线段连成的折线分别称作第 8 段、第 7 段……第 1 段。图 2-22 所示的就是 A 律 13 折线压缩特性。

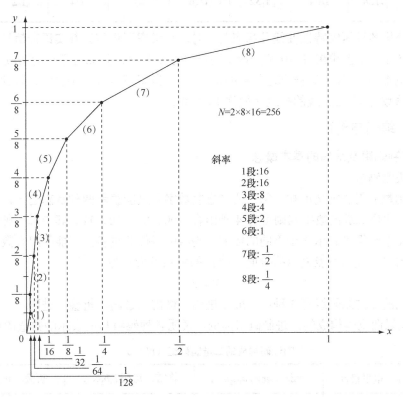

图 2-22　A 律 13 折线压缩特性

　　经过计算，得出 A 律 13 折线压缩特性各段折线的斜率及信噪比改善量，如表 2-3 所示。

表 2-3　　　　　　　　A 律 13 折线压缩特性各段折线的斜率及信噪比改善量

段号	1	2	3	4	5	6	7	8
斜率	16	16	8	4	2	1	1/2	1/4
Q/dB	24	24	18	12	6	0	-6	-12

　　由表 2-3 可见，第 1 段、第 2 段（属小信号）的斜率相同，且它们与 $A=87.6$ 的 A 律压缩特性小信号时（$0a$ 段）的斜率

$$\left(\frac{dy}{dx}\right)_A = \frac{A}{1+\ln A} = \frac{87.6}{1+\ln 87.6} = 16$$

相同。这就是 A 取 87.6 的原因。

上述情况表明，以 $A=87.6$ 代入 A 律压缩特性的直线段（0a 段），其斜率与 A 律 13 折线压缩特性第 1、2 段折线的斜率相等，对其他各段近似情况，可用 $A=87.6$ 代入上式计算 y 与 x 的对应关系，并与按 A 律 13 折线关系计算之值对比列于表 2-4 中。

表 2-4　　　　　　　　A 律压缩特性、A 律 13 折线 y 与 x 的对应关系

x \ y	1/8	2/8	3/8	4/8	5/8	6/8	7/8	1
按 A 律求 x	1/128	1/60.6	1/30.6	1/15.4	1/7.8	1/3.4	1/2	1
按 A 律 13 折线求 x	1/128	1/64	1/32	1/16	1/8	1/4	1/2	1

以上在分析各种压缩特性曲线及相应公式时，只考虑了正值。其实语音信号是双极性的信号，对于 A 律 13 折线在-1～0 范围内也同样可分成 8 段，且靠近零点的两段（负的 1、2 段）的斜率也都等于 16。这样靠近零点的正、负 4 段就可连成一条直线，因此在 $x=-1$～1 范围内形成总数为 13 段直线的折线（简称 13 折线）。

2.2.4　编码与解码

1. 二进制码组及编码的基本概念

（1）二进制码组

由二进制数字码的定义可知，每一位二进制数字码只能表示两种状态之一，以数字表示就是 1 或 0。两位二进制数字码则可有 4 种组合：00、01、10、11。其中每一种组合叫作一个码组，这 4 个码组可表示 4 个不同的数值。码组中码位数越多，可能的组合数也就越多。二进制码组的码位数和所能表示的数值个数 N 的关系可表示为

$$N = 2^l$$

目前常见的二进制码组有 3 种：一般二进码、格雷二进码、折叠二进码。

表 2-5 是以四位码构成的二进制码组为例，说明各种码组与所表示的数值的对应关系。

表 2-5　　　　　　　　　　四位码构成的二进制码组（$N=16$）

电平序号	电平极性	一般二进码 $a_1a_2a_3a_4$	格雷二进码 $b_1b_2b_3b_4$	折叠二进码 $c_1c_2c_3c_4$
0	负	0000	0000	0111
1		0001	0001	0110
2		0010	0011	0101
3		0011	0010	0100
4		0100	0110	0011
5		0101	0111	0010
6		0110	0101	0001
7		0111	0100	0000

续表

电平序号	电平极性	一般二进码 $a_1a_2a_3a_4$	格雷二进码 $b_1b_2b_3b_4$	折叠二进码 $c_1c_2c_3c_4$
8		1000	1100	1000
9		1001	1101	1001
10		1010	1111	1010
11	正	1011	1110	1011
12		1100	1010	1100
13		1101	1011	1101
14		1110	1001	1110
15		1111	1000	1111

注：对于双极性的语音信号来说，第 1 位码为极性码，极性码=1 表示幅值为正；极性码=0 表示幅值为负。余下几位码为幅度码。

① 一般二进码（简称二进码）

在一般二进码中，各位码（幅度码）有一固定的权值。设 l 位码的码字为 $a_1, a_2, \cdots, a_l$，其权值依次是 $2^{l-1}, 2^{l-2}, \cdots, 2^0$。一个码字与其所表示的数值的对应关系是

$$A = a_1 2^{l-1} + a_2 2^{l-2} + \cdots + a_l 2^0$$

一般二进码简单易记，但对于双极性的信号来讲，不如折叠二进码方便。

② 折叠二进码

折叠二进码的第 1 位极性码 c_1 仍与一般二进码相同，同时幅值为正的幅度码也与一般二进码相同，所不同的只是幅值为负的幅度码，它是由幅值为正的幅度码（下半部）对折而成，因而由此得名为折叠二进码。在折叠二进码中，只要样值的绝对值相同，则其幅度码也相同。用它来表示双极性的量化电平是很方便的，可以简化编码设备。另外，从统计的观点看，折叠二进码的抗误码性比一般二进码强。

对一般二进码来说，不论是哪一量化级的码字，当发生极性码误码时，将要产生 $N/2$ 个量化级的电平差。例如，表 2-5 中 1000 码字误为 0000 码字时，电平序号 8 误为电平序号 0；1001 码字误为 0001 码字时，电平序号 9 误为电平序号 1。

但折叠二进码的极性码误码所造成的电平误差是与信号电平的大小有关。由表 2-5 可知，其最大电平误差是发生在 1111 码字误为 0111 码字（或相反情况），其误差为 $(N-1)$ 个量化级。但最小电平误差却为 1 个量化级（从 1000 码字误为 0000 码字，或相反）。但从语音信号的概率密度分布来看，小信号出现的机会较多，因此从统计观点来看，折叠二进码具有抗误码性能强的特点。

③ 格雷二进码

格雷二进码的特点是：任一量化级过渡到相邻的量化级时，码字中只有一位码发生变化。例如，从电平序号 7 过渡到电平序号 6 时，码字从 0100 码变为 0101 码。通常将两组码字的对应位的码元互不相同的总数称为码距。格雷码的相邻电平码字的码距总是为 1，而其他码型就不具有这一特点。另外，格雷二进码除极性码外，具有幅值绝对值相同，且幅度码也相同的特点。格雷二进码又称反射二进码。

格雷二进码 b_i 与一般二进码 a_i 的变换关系是

$$b_1 = a_1（极性码相同）$$
$$b_i = a_{i-1} \oplus a_i（幅度码不同）$$

式中，$\oplus$ 是模二加符号。

格雷二进码也具有折叠二进码的优点，但在电路实现上较折叠二进码要复杂一些。因此，当前在 PCM 系统中广泛采用折叠二进码。

（2）编码的基本概念及分类

① 编码的概念

编码是把模拟信号样值变换成对应的二进制码组（实际的编码器都是直接对样值编码，在编码的过程中相当于实现了量化）。

② 编码的分类

编码可分为以下两种。

- 线性编码——具有均匀量化特性的编码，即根据均匀量化间隔的划分直接对样值编码。

- 非线性编码——具有非均匀量化特性的编码，即根据非均匀量化间隔的划分直接对样值编码。

以下重点介绍的是非线性编码与解码，而且是根据 A 律 13 折线非均匀量化间隔的划分直接对样值编码，收端再解码。所以首先介绍 A 律 13 折线的码字安排。

2. A 律 13 折线的码字安排

前面介绍了 A 律 13 折线，它在正轴从 0 到 U（归一化后为 1）逐次对分为 8 段，每一段称为一个量化段。由于语音信号是双极性的，所以 A 律 13 折线的正、负非均匀量化段是对称的，共有 16 个量化段。为了减少编码误差，每一量化段内又均匀等分为 16 份，每一份称为一个量化级，其长度为量化间隔 Δ_i（$i = 1 \sim 8$）。

所以 A 律 13 折线的量化级数 $N = 8$（量化段）$\times 16$（等分）$\times 2$（正、负极性）$= 256$，根据码字位数 l 与量化级数 N 的关系（即 $N = 2^l$），当 $N = 256$ 时，$l = 8$（即每个样值编 8 位码），这对于远距离通信（经过 $3 \sim 4$ 音频转接）仍能满足在干线上通信的质量要求。

一个码字的 8 位码是这样安排的：信号正、负极性用极性码 a_1 表示；幅值为正（或负）的 8 个非均匀量化段用三位码 $a_2 a_3 a_4$ 表示，称段落码（为非线性码）；每一量化段内均匀分成 16 个量化级，用 $a_5 a_6 a_7 a_8$ 四位码表示，称段内码（为线性码），如表 2-6 所示。

表 2-6   码字安排

极性码	幅度码	
	段落码	段内码
a_1 信号为正时，$a_1 = 1$ 信号为负时，$a_1 = 0$	$a_2 a_3 a_4$	$a_5 a_6 a_7 a_8$

A 律 13 折线采用折叠二进码进行编码，绝对值相同的正或负样值其幅度码相同。

令 $\Delta_1 = \Delta$，表 2-7 中列出了 A 律 13 折线正 8 段的每一量化段的电平范围、起始电平、量化间隔、段落码（$a_2a_3a_4$）及段内码（$a_5a_6a_7a_8$）对应的权值。

表 2-7　　A 律 13 折线正 8 段的电平范围、起始电平、量化间隔和对应码字

量化段序号	电平范围（Δ）	段落码 $a_2a_3a_4$	起始电平（Δ）	量化间隔 Δ_i（Δ）	段内码对应权值（Δ）$a_5a_6a_7a_8$			
8	1024～2048	1 1 1	1024	64	512	256	128	64
7	512～1024	1 1 0	512	32	256	128	64	32
6	256～512	1 0 1	256	16	128	64	32	16
5	128～256	1 0 0	128	8	64	32	16	8
4	64～128	0 1 1	64	4	32	16	8	4
3	32～64	0 1 0	32	2	16	8	4	2
2	16～32	0 0 1	16	1	8	4	2	1
1	0～16	0 0 0	0	1	8	4	2	1

由表 2-7 可以看出以下两点。

- 由段落码可确定出各量化段的起始电平（若样值是电流，起始电平以 I_{Bi} 表示；若样值是电压，起始电平以 U_{Bi} 表示）与各量化段的量化间隔 Δ_i（$i=1\sim8$）。
- 各量化段段内码对应的权值是随 Δ_i 值而变化，这是非均匀量化形成的。

3．A 律 13 折线编码方法

这里介绍的是根据 A 律 13 折线非均匀量化间隔的划分，直接将样值编成相应的码字（采用折叠二进码编码）。

样值可能是电流（以 i_S 表示），也可能是电压（以 u_S 表示）。下面以 i_S 为例说明编码方法。

（1）极性码

$i_S \geqslant 0$ 时，$a_1 = 1$；

$i_S < 0$ 时，$a_1 = 0$。

（2）幅度码

① 编码规则

设 $I_S = |i_S|$

幅度码与极性码不同，它需要将判定值 I_{Ri} 与样值的绝对值 I_S 进行比较后，才能判决幅度码 $a_i = 1$ 还是 $a_i = 0$。判决的规则如下。

若 $I_S \geqslant I_{Ri}$，则 $a_i = 1$；

若 $I_S < I_{Ri}$，则 $a_i = 0$（$i = 2\sim8$）。

② 判定值的确定

判定值是各量化段或量化级的分界点电平（表示为 I_{Ri}）。对 $l = 8(N = 256)$ 的编码器，判定值共有 $n_R = \dfrac{N}{2} - 1 = 127$ 种。那么如何从 127 种判定值中确定一个样值的 7 位幅度码所需的 7 个判定值呢？

判定值的确定规则如下。

- 段落码判定值的确定——以量化段为单位逐次对分，对分点电平依次为 $a_2\sim a_4$ 的判

定值。例如，A 律 13 折线 8 个量化段前四段后四段对分，第一次对分点电平就是 a_2 码的判定值 $I_{R2} = 128\Delta$。若 $I_S \geq I_{R2}$，则 $a_2 = 1$，I_S 属于对分后的上四段（即 5、6、7、8 段），再将上四段对分，其对分点电平就是 a_3 码的判定值 $I_{R3} = 512\Delta$；若 $I_S < I_{R2}$，则 $a_2 = 0$，I_S 属于对分后的下四段（即 1、2、3、4 段），所以将下四段再进行对分，则其对分点电平就是 a_3 码的判定值 $I_{R3} = 32\Delta$。依此类推，可以确定 a_4 码的判定值 I_{R4}（其可能值为 $16\Delta, 64\Delta, 256\Delta, 1024\Delta$）。段落码判定值的确定过程如图 2-23 所示。

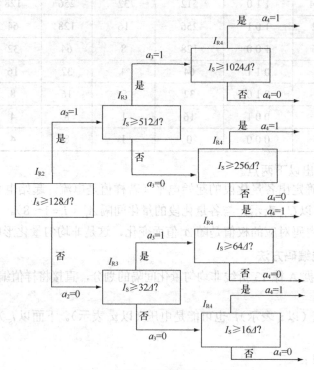

图 2-23　段落码判定值的确定过程

一旦段落码确定之后，就可确定出该量化段的起始电平（I_{Bi}，$i = 2 \sim 8$）和量化段的量化间隔 Δ_i，为编段内码做准备。

- 段内码判定值的确定——以某量化段（由段落码确定第几量化段）内量化级为单位逐次对分，对分点电平依次为 $a_5 \sim a_8$ 的判定值。具体确定方法与段落码相同。可以得出段内码的判定值为

$$I_{R5} = I_{Bi} + 8\Delta_i \quad \text{（试探值）}$$
$$I_{R6} = I_{Bi} + 8\Delta_i \times a_5 + 4\Delta_i \quad \text{（试探值）}$$
$$I_{R7} = I_{Bi} + 8\Delta_i \times a_5 + 4\Delta_i \times a_6 + 2\Delta_i \quad \text{（试探值）}$$
$$I_{R8} = I_{Bi} + 8\Delta_i \times a_5 + 4\Delta_i \times a_6 + 2\Delta_i \times a_7 + \Delta_i \quad \text{（试探值）}$$

由以上判定值的确定过程可以看出：除 a_2 码外，其他各位码的判定值均与先行码（已编好的前几位码）的状态（是 "1" 还是 "0"）有关。

前面介绍了编码规则及判定值的确定，下面举例说明如何进行编码。

例 2-3 某 A 律 13 折线编码器，$l = 8$，一个样值为 $i_S = -182\Delta$，试将其编成相应的码字。

解 ∵ $i_S = -182\Delta < 0$　　　　∴ $a_1 = 0$

$$I_S = |i_S| = 182\Delta$$

$$\because I_S > I_{R2} = 128\Delta \qquad\qquad \therefore a_2 = 1$$

$$\because I_S < I_{R3} = 512\Delta \qquad\qquad \therefore a_3 = 0$$

$$\because I_S < I_{R4} = 256\Delta \qquad\qquad \therefore a_4 = 0$$

段落码为 100，样值在第 5 量化段，$I_{B5} = 128\Delta, \Delta_5 = 8\Delta$。

$$I_{R5} = I_{B5} + 8\Delta_5 = 128\Delta + 8 \times 8\Delta = 192\Delta$$

$$\because I_S < I_{R5} \qquad\qquad \therefore a_5 = 0$$

$$I_{R6} = I_{B5} + 4\Delta_5 = 128\Delta + 4 \times 8\Delta = 160\Delta$$

$$\because I_S > I_{R6} \qquad\qquad \therefore a_6 = 1$$

$$I_{R7} = I_{B5} + 4\Delta_5 + 2\Delta_5 = 128\Delta + 4 \times 8\Delta + 2 \times 8\Delta = 176\Delta$$

$$\because I_S > I_{R7} \qquad\qquad \therefore a_7 = 1$$

$$I_{R8} = I_{B5} + 4\Delta_5 + 2\Delta_5 + \Delta_5 = 128\Delta + 4 \times 8\Delta + 2 \times 8\Delta + 8\Delta = 184\Delta$$

$$\because I_S < I_{R8} \qquad\qquad \therefore a_8 = 0$$

码字为 01000110。

这里需要说明的是：前面介绍编码方法时是以电流 i_S 为例的，如果样值是电压 u_S，其编码方法与电流 i_S 完全一样，只不过所有电流的符号改成电压的符号（具体为：$U_S = |u_S|$，判定值为 U_{Ri}，量化段起始电平为 U_{Ri}）。

4．码字的对应电平

（1）编码电平与编码误差（绝对值）

① 编码电平（码字电平）

编码器输出的码字所对应的电平称为编码电平（也叫码字电平），以 I_C（或 U_C）表示（取的是绝对值）。以电流为例，编码电平为

$$I_C = I_{Bi} + (2^3 \times a_5 + 2^2 \times a_6 + 2^1 \times a_7 + 2^0 \times a_8) \times \Delta_i \qquad (2\text{-}29)$$

② 编码误差

$$e_C = |I_C - I_S| \qquad (2\text{-}30)$$

例 2-4 接例 2-3，求此码字对应的编码电平及编码误差。

解 码字为 01000110。

编码电平为

$$I_C = I_{B5} + (2^3 \times a_5 + 2^2 \times a_6 + 2^1 \times a_7 + 2^0 \times a_8) \times \Delta_5$$

$$= 128\Delta + (8 \times 0 + 4 \times 1 + 2 \times 1 + 1 \times 0) \times 8\Delta$$

$$= 176\Delta$$

编码误差为

$$e_C = |I_C - I_S| = |176\Delta - 182\Delta| = 6\Delta$$

可以算出，该码字所属的量化级电平范围是

$$128\Delta + (6 \sim 7) \times 8\Delta = (176 \sim 184)\Delta$$

由此可见，编码电平是该量化级的最低电平，它比量化值低 $\Delta_i / 2$ 电平。因此在解码时，应补上 $\Delta_i / 2$ 项。

（2）解码电平与解码误差（绝对值）

① 解码电平

解码电平是解码器的输出电平（有关解码器后面介绍），以 I_D（或 U_D）表示（取的是绝对值）。以电流为例，解码电平为

$$I_D = I_C + \frac{\Delta_i}{2} \tag{2-31}$$

② 解码误差

$$e_D = |I_D - I_S| \tag{2-32}$$

例 2-5 接例 2-3 和例 2-4，求此码字对应的解码电平及解码误差。

解 解码电平为

$$I_D = I_C + \frac{\Delta_5}{2} = 176\Delta + \frac{8\Delta}{2} = 180\Delta$$

解码误差为

$$e_D = |I_D - I_S| = |180\Delta - 182\Delta| = 2\Delta$$

可见，解码电平是样值所在量化级的中间值，值得注意的是，以上编、解码电平和编、解码误差取的都是绝对值。

5．逐次渐近型编码器

A 律 13 折线编码器也叫逐次渐近型编码器，因为其判定值的确定过程（从 I_{R2} 到 I_{R8}）是逐步逼近码字电平的。逐次渐近型编码器的原理框图如图 2-24 所示。

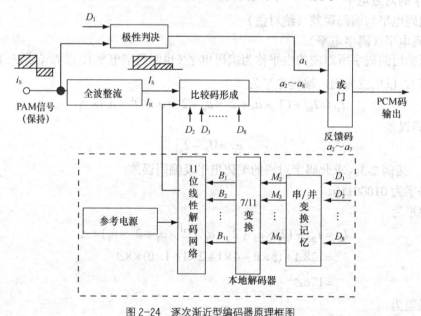

图 2-24　逐次渐近型编码器原理框图

它的基本电路结构是由两大部分组成：码字判决与比较码形成电路和判定值的提供电路——本地解码器。

（1）码字判决与比较码形成电路

① 极性判决

经过保持（将样值展宽）后的 PAM 信号分作两路，一路送入极性判决电路，在位脉冲 D_1

时刻进行极性判决编出 a_1 码，$a_1=1$ 表示正极性，$a_1=0$ 表示负极性。

② 全波整流

PAM 信号的另一路信号经全波整流变成单极性信号。对编码用全波整流器的要求是：对大、小信号都能整流，同时具有良好的线性特性。对于普通的二极管整流器来讲，由于二极管的结电压以及伏安特性的非线性，上述两点要求均无法实现。为此通常采用运算放大器的折叠放大电路来组成全波整流电路。

③ 比较码形成

全波整流后的单极性信号送往比较码形成电路，与本地解码器产生的判定值进行比较编码。其比较是按时序位脉冲 $D_2 \sim D_8$ 逐位进行的，根据比较结果形成 $a_2 \sim a_8$ 各位幅度码。幅度码与极性码通过汇总电路（或门）汇总输出。

（2）本地解码器

本地解码器由串/并变换记忆电路、7/11 变换及 11 位线性解码网络组成，其作用是产生幅度码（$a_2 \sim a_8$）的判定值。具体过程为：将 $a_2, a_3, a_4, a_5, a_6, a_7$ 码逐位反馈经串/并变换，并存储在记忆电路中，记忆电路输出为 $M_2, M_3, \cdots, M_8$，$M_2 \sim M_8$ 这 7 位非线性码经 7/11 变换，变换成 11 位线性码，再经 11 位线性解码网络，就可得到判定值 $I_R(U_R)$。

① 串/并变换记忆电路

根据前面介绍编码方法时已得知，除 a_2 码外，$a_3 \sim a_8$ 幅度码的判定值是与先行码的状态有关的。所以本地解码器产生判定值时，要把先行码的状态反馈回来。

先行码（反馈码）$a_2 \sim a_7$ 串行输入串/并变换记忆电路，其并行输出 $M_2 \sim M_8$。这里要强调指出的是：反馈码不总是同时有 $a_2 \sim a_7$，只是先行码反馈回来，可能只有 a_2，或者 $a_2 \sim a_4$，也可能全有 $a_2 \sim a_7$，还可能一位反馈码也没有。例如，产生 a_2 码的判定值时，a_2 码没有先行码，所以此时一个反馈码也没有；产生 a_3 码的判定值时，反馈码为 a_2；依此类推，只有产生 a_8 码的判定值时，反馈码为 $a_2 \sim a_7$。$M_2 \sim M_8$ 与反馈码的对应关系如下。

对于先行码（已编好的码）：$M_i = a_i$

对于当前码（正准备编的码）：$M_i = 1$

对于后续码（尚未编的码）：$M_i = 0$

例如，已经编出 $a_2=1, a_3=0, a_4=0$，准备编 a_5 码，确定其判定值，则有

$$M_2 = a_2 = 1, M_3 = a_3 = 0, M_4 = a_4 = 0$$
$$M_5 = 1$$
$$M_6 = 0, M_7 = 0, M_8 = 0$$

② 7/11 变换

7/11 变换是将 7 位非线性码 $M_2 \sim M_8$（相当于 7 位非线性幅度码）转换为 11 位线性幅度码 $B_1 \sim B_{11}$（这个过程称为数字扩张；反过来，若将 11 位线性码转换成 7 位非线性码，称为数字压缩）。$B_1 \sim B_{11}$ 各位码的权值如表 2-8 所示。

表 2-8　　　　　　　　　　　　　$B_1 \sim B_{11}$ 各位码的权值

幅度码	B_1	B_2	B_3	B_4	B_5	B_6	B_7	B_8	B_9	B_{10}	B_{11}
权值(Δ)	1024	512	256	128	64	32	16	8	4	2	1

如果将表 2-8 中的 11 个权值称为恒流源，可以得出结论：$a_2 \sim a_8$ 码的判定值等于几个（可能

1～5个）恒流源相加。正因为如此，为了产生判定值，要得到 11 个恒流源，所以要 7/11 变换。

非线性码与线性码的变换原则是：变换前后非线性码与线性码的码字电平相等。在进行 7/11 变换时，非线性码 $M_2 \sim M_8$ 看作是 $a_2 \sim a_8$，其码字电平如式（2-29）所示。而 $B_1 \sim B_{11}$ 11 位线性码的码字电平为

$$I_{CL} = (1024B_1 + 512B_2 + 256B_3 + \cdots + 2B_{10} + B_{11})\Delta \tag{2-33}$$

根据非线性码与线性码的变换原则及表 2-7，可得出 7 位非线性幅度码与 11 位线性幅度码的变换关系，如表 2-9 所示。

表 2-9　　　　　　　　7 位非线性幅度码与 11 位线性幅度码的变换关系

量化段序号	起始电平(Δ)	非线性幅度码						线性幅度码										
		段落码	段内码的权值(Δ) $a_5 a_6 a_7 a_8$					B_1	B_2	B_3	B_4	B_5	B_6	B_7	B_8	B_9	B_{10}	B_{11}
								1024	512	256	128	64	32	16	8	4	2	1
8	1024	111	512	256	128	64		1	a_5	a_6	a_7	a_8	0	0	0	0	0	0
7	512	110	256	128	64	32		0	1	a_5	a_6	a_7	a_8	0	0	0	0	0
6	256	101	128	64	32	16		0	0	1	a_5	a_6	a_7	a_8	0	0	0	0
5	128	100	64	32	16	8		0	0	0	1	a_5	a_6	a_7	a_8	0	0	0
4	64	011	32	16	8	4		0	0	0	0	1	a_5	a_6	a_7	a_8	0	0
3	32	010	16	8	4	2		0	0	0	0	0	1	a_5	a_6	a_7	a_8	0
2	16	001	8	4	2	1		0	0	0	0	0	0	1	a_5	a_6	a_7	a_8
1	0	000	8	4	2	1		0	0	0	0	0	0	0	a_5	a_6	a_7	a_8

例 2-6　某 7 位非线性幅度码为 1 0 0 0 1 1 0，将其转换为 11 位线性幅度码。

解　段落码为 1 0 0，起始电平为 128Δ，B_4 的权值 $=128\Delta$，所以 $B_4 = 1$，参照表 2-9，可得出 11 位线性幅度码为

$$0\ 0\ 0\ 1\ 0\ 1\ 1\ 0\ 0\ 0\ 0$$

例 2-7　某 11 位线性幅度码为 0 0 1 1 1 0 1 0 0 0 0，将其转换为 7 位非线性幅度码。

解　$B_3 = 1$，其权值为 256Δ，等于第 6 量化段的起始电平，参照表 2-9，可得出 7 位非线性幅度码为

$$1\ 0\ 1\ 1\ 1\ 0\ 1$$

③ 11 位线性解码网络

我们已知 7/11 变换电路的输出为 $B_1 \sim B_{11}$，它们受 $M_2 \sim M_8$ 的控制，有的 $B_i = 1$，有的 $B_i = 0 (i = 1 \sim 11)$，11 位线性解码网络的作用是将 $B_i = 1$ 所对应的权值（恒流源）相加，以产生相应的判定值。

线性解码网络主要有权电阻解码网络和电阻梯型解码网络等，下面重点介绍电阻梯型解码网络。

R-$2R$ 电阻梯型解码网络如图 2-25 所示。

这种解码网络的特点如下。

• $B_i = 1$ 时的 I_i 或 $B_i = 0$ 时的 I_i 均不等于零，而且两者的电流近似相等（因运放输入端为虚地）。

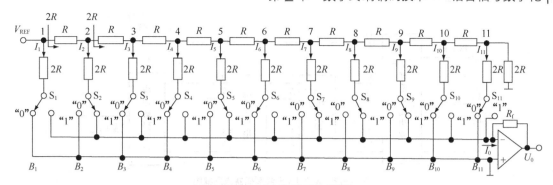

图 2-25 *R*-2*R* 电阻梯型解码网络

- 从任一节点（1~11 点）向右看进去的阻抗都为 2*R*，因此每个 2*R* 支路中的电流 I_i 自左向右以 1/2 系数逐步递减。

从图 2-25 中可知各个支路电流 I_i 分别为

$$I_1 = \frac{V_{REF}}{2R} = \left(\frac{V_{REF}}{2R}\right) \cdot 2^0$$

$$I_2 = I_1 \cdot 2^{-1} = \left(\frac{V_{REF}}{2R}\right) \cdot 2^{-1}$$

$$\cdots\cdots$$

$$I_{11} = \left(\frac{V_{REF}}{2R}\right) \cdot 2^{-10}$$

而送到运放输入端的总电流 I_D 决定于幅度码 $B_1 \sim B_{11}$ 的状态，即当 $B_i = 1$ 码时，I_i 才送到运放输入端，因此总电流 I_D 为

$$I_D = \left(\frac{V_{REF}}{2R}\right)(B_1 + B_2 \times 2^{-1} + B_3 \times 2^{-2} + \cdots + B_{11} \times 2^{-10}) \quad (2\text{-}34)$$

令 $\left(\dfrac{V_{REF}}{2R}\right) \cdot 2^{-10} = \Delta$，则上式可写成

$$I_D = (1024B_1 + 512B_2 + 256B_3 + \cdots + 2B_{10} + B_{11})\Delta$$

由于这种梯型解码网络只有 *R* 和 2*R* 两种电阻值，比较简单，容易满足解码精度要求，故被广泛应用。

以上介绍了判定值的产生过程，这里有如下两个问题需要说明。

- 判定值产生电路输入的是反馈码，输出的是判定值（相当于一个电平），可见，判定值的产生类似于解码，所以称判定值的产生电路为本地解码器（以区别收端解码器）。
- 编码器输出的码型是占空比=1 的单极性码。

6. A 律 13 折线解码器

解码的作用是把接收到的 PCM 信码还原成解码电平。

A 律 13 折线解码器的原理框图如图 2-26 所示。它与图 2-24 中本地解码器相似，但又有所不同。

其原理为：接收到的 PCM 串行码 $a_1 \sim a_8$ 通过串/并变换记忆电路转变为并行码 $M_1 \sim M_8$，并在记忆电路中记忆下来，通过 7/12 变换将 7 位非线性码 $M_2 \sim M_8$ 转换为 12 位线性幅度码 $B_1 \sim B_{12}$，寄存读出后，再通过线性解码网络输出相应的解码电平。

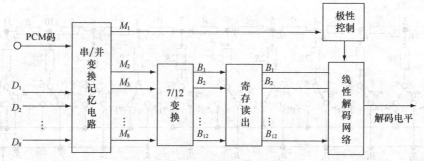

图 2-26   A 律 13 折线解码器原理框图

A 律 13 折线解码器和逐次渐近型编码器中的本地解码器不同点如下。

① 串/并变换记忆电路的输出 $M_i(i=1\sim8)$ 与 PCM 码 a_i 是一一对应的，即 $M_i=a_i$。

② 增加了极性控制部分。根据接收到的 PCM 信号中的极性码 a_1 是 "1" 码还是 "0" 码来辨别解码电平的极性。极性码的状态记忆在寄存器 M_1 中，由 $M_1=1$ 或 $M_1=0$ 来控制极性电路，使解码后的解码电平的极性得以恢复成与发端相同的极性。

③ 数字扩张部分由 7/11 变换改成 7/12 变换。该解码器采用线性解码网络，需要将非线性码变换成线性码。为了保证收端解码后的量化误差不超过 $\dfrac{\Delta_i}{2}$，在收端应加入 $\dfrac{\Delta_i}{2}$ 的补差项。

由于编码电平等于样值所在量化级的最低电平，所以解码电平为（以电流为例）

$$I_D = I_C + \frac{\Delta_i}{2}$$

即解码电平是样值所在量化级的中间值，这样便可保证解码误差不超过 $\dfrac{\Delta_i}{2}$。

根据观察可以得出：编码电平也等于 $B_1\sim B_{11}$ 的 11 个权值（恒流源）中的几个相加，而解码电平又增加一个 $\dfrac{\Delta_i}{2}$，A 律 13 折线第 3~8 段的 $\dfrac{\Delta_i}{2}$ 恰好在 11 个恒流源范围内，但第 1、2 段中的 $\dfrac{\Delta_i}{2}=\dfrac{\Delta}{2}$，它不在 11 个恒流源范围之内，所以要增加一个恒流源 $\dfrac{\Delta_i}{2}$，令 B_{12} 的权值为 $\dfrac{\Delta_i}{2}$。因此，收端解码器要进行 7/12 变换，即将 $M_2\sim M_8$ 变换成 $B_1\sim B_{12}$。

④ 寄存读出是接收端解码器中所特有的。它的作用是把经 7/12 变换后的 $B_1\sim B_{12}$ 码存入寄存器中，适当的时候送到线性解码网络中去。

⑤ 线性解码网络是 12 位线性解码网络。

另外需要说明的是：A 律 13 折线解码器输出的是解码电平，它近似等于 PAM 信号样值，但有一定的误差，这误差就是前面介绍的解码误差。

2.2.5   单片集成 PCM 编解码器

目前，大规模集成的单片编解码器已商品化生产。由于 PCM 数字通信，特别是数字电话通信均为双工通信，通信双方均有编码和解码过程，因此，常把编码和解码集成在一块芯片中，称为单路 PCM 编解码器。

常用的单片集成 PCM 编解码器有 2914 PCM 单路编解码器、MC 14403 单路编解码器、TP 3067 单路编解码器等。

下面主要介绍 2914 PCM 单路编解码器的特性及功能。

2914 PCM 编解码器的功能框图如图 2-27 所示。该编解码器由三大部分组成：发送部分、接收部分及控制部分。

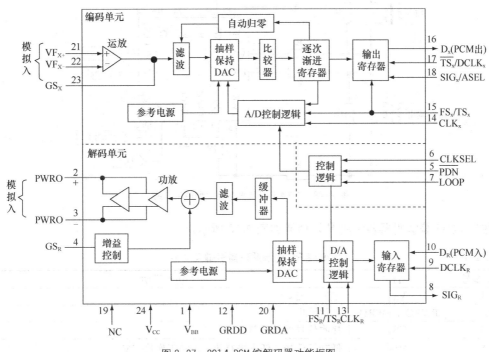

图 2-27 2914 PCM 编解码器功能框图

（1）发送部分

发送部分包括输入运放、带通滤波器、抽样保持和 DAC（数模转换）、比较器、逐次渐近寄存器、输出寄存器以及 A/D 控制逻辑、参考电源等。

待编码的模拟语音信号首先经过运算放大器放大，该运算放大器有 2.2V 的共模抑制范围，增益可由外接反馈电阻控制。运放输出的信号，经通带为 300～3400Hz 的带通滤波器滤波后，送到抽样保持、比较、本地 D/A 变换（DAC）等编码电路进行编码，在输出寄存器寄存，由主时钟（CGR 方式）或发送数据时钟（VBR 方式）读出，由数据输出端输出。整个编码过程由 A/D 控制逻辑控制。此外，还有自动归零电路来校正直流偏置，保证编码器正常工作。

（2）接收部分

接收部分包括输入寄存器、D/A 控制逻辑、抽样保持和 DAC、低通滤波器和输出功放等。在接收数据输入端出现的 PCM 数字信号，由时钟下降沿读入输入寄存器，由 D/A 控制逻辑控制进行 D/A 变换，将 PCM 数字信号变换成 PAM 样值并由样值电路保持，再经缓冲器送到低通滤波器，还原成语音信号，经输出功放后送出。功放由两级运放电路组成，是平衡输出放大器，可驱动桥式负载，需要时也可单端输出，其增益可由外接电阻调整，最大可调值为 12dB。

（3）控制部分

控制部分主要是一个控制逻辑单元，通过 $\overline{\text{PDN}}$（低功耗选择）、CLKSEL（主时钟选择）、LOOP（模拟信号环回）三个外接控制端控制芯片的工作状态。

2914 PCM 编解码器采用 24 脚引线，其典型应用电路如图 2-28 所示。

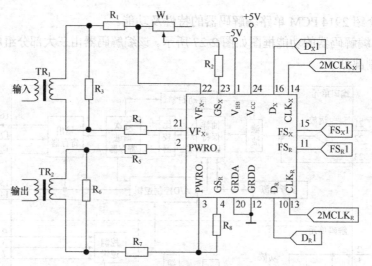

图 2-28 2914 PCM 编解码器典型应用电路

2914 PCM 编解码器各引脚具体功能如表 2-10 所示。

表 2-10 2914 PCM 编解码器引脚及功能

引脚编号	名称	功能说明
1	V_{BB}	电源（-5V）
2, 3	PWRO$_+$, PWRO$_-$	功放输出
4	$\overline{GS_R}$	接收信号增益调整
5	$\overline{PDN}$	低功耗选择，低电平有效，正常工作接+5V
6	CLKSEL	主时钟选择，CLKSEL =V_{BB} 时，主时钟频率为 2048kHz
7	LOOP	模拟信号环回，高电平有效；接地则正常工作，不环回
8	SIG_R	收信令比特输出，A 律编码时不用
9	$DCLK_R$	VBR 时为接收数据速率时钟，CGR 接接-5V
10	D_R	接收信道输入（PCM 信号入）
11	FS_R	接收帧同步时钟，即接收路时隙脉冲 TSn
11	TS_R	接收帧同步和时隙选通脉冲，该脉冲为正时数据被时钟下降沿收下
12	GRDD	数字地
13	CLK_R	接收主时钟，即收端 2048kHz 时钟
14	CLK_X	发送主时钟，即发端 2048kHz 时钟
15	FS_X	发送帧同步时钟，即发端路时隙脉冲 TSn
15	TS_X	发送帧同步和时隙选通脉冲，该脉冲为正时输出寄存器数据被时钟上升沿送出
16	D_X	发送数字输出，即发端数据输出
17	$\overline{TS_X}$	数字输出的选通
17	$DCLK_X$	VBR 时为发送数据速率时钟
18	SIG_X	发送数字信令输入
18	ASEL	μ 律、A 律选择，接-5V 时选 A 律
19	NC	空
20	GRDA	模拟地
21, 22	VF$_{X+}$, VF$_{X-}$	模拟信号输入
23	GS_X	增益控制端（输入运算）
24	V_{CC}	电源（+5V）

目前，单路编解码器的主要应用有如下四个方面。

① 传输系统的音频终端设备，如各种容量的数字终端机（基群、子群）和复用转换设备；

② 用户环路系统和数字交换机的用户系统、用户集线器等；

③ 用户终端设备，如数字电话机；

④ 综合业务数字网的用户终端。

2.3　语音信号压缩编码

2.3.1　语音压缩编码基本概念

1．语音压缩编码的概念

数字通信系统和传统的模拟通信系统相比较，具有抗干扰性强、保密性好、可靠性高和经济性能好等显著优点，因此 PCM 系统已在大容量数字微波、数字卫星和光纤通信系统中广泛应用。

但现有的 PCM 编码需对每个样值编 8 位码，一路的速率为 64kbit / s，才能符合长途电话传输的指标要求，这样每路数字电话占用频带要比模拟电话带宽宽很多倍（16 倍）。因此在拥有相同频带宽度的传输系统中，PCM 系统能传送的电话路数要比模拟方式传送的电话路数少得多。这样对于费用昂贵的长途大容量传输系统，尤其是卫星通信系统，采用 PCM 数字通信方式的经济性能很难和模拟通信相比拟。至于在超短波波段的移动通信网中，由于频带有限（每路电话必须小于 25kHz），64kHz 频带的数字电话更难获得应用。因此，几十年来人们一直致力于研究压缩数字化语音频带的工作，也就是在相同的质量指标的条件下，降低数字化语音的数码率，以提高数字通信系统的频带利用率。

通常人们把低于 64kbit / s 速率的语音编码方法称为语音压缩编码技术。

2．语音压缩编码分类

常见的语音压缩编码方法有以下几种。

- 属于波形编码的差值脉冲编码调制（DPCM）、自适应差值脉冲编码调制（ADPCM）、增量调制（DM 或 AM）、自适应增量调制（ADM）等；
- 属于参量编码的线性预测编码（LPC）；
- 属于混合编码的子带编码（SBC）等。

2.3.2　自适应差值脉冲编码调制（ADPCM）

ADPCM 是在差值脉冲编码调制（DPCM）基础上发展起来的，因此在学习 ADPCM 工作原理之前，应首先了解 DPCM。

1．差值脉冲编码调制（DPCM）的原理

从前述的抽样理论中得知，语音信号相邻的抽样值之间存在着很强的相关性，即信号的一个抽样值到相邻的一个抽样值不会发生迅速的变化。这说明信源本身含有大量的冗余成分，也就是含有大量的无效或次要的成分。如果我们设法减少或去除这些剩余成分，则可大大提高通信的有效性。在语音抽样值相关性很强的基础上，根据线性均方差估值理论，且假定是在平稳信号统计的条件下，我们可以最大限度地消除这些剩余成分，以获得最佳的效果。从概念上讲，它是把语音样值分成两个成分，一个成分与过去的样值有关，因而是可以预测的；

另一个成分是不可预测的。可预测的成分（也就是相关的部分）是由过去的一些适当数目的样值加权后得到的；不可预测的成分（也就是非相关的部分）可看成是预测误差（简称差值）。这样，就不必直接传送原始抽样信息序列，而只传送差值序列就可以了。正因为如此，差值序列的信息可以代替原始序列中的有效信息。

DPCM 就是对相邻样值的差值进行量化、编码。由于样值差值的动态范围要比样值本身的动态范围小得多，这样就有可能在保证语音质量要求下，降低信号传输速率。信号的自相关性越强，压缩率就越大。接收端只要把收到的差值信号序列叠加到预测序列上，就可以恢复出原始的信号序列。

（1）传输样值差值实现通信的可能性

在图 2-29（a）中，语音信号样值序列为 $S(0),S(1),S(2),\cdots,S(n)$（为了书写简单，这里将抽样信号表示成 $s(t)$，设 $d(i)$ 为本时刻 (iT) 样值 $S(i)$ 与前邻样值 $S(i-1)$ 的差值，即 $d(i)=S(i)-S(i-1)$，如图 2-29（b）所示。$t=0$ 时刻，由于前邻时刻 $(-T)$ 的样值为零，故 $d(0)=S(0)$。

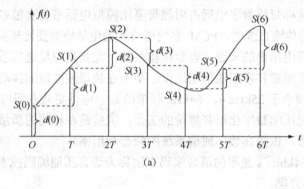

(a)

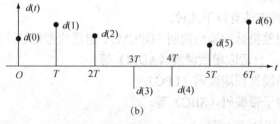

(b)

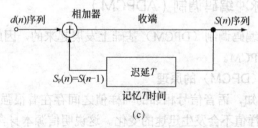

(c)

图 2-29 样值差值序列与样值序列的恢复示意图

从图 2-29（a）可知

$$S(0)=d(0)$$

$$S(1) = d(0) + d(1) = S(0) + d(1)$$

$$S(2) = d(0) + d(1) + d(2) = S(1) + d(2)$$

$$S(3) = d(0) + d(1) + d(2) + d(3) = S(2) + d(3)$$

……

$$S(n) = \sum_{i=0}^{n} d(i) = S(n-1) + d(n) \qquad (2\text{-}35)$$

从式（2-35）与图 2-29（a）可以看出，样值 $S(n)$ 等于过去到现在的所有差值的累积。由此可见，假若信道是理想的，在发端发送差值脉冲序列 $d(0), d(1), d(2), \cdots, d(n)$，那么在收端就有可能恢复原始样值序列 $S(0), S(1), S(2), \cdots, S(n)$。具体地讲，在收端只要能将前一样值 $S(n-1)$（它是所有过去差值的累积）记忆一个抽样周期 T（这可由迟延 T 回路来完成），然后与本时刻收到的差值 $d(n)$ 叠加，就可恢复出 $S(n) = S(n-1) + d(n)$。对此根据图 2-29（c）说明如下。

① 第一个差值 $d(0) = S(0)$（因相邻的前一样值为零），到达收端与延迟回路输出的 $S_P(0)$ 相加，相加器输出为 $d(0) + S_P(0) = d(0) + 0 = S(0)$，因为这时的 $S_P(0) = 0$。

② 经过 T 时间后，$d(1)$ 出现在相加器输入端，这时在收端已恢复的样值 $S(0)$，通过迟延回路，延迟 T 时间后也反馈到相加器的输入端，因此收端所得到的恢复信号为 $S_P(1) + d(1) = S(0) + d(1) = S(1)$ 样值。

③ 当差值 $d(2)$ 到达相加器输入端时，$S_P(2) = S(1)$，相加器输出为 $S_P(2) + d(2) = S(1) + d(2) = S(2)$ 样值。

从上面分析可以得出结论：传输样值差值序列可以实现样值序列信息的传递。但收端需要一个逐次记忆回路（迟延 T 回路）和相加器，由它们来完成差值的积累，从而达到恢复出原始样值脉冲序列的目的。

（2）样值差值的检出——预测值的形成

DPCM 是将差值脉冲序列进行量化编码后送到信道传输的，图 2-30 是 DPCM 的原理框图（一阶后向预测方案）。对差值编码来讲，首先要解决差值的检出。其关键问题就是如何检测出前邻样值。

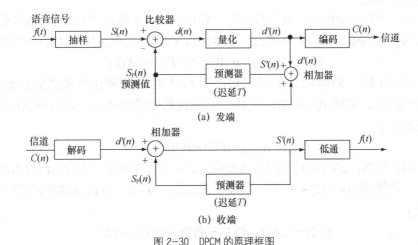

图 2-30 DPCM 的原理框图

根据式（2-35），可得到前邻样值 $S(n-1)$ 为

$$S(n-1) = \sum_{i=0}^{n-1} d(i)$$

但 DPCM 是将差值量化（见图 2-30（a）），因此前邻样值只能由差值的量化值 $d'(n)$ 来形成。但由量化值 $d'(n)$ 所形成的前邻样值是一个估计值（预测值）。以 $S_P(n)$ 来表示估计值，图 2-31 是预测值 $S_P(n)$ 的形成，则从图 2-30（a）与图 2-31 可知

$$S_P(n) = \sum_{i=0}^{n-1} d'(i) = d'(0) + d'(1) + d'(2) + \cdots + d'(n-1) \qquad (2\text{-}36)$$

从式（2-36）和图 2-31 可知，在 nT 时刻的估计值 $S_P(n)$ 是所有过去的差值量化值 $d'(i)$ 的累积，可以认为估计值 $S_P(n)$ 是样值 $S(n)$ 的一种预测值。

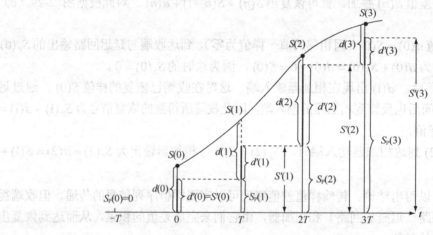

图 2-31 预测值（估计值）$S_P(n)$ 的形成

预测值 $S_P(n)$ 可由预测器所组成的反馈回路来形成，如图 2-30（a）所示。具有局部反馈的预测器（迟延 T 回路）与相加器构成的累加器，将所有过去的差值量化值 $d'(i)$ 累积起来，因此累加器完成了式（2-36）的功能。现结合图 2-30（a）与图 2-31 来具体分析 DPCM 是如何预测、量化编码的。

① 在 $t=0$ 时刻，$S_P(0)=0$，其差值 $d(0) = S(0) - S_P(0) = S(0)$，将差值 $d(0)$ 量化为 $d'(0)$，然后 $d'(0)$ 编码并送到信道输出，这时的样值量化值 $S'(0)$ 与差值量化值 $d'(0)$ 的关系是

$$S'(0) = S_P(0) + d'(0) = 0 + d'(0) = d'(0)$$

② 在 $t=T$ 时刻，$S'(0)$ 经过 T 时间后，于 $t=T$ 时刻出现在预测器的输出端，此时 $S_P(1) = S'(0) = d'(0)$。差值 $d(1) = S(1) - S_P(1)$，其差值量化值为 $d'(1)$，$d'(1)$ 被编码送至信道。这时样值量化值为

$$S'(1) = S_P(1) + d'(1) = d'(0) + d'(1)$$

③ 在 $t=2T$ 时刻，$S'(1)$ 经过 T 时间延迟后，于 $t=2T$ 时刻出现在预测器的输出端，此时 $S_P(2) = S'(1)$。差值 $d(2) = S(2) - S_P(2)$，其差值量化值为 $d'(2)$，$d'(2)$ 被编码送至信道。这时样值量化值为

$$S'(2) = S_P(2) + d'(2) = d'(0) + d'(1) + d'(2)$$

由图 2-31 看出，样值量化值等于所有过去到现在的差值量化值累积，而预测值等于过去

所有差值量化值累积，即

$$S'(n) = \sum_{i=0}^{n} d'(i) \tag{2-37}$$

$$S_P(n) = \sum_{i=0}^{n-1} d'(i) = S'(n-1) \tag{2-38}$$

所以

$$S'(n) = S_P(n) + d'(n) \tag{2-39}$$

（3）量化误差与解码重建

首先分析样值量化误差与差值量化误差的关系。由图 2-31 可得样值的量化误差 $e(n)$ 为

$$e(n) = S(n) - S'(n) = d(n) - d'(n) \tag{2-40}$$

由此可以得出一个重要结论：样值的量化误差 $e(n)$ 等于差值的量化误差（ $d(n) - d'(n)$ ）。因此，样值量化误差 $e(n)$ 仅由差值量化器决定。

DPCM 系统解码重建恢复出原始信号是在收端将码字 $C(n)$ 解码后变换为差值量化值 $d'(n)$ ，而将 $d'(n)$ 恢复成 $S'(n)$ 的回路是与发端预测回路相同的，从图 2-30（b）可知，$S'(n) = S_P(n) + d'(n)$ ，见式（2-39）。因此，样值量化值序列 $S'(n)$ 经过重建低通滤波器，就可重建出原始语音信号（当然有量化失真）。

（4）最佳预测

我们已知，在 DPCM 系统中，样值的量化误差等于差值的量化误差。因此，DPCM 系统的量化信噪比 $\left(\dfrac{S}{N_q}\right)_{DPCM}$ 为

$$\left(\frac{S}{N_q}\right)_{DPCM} = \frac{E[S^2(n)]}{E[e^2(n)]} = \frac{E[S^2(n)]}{E[d^2(n)]} \cdot \frac{E[d^2(n)]}{E[e^2(n)]}$$

$$= G_P \cdot \left(\frac{S}{N_q}\right)_Q = G_P \cdot \left(\frac{S}{N_q}\right)_{PCM} \tag{2-41}$$

式中，$E[S^2(n)]$、$E[d^2(n)]$、$E[e^2(n)]$ 分别表示 $S(n)$、$d(n)$、$e(n)$ 功率的统计平均值，它们也可分别采用均方值 σ_s^2、σ_d^2、σ_e^2 表示。其中：

$$G_P = \frac{E[S^2(n)]}{E[d^2(n)]} = \frac{\sigma_s^2}{\sigma_d^2} \tag{2-42}$$

$$\left(\frac{S}{N_q}\right)_Q = \left(\frac{S}{N_q}\right)_{PCM} = \frac{E[d^2(n)]}{E[e^2(n)]} = \frac{\sigma_d^2}{\sigma_e^2} \tag{2-43}$$

G_P 值表示信号 $S(n)$ 的功率与差值 $d(n)$ （又称预测误差）信号功率之比；$\left(\dfrac{S}{N_q}\right)_Q$ 是量化器产生的信噪比，即非预测的 PCM 系统的量化信噪比 $\left(\dfrac{S}{N_q}\right)_{PCM}$ 。如果 $G_P > 1$ ，说明预测有增益，这时 $\left(\dfrac{S}{N_q}\right)_{DPCM} > \left(\dfrac{S}{N_q}\right)_{PCM}$ 。式（2-41）表明，DPCM 系统的 $\left(\dfrac{S}{N_q}\right)_{DPCM}$ 取决于 G_P

和 $\left(\dfrac{S}{N_q}\right)_Q$ 两个参数，因此，DPCM 系统的理论是围绕如何改进这两个参数，从而逐步完善起来的。

为了提高预测增益 G_p，必须减少预测误差 $d(n)$，为此，预测值 $S_p(n)$ 不一定仅由前邻样值的量化值 $S'(n-1)$ 来确定，而可改由更多的过去样值量化值来共同进行预测。仅由前邻样值量化值进行预测称为一阶预测，由多个过去样值量化值进行预测称为多阶预测，它们的预测表达式如下。

一阶预测：

$$S_p(n) = a_1 S'(n-1) \tag{2-44}$$

多阶预测：

$$S_p(n) = a_1 S'(n-1) + a_2 S'(n-2) + \cdots + a_p S'(n-p)$$

$$= \sum_{i=1}^{p} a_i S'(n-i) \tag{2-45}$$

式中，a_i 为预测系数（加权值），在多阶预测中，预测值是等于过去 p 个样值量化值的加权求和。在过去的样值量化值中，越靠近本时刻样值，其影响也越大，因此其预测系数也越大。通过分析计算得知二阶预测的 $E[d^2(n)]$ 小于一阶预测，因此二阶预测增益优于一阶预测。但 $p > 2$ 以后，预测增益的提高就不明显了。这是由于随着阶数的增高，其相关性即预测系数也相应地减小。另外，阶数选得越大，系统就越复杂，且系统具有反馈环路，因而 p 越大，其稳定性也会越差。图 2-32 是二阶预测器。

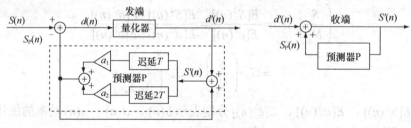

图 2-32　二阶预测回路框图

2. 自适应差值脉冲编码调制（ADPCM）的原理

为了改善编码信号的量化噪声特性，曾讨论了从均匀量化过渡到非均匀量化的问题。但为了尽量减小量化误差，同时为了提高预测值的精确性，在 DPCM 的基础上又增加了自适应量化和自适应预测，由此发展成了 ADPCM。

ADPCM 的主要特点是用自适应量化取代固定量化，量化阶随输入信号变化而变化，使量化误差减小；用自适应预测取代固定预测，提高了预测信号的精度，使预测信号跟踪输入信号能力增强。通过这两点改进，大大提高了 DPCM 系统的编码动态范围和信噪比，从而提高系统性能。

ADPCM 原理框图如图 2-33 所示。

图中 Q[ ]表示量化器，P 表示预测器。显而易见，它是由 DPCM 系统加上阶距自适应系统和预测自适应系统构成的。

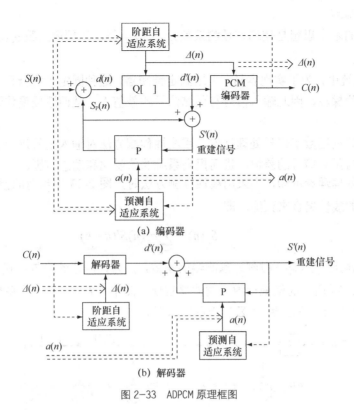

图 2-33 ADPCM 原理框图

（1）自适应量化

自适应量化的基本思想就是使均方量化误差最小，让量阶 $\Delta(n)$ 随输入信号的方差 $\sigma_S^2(n)$ 而变化，即

$$\Delta(n) = K\sigma_S^2(n) \tag{2-46}$$

式中，K 为常数，其数值由最佳量化器的参数来决定。

为了实现自适应量化，首先要对输入信号的方差 $\sigma_S^2(n)$ 进行估算。现在常用的自适应量化方案有两种：一种是由输入信号本身估算信号的方差来控制阶距 $\Delta(n)$ 的变化，称为前馈（或前向）型自适应量化（其实现原理由图 2-33 中双虚线标出）。另一种是其阶距 $\Delta(n)$ 根据编码器的输出码流估算出的输入信号的方差进行自适应调整，这种称为反馈（或后向）型自适应量化（实现原理由图 2-33 中单虚线标出）。

两种自适应量化方案的自适应阶距调整算法是类似的。反馈型控制由于量化阶距信息是由码字序列提取，所以主要优点是无须额外存储和传输阶距信息。但是该方案由于控制信息在传输的 ADPCM 码流中，因而系统的传输误码对收端信号重建的质量影响较大。前馈型控制除了传输信号码流外，还要传输阶距信息，增加了复杂度，但是这种方案可以通过采用良好的附加信道或采用差错控制使得阶距信息的传输误码尽可能地小，从而可以很好地改善高误码率传输时收端重建信号的质量。

尽管反馈型和前馈型两种方案各有利弊，但无论采用哪一种自适应量化方案，都可以改善动态范围及信噪比。可以证明，在量化电平数相同的条件下，自适应量化比固定量化系统的性能得到改善。

（2）自适应预测

自适应预测的基本思想是使均方预测误差 λ_d^2 为最小值，让预测系数 $a_k(n)$ 的改变与输入信号幅值相匹配。

在 DPCM 系统中，为了实现容易，采用固定预测器。这种固定预测器只是产生一个跟踪输入信号的斜变阶梯波，因此输入信号与预测信号的差值大，从而造成量化误差增大，动态范围减小。

ADPCM 系统利用数字信号处理技术，用线性预测方法对输入信号进行自适应预测，可以减小输入信号与预测信号的差值，进而提高系统的信噪比和动态范围。

由数字信号处理理论可知，当采用线性预测方法时，图 2-33 中当前的预测信号 $S_P(n)$ 可由以前的信号值的线性组合来预测，即

$$S_P(n) = \sum_{k=1}^{p} a_k(n)S'(n-k) \tag{2-47}$$

式中，$a_k(n)$ 为当前时刻（即 n 时刻）预测器的系数，p 为预测器的阶数。式（2-47）描述的预测方程可由图 2-34 所示的横截型数字滤波器实现。图中"T"表示一个单位时间（抽样间隔）的延时，"$\otimes$"表示乘法器，"Σ"表示加法器。

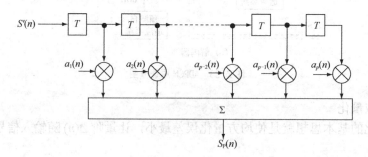

图 2-34　实现预测的横截型滤波器

为了使预测信号始终最佳地逼近（预测）输入信号，预测器的权系数 $a_k(n)$ 必须随时根据输入信号的性质变化，这就是所谓"自适应"。由时变权系数 $a_k(n)$ 确定的预测器称为自适应预测器。可见，实时动态地确定权系数 $a_k(n)$ 是实现自适应预测器的关键。

与自适应量化相同，自适应预测也分为前向型自适应预测和后向型自适应预测。前向型自适应预测（如图 2-33 中双虚线所示）发送端是由输入信号 $S(n)$ 本身估算预测系数 $a_k(n)$（图 2-33 中简写成 $a(n)$），调整后的 $a_k(n)$ 信息直接送到接收端的预测器去控制其工作。而后向型自适应预测（如图 2-33 中单虚线所示）其预测系数 $a_k(n)$ 是从重建后的 PAM 信号 $S'(n)$（又称重建信号）估算出来的。

为了定量分析采用自适应预测所带来的好处，图 2-35 绘出了固定预测器和自适应预测器两种情况下预测增益 G_P 与预测器阶数的关系。

由图 2-35 可见，在预测器阶数（$p > 4$）相同的情况下，自适应预测的预测增益上限约比固定预测增益上限高 4dB。

以上分析了 ADPCM 系统的自适应量化和自适应预测，可以得出 ADPCM 的优点是：由于采用了自适应量化和自适应预测，ADPCM 的量化失真、预测误差均较小，因而它能在 32kbit / s 数码率的条件下达到 PCM 系统 64kbit / s 数码率的语音质量要求。

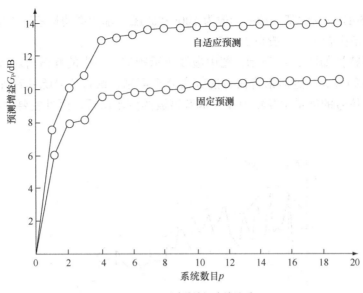

图 2-35　预测增益与阶数关系

2.3.3　参量编码

参量编码的原理和设计思想与波形编码完全不同。波形编码的基本思路是忠实地再现语音的时域波形，为了降低比特率，可充分利用抽样点之间的信息冗余性对差分信号进行编码，在不影响语音质量的前提下，比特率可以降至 32kbit/s。

参量编码根据对语音形成机理的分析，着眼于构造语音生成模型，该模型以一定精度模拟发出语音的发声声道，接收端根据该模型还原生成发话者的音素。由于模型参数的更新频度较低，并可利用抽样值间的一定相关性，有效地降低编码比特率，因此，目前小于 16kbit/s 的低比特率语音编码都采用参量编码，它在移动通信、多媒体通信和 IP 网络电话应用中起到了重要的作用。

由上述说明可知，要学习参量编码原理，首先必须了解语音信号特征分析及语音信号产生模型。

1. 语音信号特征分析

语音信号的音素分为两类：伴有声带振动的音称为浊音，声带不振动的音称为清音。

（1）浊音与基音

浊音又称有声音，语音发声时声带在气流的作用下激励起准周期的声波，如图 2-36 所示。

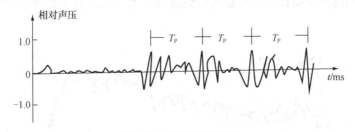

图 2-36　语音声波波形图

由图 2-36 可见，浊音声波具有明显的准周期特性，这一准周期音称为基音，男性基音频率一般为 50～250Hz，女性基音频率一般为 100～500Hz。基音周期是基音频率的倒数，可见基音周期的变化范围较大，一般是 2～20ms。

浊音的频谱特性如图 2-37 所示。图中虚线所示频谱包络中的峰值所对应的频率为口腔共振体的共振峰频率。通过对语音信号的频谱分析可见，语音信号除基音外还存在基音的多次谐波，浊音信号的能量主要集中在各基音谐波的频率附近，而且主要分布在低于 3kHz 的范围。

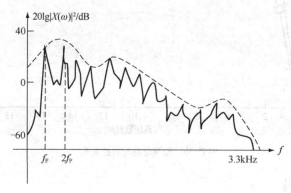

图 2-37　浊音频谱特性

（2）清音

清音又称无声音。由声学和力学理论可知，当气流速度达到某一临界速度时，就会引起湍流，此时声带不振动，声道被噪声状随机波激励产生较小幅度的声波，其波形与噪声相似，这就是清音，其波形如图 2-38 所示。

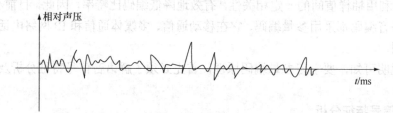

图 2-38　清音波形示意图

清音没有周期特性，典型的清音波形频谱如图 2-39 所示。从清音的频谱可以看到，清音中不含具有周期或准周期特性的基音及其谐波成分，而且清音的能量集中在比浊音更高的频率范围内。

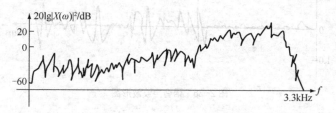

图 2-39　清音频谱示意图

2. 语音信号产生模型

根据上面对语音信号特征的分析，可以将语音信号发生过程抽象为如图 2-40 所示模型。

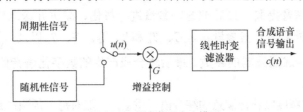

图 2-40 语音信号产生模型

图 2-40 中所示周期信号源表示浊音激励源，随机噪声信号源表示清音激励源；$u(n)$ 表示波形产生的激励参量，即表示清音/浊音和基音周期的参量；声道特性可以看成是一个线性时变系统，G 是增益控制，增益控制代表语音强度；$c(n)$ 是合成的语音信号输出。

3. 参量编码的线性预测编码（LPC）基本概念

以语音信号产生模型为基础，在发送端分析提取表征声源和声道相关特征的参量，并通过量化、编码将这些参量传输到接收端。在接收端再用这些特征参量重新合成语音信号，这一过程称为语音信号的分析合成。实现这一过程的系统称为声码器（Vocoded），声码器的数码率可压缩到 4.8kbit/s，甚至更低。

下面简要介绍线性预测编码（LPC）声码器的基本概念。

如前所述，若将语音分成浊音和清音两大类，根据语音线性预测模型，清音可以模型化为白色随机噪声激励；而浊音的激励信号为准周期脉冲序列，其周期为基音周期 T_p。根据语音信号短时分析及基音提取方法，能逐帧将语音信号用少量特征参量来表示，这些特征参量主要包括线性时变系统参数 a_i、基音周期 T_p、清浊音判决 u/v 和代表语音强弱的增益控制参量 G。

线性时变系统参数，即线性时变滤波器系数 a_i 可以通过线性预测技术获得。在一般情况下，需要有 12 个系数 a_i（$i = 1,2,\cdots,12$），再加上基音周期 T_p、清浊音判决 u/v 和代表语音强弱的增益控制参量 G，一共有 15 个参量，这 15 个参量就决定了语音信号所包含的主要信息。我们可以通过对每帧语音信号进行分析求出这 15 个参量，然后将它们量化、编码传给接收端。接收端用收到的这 15 个参量和发声机制模型综合、复制出语音信号。

采用这种编码方式进行语音信号有效传输的系统称为线性预测编码（LPC），其实现方框图如图 2-41 所示。

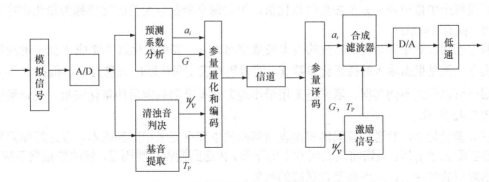

图 2-41 线性预测编码（LPC）实现方框图

在发送端，原始语音输入 A/D 变换器，以 8kHz 频率抽样并变换成数字化语音。然后以每 180 个样值为一帧（帧周期 22.5 ms），以帧为处理单元逐帧进行线性预测系数分析，并作相应的清浊音判决和基音提取，最后把这些参量进行量化、编码并送入信道传送。

在接收端，经参量解码分出参量 a_i、G、T_p 和 $u/_v$ 等。G、T_p 以及 $u/_v$ 用作语音信号的合成产生，a_i 用作形成合成滤波器的参数。最后将合成产生的数字化语音信号再经 D/A 变换和低通即还原为语音信号。

为了有较高的预测精度以获得满意的综合语音质量，一般对每个预测系数 a_i 需用 11bit 编码，这样 12 个预测系数就需要 11×12=132bit，再加上音调 6 bit，增益 5 bit，清浊音判决 1 bit，总共一帧内需要 144 bit，若语音信号按每 10ms 一帧计算，则总比特率就需要 14.4kbit/s，这对 LPC 方式来说显然速率偏高。为了进一步降低编码速率，目前在实用系统中又采用了矢量量化技术等，但这些方面的技术都是与复杂性成正比的，所以用复杂性换取技术性是今后的一个方向。

4．矢量量化编码

我们在波形编码中讨论的量化编码称为标量量化编码，它是指对单个取样值进行独立的量化编码，即将连续的实数样值按四舍五入的原则分割为可进行数字化表示的有限的整数值集合。由于标量量化编码是对单个取样值进行独立的量化编码，是逐个样点的量化，所以是一维的标量量化。

矢量量化则是将每 K 个信号样点分为一组的多维矢量量化，即将 K 维空间的一个信号矢量进行多维量化。这里的 K 维矢量既可以表示某类信源波形样值的集合，比如语音波形 K 维样值的集合，也可以代表某类信源一组特征参量值，比如语音信源的 LPC 参数矢量。根据仙农信源编码定理，多维矢量量化编码一定比一维标量量化编码好，这是由于 K 维样值间具有统计相关性，矢量量化可以充分利用这一统计相关性。另外，在参数矢量量化中，比如 LPC 声码器中的 LPC 参数又特别适合于多维矢量量化编码。

矢量量化是将所有参数组合起来作为一个整体进行量化，在数学上就用矢量来表示参数的组合，所有可能参数的组合对应一个有限矢量空间。矢量量化就是在这缩减的矢量空间中按某一判据选择最佳的矢量（参数组合的量化值）。

矢量量化的核心部件是码本（Codebook），或者称为码表，它是事先编好的一组可能对应输入连续矢量空间的离散矢量量化值。

码本包含的矢量数称为码本尺寸，记作 L，每个矢量包含的比特数称为码本的维数，记作 k，显然有 $L = 2^k$。

假设每个矢量记录了 p 个参数的量化值，平均每个参数分配到的比特称为量化比特率，记作 R，则有 $R=k/p$。

假定连续参数空间为 X，离散的码本矢量空间为 y，矢量量化就是完成 X 到 y 的映射过程。实际上就是根据输入的待量化参数 X，搜索码本确定最佳匹配矢量为 y_i。根据 X 与 y_i 之间的误差可以制定不同判据，通常是采用最小均方误差准则确定最佳量化矢量。矢量量化过程如图 2-42 所示。

在矢量量化中，发送端编码器和接收端解码器中存有完全相同的码本。发送端编码器选定最佳匹配矢量 y_i 后，只需将其在码本中的下标 i 传送到接收端解码器，解码器根据下标 i 就可找出对应的矢量 y_i，从而恢复发送端的参数。

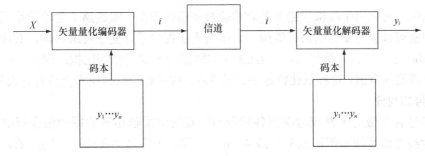

图 2-42　矢量量化过程示意图

2.3.4　混合编码——子带编码（SBC）

把语音信号的频带分割成不同的频带分量（称为子带），然后分别对这些子带独立地进行 ADPCM 编码的方式，称为子带编码（Sub-Band Coding，SBC）。这类编码方式也称为频域编码，它是波形编码和参量编码的结合，属于混合编码。

1．SBC 基本原理

子带编码的基本原理框图如图 2-43 所示。

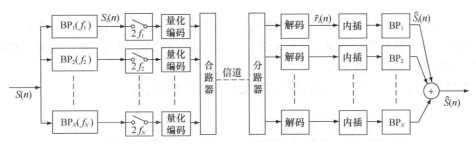

图 2-43　SBC 原理框图

子带编码的基本原理：首先通过若干个带通滤波器把语音信号（经抽样后的）频带分割成若干个频带（称为子带）；每个比较窄的子带信号用单独 ADPCM 编码器分别编码。具体地说，就是每个子带经过调制进行频带搬移，将各个子带信号转换成低通信号（实际的 SBC 系统一般不是采用调制器，而采用再抽样的方法实现子带平移，如图 2-43 所示，详见后述），接着分别量化编码，最后将各路数字流合在一起送往信道中传输。在接收端再将它分接（即分路）、解码并恢复各个子带信号，然后将各个子带信号组合起来还原成原语音信号。

SBC 的主要优点是可以通过分配给各子带不同的量化间隔和编码比特数来分别控制它们的信噪比，以较低的总码率获得较好的语音质量。这主要是利用人耳听觉的"掩蔽"效应实现的。例如，语音信号低频部分涉及语音基音周期和第一共振峰等，对语音清晰度等主观品质影响较大，信噪比应高些，即量化间隔选小些，分配较多的编码比特数；对语音的高频部分，量化噪声对语音质量的影响小些，信噪比可低些，所以量化间隔可以稍大些，用较少的比特去编码。这样，便可在保证语音质量的前提下，使编码的总比特数降低。

实验证明，16kbit / s 的 SBC 系统的语音质量相当于 24kbit / s 的 ADPCM 系统的语音质量。

　　子带编码器可应用于模拟线路并兼容传输数字语音和在一般线路上传输数字语音，并且通过数字加密可以获得安全的语音通信。目前有人还提出了可变子带编码器，其比特速率最低可达4.8kbit/s，其语音质量可与7.2kbit/s的固定子带编码器相比拟。因此，可以预见，随着音片处理器的发展，这种低比特速率、低成本、质量好的编码技术会具有更大的吸引力。

2. 子带的划分

　　语音信号各子带的带宽应考虑到各频段对主观听觉贡献相等的原则做合理的分配。通常语音信号经带通滤波器组滤波后分成4～6个子带，子带之间允许有小的间隙，如图2-44所示。

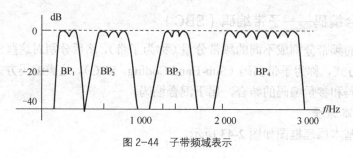

图2-44　子带频域表示

　　前已述及按照SBC原理，通过带通滤波后的各子带信号需采用调制的方法将子带频谱搬移到低频段，但这种平移在实现上比较复杂。所以，实际的SBC系统一般不是采用调制器，而是采用再抽样的方法实现子带平移。

　　图2-45给出了一个子带信号经再抽样等处理的频谱变化过程。

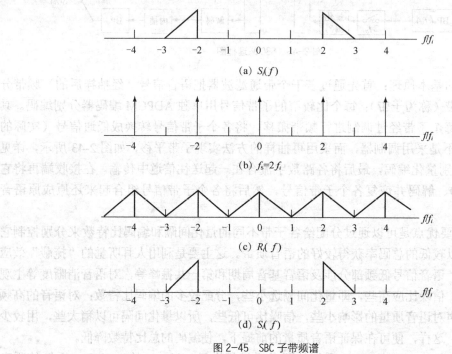

(a) $S_i(f)$

(b) $f_s = 2f_i$

(c) $R_i(f)$

(d) $S_i(f)$

图2-45　SBC子带频谱

　　其中，图2-45（a）是一个子带信号频谱（$2f_i \sim 3f_i$）（包括负频域$-3f_i \sim -2f_i$），图

2-45（b）为抽样脉冲，图 2-45（c）是抽样后信号的频谱，图 2-45（d）是收端恢复的子带信号频谱。

各滤波器的输出按 $2f_i$（f_i 是第 i 个子带的带宽）速率抽样，因为抽样速率低于信号频谱的最高分量，取样后将产生频谱混叠，由图 2-45 可以看出，这种方法利用了频谱混叠现象，从而避免了频谱平移的问题。这种方案的缺点是：对子带划分有一定的限制，为了正确地重构信号，子带必须位于 $m_if_i \sim (m_i+1)f_i$ 之间，这样选择子带不一定符合听觉特性要求，对编码的性能有一定影响，但实验表明，性能的损失是很小的。

3. 带通滤波器的实现

根据子带编码器的基本原理，SBC 系统中的各带通滤波器应有很陡峭的带通特性，以防止在抽样过程（降低抽样率）中产生混叠现象，这样就要求滤波器运算量大，实现起来会很复杂。解决这个问题的有效方法是采用正交镜像滤波器（Quadrature Mirror Filter，QMF）。用 QMF 实现的 SBC 系统的原理图如图 2-46 所示。

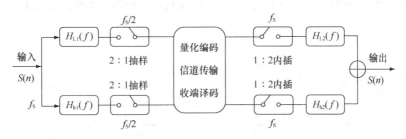

图 2-46　采用 QMF 的 SBC 系统

抽样率为 f_S 的输入信号 $S(n)$，经滤波器 $H_{L1}(f)$ 和 $H_{h1}(f)$ 后分成两个子带，每个子带信号的频带为 $S(n)$ 频带的一半。子带信号经 2：1 抽取后使子带信号抽样率下降到 $f_S/2$，通过量化编码传输到收端；收端译码后，进行 1：2 内插，将抽样率恢复成 f_S；最后，经过 $H_{L2}(f)$ 和 $H_{h2}(f)$ 滤波后，合成得到输出重构信号 $S(n)$。

图 2-46 中，低通滤波器 $H_{L1}(f)$、$H_{L2}(f)$ 和高通滤波器 $H_{h1}(f)$、$H_{h2}(f)$，是一组正交镜像滤波器，它们满足

$$H_{h1}(f) = H_{L1}(f_S/2 - f)$$
$$H_{h2}(f) = H_{L2}(f_S/2 - f) \tag{2-48}$$

其幅频特性如图 2-47 所示。

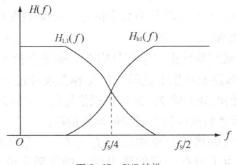

图 2-47　QMF 特性

由图 2-47 可见，高通滤波器幅频特性是低通滤波器幅频特性于其分频点 $f_s/4$ 的镜像，故有镜像滤波器之称。

由数字信号处理理论可以证明，只要 $H_{L1}(f)$、$H_{L2}(f)$、$H_{h1}(f)$、$H_{h2}(f)$ 满足式（2-48）和下式：

$$H_{h2}(f) = -H_{h1}(f)$$
$$H_{L2}(f) = H_{L1}(f) \tag{2-49}$$

则可用偶数阶的对称 FIR 滤波器实现无失真（无混叠）的滤波器组。

实用的 SBC 系统将语音频带分成 4 个以上子带才能获得较好的结果。采用 QMF 时，可利用"树形分配法"来设计 QMF 的构成方案。树形分配法如图 2-48 所示。第一组滤波器先把语音频带分成 2 个相同的子带，然后将高通子带信号保留，低通子带信号继续分成 2 个子带，按图 2-48 所示方式依次分下去，共能分成 6 个子带，每个子带带宽比例恰好符合倍频关系。实用化的 SBC 系统大都采用这种倍频分布 QMF 方式。若是一个16kbit / s 子带编码器，其输入信号的抽样率为 6400Hz，由于100Hz 以下已无多少语音信息，所以仅分成 5 个子带。

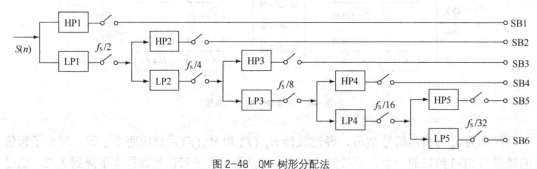

图 2-48　QMF 树形分配法

小　结

1. 语音信号的编码指的是模拟语音信号的数字化。根据语音信号的特点及编码的实现方法，语音信号的编码可分为波形编码（主要包括 PCM、ADPCM 等）、参量编码（如线性预测编码）和混合编码（如子带编码）三大类型。

2. 脉冲编码调制（PCM）是模/数变换（A/D 变换）的一种方法，它是对模拟信号的瞬时抽样值量化、编码，以将模拟信号转化为数字信号。若模/数变换的方法采用 PCM，由此构成的数字通信系统称为 PCM 通信系统。

采用基带传输的 PCM 通信系统由三个部分构成：模/数变换（包括抽样、量化、编码三步）、信道部分（包括传输线路及再生中继器）和数/模变换（包括解码和低通两部分）。

3. 抽样就是每隔一定的时间间隔 T，抽取模拟信号的一个瞬时幅度值（样值）。

抽样可以分为低通型信号的抽样和带通型信号的抽样。

低通型信号的抽样信号频谱中有原始频带 $f_0 \sim f_M$，nf_s 的上、下边带。低通型信号的抽样定理为 $f_s \geqslant 2f_M$，为了留有一定的防卫带，抽样频率取 $f_s > 2f_M$。不满足抽样定理的后果是 PAM 信号产生折叠噪声，收端就无法用低通滤波器准确地恢复原模拟语音信号。

语音信号的抽样频率为 f_s =8000 Hz，防卫带为 8000-6800=1200 Hz，T =125μs。

4. 量化是将时间域上幅度连续的样值序列变换为时间域上幅度离散的量化值。量化分为均匀量化和非均匀量化两种。

均匀量化是在量化区内（$-U \sim +U$）均分为 N 等份，$\Delta = \dfrac{2U}{N}$。量化区内的量化值取各个量化间隔的中间值，过载区内的量化值取量化区内最大的量化值（指绝对值）。量化值的数目等于量化级数 N（$N = 2^l$）。

量化误差 $e(t)$ =量化值-样值= $u_q(t) - u(t)$，量化区的 $e_{max}(t) \leqslant \dfrac{\Delta}{2}$，过载区的 $e_{max}(t) > \dfrac{\Delta}{2}$。

均匀量化的特点是：在 N（或 l）大小适当时，均匀量化小信号的量化信噪比太小，不满足要求，而大信号的量化信噪比较大，远远满足要求（数字通信系统中要求量化信噪比 $\geqslant$26dB）。为了解决这个问题，若仍采用均匀量化，需增大 N（或 l），但 l 过大时，一是使编码复杂，二是使信道利用率下降，所以引出了非均匀量化。

5. 非均匀量化的宗旨是：在不增大量化级数 N 的前提下，利用降低大信号的量化信噪比来提高小信号的量化信噪比。为了达到这一目的，非均匀量化大、小信号的量化间隔不同。信号幅度小时，量化间隔小，其量化误差也小；信号幅度大时，量化间隔大，其量化误差也大。

实现非均匀量化的方法有两种——模拟压扩法和直接非均匀编解码法，目前一般采用直接非均匀编解码法。所谓直接非均匀编解码法就是：发端根据非均匀量化间隔的划分直接将样值编码（非均匀编码），在编码的过程中相当于实现了非均匀量化，收端进行非均匀解码。

6. 衡量量化噪声对信号影响的指标是量化信噪比。

均匀量化信噪比（忽略过载区的量化噪声功率）为

$$(S/N_q)_{均匀} \approx 20\lg\left(\sqrt{3}N\right) + 20\lg x_e$$

A 律压缩特性的非均匀量化信噪比（忽略过载区的量化噪声功率）为

$(S/N_q)_{非均匀} = (S/N_q)_{均匀} + Q$（$Q = 20\lg\dfrac{\mathrm{d}y}{\mathrm{d}x}$，信噪比改善量）

$(S/N_q)_{均匀} = 20\lg\left(\sqrt{3}N\right) + 20\lg x$

$0a$ 段：$Q = 20\lg\dfrac{A}{1 + \ln A}, \quad 0 \leqslant x \leqslant \dfrac{1}{A}$

ab 段：$Q = 20\lg\dfrac{1}{1 + \ln A} - 20\lg x, \quad \dfrac{1}{A} < x \leqslant 1$

A 律 13 折线是 A 律压缩特性的近似曲线，第 1～8 段折线的斜率分别为 16、16、8、4、2、1、1/2、1/4。

7. 常见的二进制码组有一般二进码、格雷二进码和折叠二进码。一般采用折叠二进码进行编码。

编码可分为线性编码与解码（具有均匀量化特性的编码与解码）和非线性编码与解码（具

有非均匀量化特性的编码与解码）。

8．A 律 13 折线正 8 段的每一量化段的起始电平、量化间隔、段落码（$a_2a_3a_4$）及段内码（$a_5a_6a_7a_8$）对应的权值见表 2-7。

编码方法：先编极性码，$i_S \geq 0$ 时，$a_1 = 1$；$i_S < 0$ 时，$a_1 = 0$。编完极性码对样值取绝对值，再编幅度码，编码规则为若 $I_S \geq I_{Ri}$，则 $a_i = 1$；若 $I_S < I_{Ri}$，则 $a_i = 0$（$i = 2 \sim 8$）。

编幅度码的关键是确定判定值。段落码判定值的确定是以量化段为单位逐次对分，对分点电平依次为 $a_2 \sim a_4$ 的判定值；段内码判定值的确定是以某量化段（由段落码确定第几量化段）内量化级为单位逐次对分，对分点电平依次为 $a_5 \sim a_8$ 的判定值。

9．编码电平为（以电流为例）$I_C = I_{Bi} + (2^3 \times a_5 + 2^2 \times a_6 + 2^1 \times a_7 + 2^0 \times a_8) \times \Delta_i$，编码误差为 $e_C = |I_C - I_S|$；解码电平为 $I_D = I_C + \dfrac{\Delta_i}{2}$，解码误差为 $e_D = |I_D - I_S|$。

10．逐次渐近型编码器基本电路结构是由两大部分组成：码字判决与比较码形成电路和判定值的提供电路——本地解码器。码字判决与比较码形成电路用于编各位幅度码。本地解码器的作用是产生幅度码（$a_2 \sim a_8$）的判定值。

本地解码器由串/并变换记忆电路、7/11 变换及 11 位线性解码网络组成。

串/并变换记忆电路中 $M_2 \sim M_8$ 与反馈码的对应关系为：对于先行码（已编好的码），$M_i = a_i$；对于当前码（正准备编的码），$M_i = 1$；对于后续码（尚未编的码），$M_i = 0$。

7/11 变换是将 7 位非线性码 $M_2 \sim M_8$（相当于 7 位非线性幅度码）转换为 11 位线性幅度码 $B_1 \sim B_{11}$。非线性码与线性码的变换原则是变换前后非线性码与线性码的码字电平相等。

11 位线性解码网络的作用是将 $B_i = 1$ 所对应的权值（恒流源）相加，以产生相应的判定值。

11．A 律 13 折线解码器的原理为：接收到的 PCM 串行码 $a_1 \sim a_8$ 通过串/并变换记忆电路转变为并行码 $M_1 \sim M_8$，并在记忆电路中记忆下来，通过 7/12 变换将 7 位非线性码 $M_2 \sim M_8$ 转换为 12 位线性幅度码 $B_1 \sim B_{12}$，寄存读出后，再通过线性解码网络输出相应的解码电平。

A 律 13 折线解码器和逐次渐近型编码器中的本地解码器不同点主要为：$M_i = a_i$、增加了极性控制部分、7/11 变换改成 7/12 变换、线性解码网络是 12 位线性解码网络等。

12．通常人们把低于 64kbit/s 速率的语音编码方法称为语音压缩编码技术。常见的语音压缩编码方法主要有差值脉冲编码调制（DPCM）、自适应差值脉冲编码调制（ADPCM）、线性预测编码（LPC）和子带编码（SBC）等。

13．DPCM 就是对相邻样值的差值进行量化、编码。为了尽量减小量化误差，同时为了提高预测值的精确性，在 DPCM 的基础上又增加了自适应量化和自适应预测，由此发展成了 ADPCM。

ADPCM 的优点是：由于采用了自适应量化和自适应预测，ADPCM 的量化失真、预测误差均较小，因而它能在 32kbit/s 数码率的条件下达到 PCM 系统 64kbit/s 数码率的语音质量要求。

14．参量编码根据对语音形成机理的分析，着眼于构造语音生成模型，该模型以一定精度模拟发出语音的发声声道，接收端根据该模型还原生成发话者的音素。由于模型参数的更新频度较低，并可利用抽样值间的一定相关性，有效地降低编码比特率。因此，目前小于16kbit/s 的低比特率语音编码都采用参量编码，它在移动通信、多媒体通信和 IP 网络电话应用中起到了重要的作用。

15. 把语音信号的频带分割成不同的频带分量（称为子带），然后分别对这些子带独立地进行 ADPCM 编码的方式，称为子带编码（SBC）。这类编码方式也称为频域编码，它是波形编码和参量编码的结合，属于混合编码。

习　题

2-1　语音信号的编码可分为哪几种类型？

2-2　PCM 通信系统中 A/D 变换、D/A 变换分别经过哪几步？

2-3　某模拟信号频谱如图 2-49 所示。

（1）求满足抽样定理时的抽样频率 f_s，并画出抽样信号的频谱（设 $f_s = 2f_M$）。

（2）若 $f_s = 8\text{kHz}$，画出抽样信号的频谱，并说明此频谱出现什么现象。

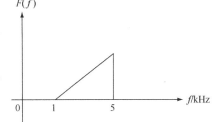

图 2-49　某模拟信号频谱

2-4　产生折叠噪声的原因是什么？

2-5　均匀量化时量化区和过载区的最大量化误差分别为多少？

2-6　均匀量化的缺点是什么？如何解决？

2-7　画出 $l = 7$ 时的 $(S/N_q)_{均匀}$ 曲线（忽略过载区量化噪声功率）。

2-8　实现非均匀量化的方法有哪些？

2-9　非均匀量化与均匀量化相比的好处是什么？

2-10　非均匀量化信噪比与均匀量化信噪比的关系是什么（假设忽略过载区量化噪声功率）？

2-11　对 A 律压缩特性，求输入信号电平为 0dB 和-40dB，非均匀量化时的信噪比改善量。

2-12　设 $l = 8$，A 取 87.6，试画出 A 律压缩特性的非均匀量化信噪比曲线（忽略过载区量化噪声功率）。

2-13　为什么 A 律压缩特性一般 A 取 87.6？

2-14　某 A 律 13 折线编码器，$l = 8$，一个样值为 $i_S = 98\Delta$，试将其编成相应的码字，并求其编码误差与解码误差。

2-15　某 A 律 13 折线编码器，$l = 8$，过载电压 $U = 4096\text{mV}$，一个样值为 $u_S = 796\text{mV}$，试将其编成相应的码字，并求其编码电平与解码电平。

2-16　逐次渐近型编码器，假设已编出 $a_2 = 1, a_3 = 0, a_4 = 1$，正准备编 a_5 码（要确定其判定值），此时串/并变换记忆电路的输出 $M_2 \sim M_8$ 分别等于多少？

2-17　某 7 位非线性幅度码为 0110101，将其转换成 11 位线性幅度码。

2-18　逐次渐近型编码器中，11 位线性解码网络的作用是什么？

2-19　A 律 13 折线解码器中 M_i 与 a_i 的关系是什么？

2-20　A 律 13 折线解码器中为什么要进行 7/12 变换？

2-21　某 7 位非线性幅度码为 0101011，将其转换成 12 位线性幅度码。

2-22　什么叫语音压缩编码技术？

2-23　DPCM 的概念是什么？

2-24　自适应量化的基本思想是什么？

2-25　ADPCM 的优点是什么？

2-26　什么叫子带编码？

第 **3** 章 时分多路复用及 PCM30/32 路系统

数字通信在实现多路通信时采用的是时分制多路方式，如何实现时分制多路通信是非常重要的。

本章首先简要介绍常见的多路复用的几种方法，然后借助 PCM 时分多路通信系统的构成，分析 PCM 系统是如何实现时分多路通信的，接着详细论述 PCM30/32 路系统的帧结构、定时系统、帧同步系统的工作原理及 PCM30/32 路的系统构成。

3.1 时分多路复用通信

3.1.1 多路复用的方法

为了提高通信信道的利用率，可使多路信号沿同一信道传输且不互相干扰，这种通信方式称为多路复用。目前多路复用方法中常用的有频分复用、时分复用、波分复用和码分复用。

1. 频分复用

（1）频分复用的概念

频分复用（FDM）是按频率分割多路信号的方法，即将信道的可用频带分成若干互不交叠的频段，每路信号占据其中的一个频段，如图 3-1 所示。

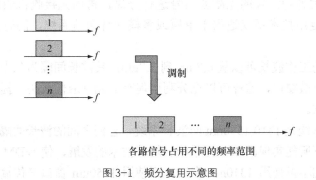

图 3-1　频分复用示意图

在发送端要对各路信号进行调制，将各路信号搬移到不同的频率范围；在接收端采用适当的滤波器将多路信号分开，再分别进行解调和终端处理。

（2）频分复用的优缺点

频分多路复用系统的优点主要是信道复用率高，分路方便。因此，频分多路复用是目前模拟通信中常采用的一种复用方式，特别是在有线和微波通信系统中应用十分广泛。

频分多路复用中的主要缺点是各路信号之间存在相互干扰，即串扰。引起串扰的主要原因是滤波器特性不够理想和信道中的非线性特性造成的已调信号频谱的展宽。调制非线性所造成的串扰可以部分地由发送带通滤波器消除，因而在频分多路复用系统中对系统线性的要求很高。

2. 时分复用

（1）时分复用的概念

时分复用（TDM）是利用各路信号在信道上占有不同的时间间隔的特征来分开各路信号的。具体来说，将时间分成均匀的时间间隔，将各路信号的传输时间分配在不同的时间间隔内，以达到互相分开的目的，如图 3-2 所示。每一路所占有的时间间隔称为路时隙（简称时隙）。

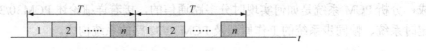

图 3-2　时分复用示意图

在时分复用中，各路信号在线路上的位置是按照一定的时间间隔固定地、周期性地出现，靠位置可以识别每一路信号。比如后面要介绍的 PCM30/32 路系统就属于时分复用。

（2）时分复用的优缺点

时分复用的优点是简单，易于大规模集成，不会产生信号间的串话，缺点是容易产生码间串扰。

3. 波分复用

（1）波分复用（WDM）的概念

光波分复用是各支路信号在发送端以适当的调制方式调制到不同波长的光载频上，然后经合波器将不同波长的光载波信号汇合，并将其耦合到同一根光纤中进行传输；在接收端首先通过分波器对各种波长的光载波信号进行分离，再由光接收机做进一步的处理，恢复为原信号。这种复用技术不仅适用于单模或多模光纤通信系统，同时也适用于单向或双向传输。

波分复用系统的工作波长可以从 0.8μm 到 1.7μm，其波长间隔为几十纳米。它可以适用于所有低衰减、低色散窗口，这样可以充分利用现有的光纤通信线路，提高通信能力，满足急剧增长的业务需求。

最早的 WDM 系统是 1310/1550nm 两波长系统，它们之间的波长间隔达两百多纳米，这是在当时技术条件下所能实现的 WDM 系统。随着技术的发展，使 WDM 系统的应用进入了一个新的时期。人们不再使用 1310nm 窗口，而使用 1550nm 窗口来传输多路光载波信号，其各信道是通过波长分割来实现的。

（2）密集波分复用（DWDM）的概念

当同一根光纤中传输的光载波路数更多、波长间隔更小（通常 0.8～2nm，甚至更小）时，则称为密集波分复用（DWDM），密集是针对波长间隔而言的。由此可见，DWDM 系统的通信容量成倍地得到提高，但其信道间隔小，在实现上所存在的技术难点也比一般的波分复用的大些。

（3）DWDM 系统构成

DWDM 系统构成示意图如图 3-3 所示。

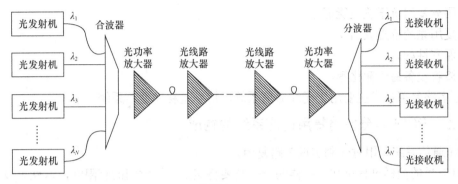

图 3-3　DWDM 系统构成示意图

图 3-3 中各部分的作用如下。

① 光发射机：作用是将各支路信号（电信号）调制到不同波长的光载频上。

② 合波器：作用是将不同波长的光载波信号汇合在一起，用一根光纤传输。

③ 光功率放大器：将多波长信号同时放大。

④ 光线路放大器：当含多波长的光信号沿光纤传输时，由于受到衰减的影响，使所传输的多波长信号功率逐渐减弱（长距离光纤传输距离 80～120km），因此需要对光信号进行放大处理。

⑤ 分波器：作用是对各种波长的光载波信号进行分离。

⑥ 光接收机：对不同波长的光载波信号进行解调，还原为各支路信号。

（4）DWDM 技术的特点

① 光波分复用器结构简单、体积小、可靠性高。目前实用的光波分复用器是一个无源纤维光学器件，由于不含电源，因而器件具有结构简单、体积小、可靠、易于和光纤耦合等特点。

② 充分利用光纤带宽资源。相比于仅传输一个光波长的光信号的光纤通信系统，DWDM 技术使单光纤传输容量增加几倍至几十倍，充分地利用了光纤带宽资源。

③ 提供透明的传送通道。波分复用通道各波长相互独立并对数据格式透明（与信号速率及电调制方式无关），可同时承载多种格式的业务信号，如 SDH、PDH、ATM、IP 等。而且将来引入新业务、提高服务质量极其方便，在 DWDM 系统中只要增加一个附加波长就可以引入任意所需的新业务形式，是一种理想的网络扩容手段。

④ 可更灵活地进行光纤通信组网。由于使用 DWDM 技术，可以在不改变光缆设施的条件下，调整光纤通信系统的网络结构，因而在光纤通信组网设计中极具灵活性和自由度，便于对系统功能和应用范围进行扩展。

⑤ 存在插入损耗和串光问题。光波分复用方式的实施，主要是依靠波分复用器件来完成的，它的使用会引入插入损耗，这将降低系统的可用功率。此外，一根光纤中不同波长的光信号会产生相互影响，造成串光的结果，从而影响接收灵敏度。

4. 码分复用

码分多路复用（CDM）是每个用户可在同一时间使用同样的频带进行通信，但使用的是基于码型的分割信道的方法，即利用一组正交码序列来区分各路信号，每个用户分配一个地址码，各个码型互不重叠，通信各方之间不会相互干扰。

码分复用的优点主要如下。

① 码分复用抗干扰性能好。

② 复用系统容量灵活。

③ 保密性好。

④ 接收设备易于简化等。

码分多路复用技术主要用于无线通信系统，特别是移动通信系统。

3.1.2　PCM 时分多路复用通信系统的构成

PCM 通信系统采用时分制实现多路复用。

由对信号的抽样过程可知，抽样的一个重要特点是占用时间的有限性，这就可以使得多路信号的抽样值在时间上互不重叠。多路信号在信道上传输时，各路信号的抽样只是周期地占用抽样间隔的一部分，因此，在分时使用信道的基础上，可以用一个信源信息的相邻样值之间的空闲时间区段来传输其他多个彼此无关的信源信息，这样便构成了时分多路复用通信。

PCM 时分多路复用通信系统的构成如图 3-4 所示（这里习惯用 $m(t)$ 表示模拟语音信号，抽样后的信号为 $s(t)$）。为简化起见，只绘出 3 路信号的复用情况，现结合图 3-5 所示波形图来说明时分复用通信系统的工作原理。

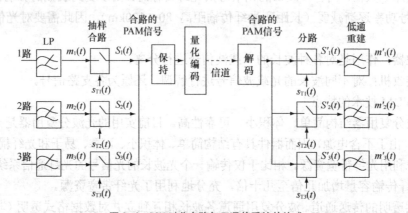

图 3-4　PCM 时分多路复用通信系统的构成

为了避免抽样后的 PAM 信号产生折叠噪声，各路语音信号需首先经过一个低通滤波器（LP），此低通滤波器的截止频率为 3.4kHz，这样各路语音信号的频率就被限制在 $0.3 \sim 3.4$kHz 之内，高于 3.4kHz 的信号频率不会通过。然后 3 个语音信号（用 $m_1(t)$、$m_2(t)$、$m_3(t)$ 来表示）经各自抽样门进行抽样。在实际应用中，抽样间隔（即抽样周期）取为 $T = 125$μs（抽样频率 $f_s = 8$kHz，$T = \dfrac{1}{f_s}$），对应各路语音信号的抽样脉冲用 $s_{T1}(t)$、$s_{T2}(t)$、$s_{T3}(t)$ 来表示。抽样时，各路抽样脉冲出现的时刻依次错后，抽样后各路语音信号的抽样值在时间上是分开的，从而达到了多个话路合路的目的。

抽样之后要进行编码，由于编码需要一定的时间，为了保证编码的精度，要求将各路抽样值进行展宽并占满整个时隙。为此要将合路后的 PAM 信号送到保持电路，该保持电路将每一个样值记忆一个路时隙的时间，进行展宽，然后经过量化编码变成 PCM 信号，每一路的码字依次占用一个路时隙。

在接收端，经过解码将多路信号还原成合路的 PAM 信号（假设忽略量化误差）。由于解码是在一路码字（例如 8 位码）都到齐后才解码成原抽样值，所以信号恢复后在时间上会推迟一些。最后通过分路门电路将合路的 PAM 信号分开，并分配至相应的各路中去，即分成各路的 PAM 信号。各路信号再经过低通重建，最终近似地恢复为原始语音信号。

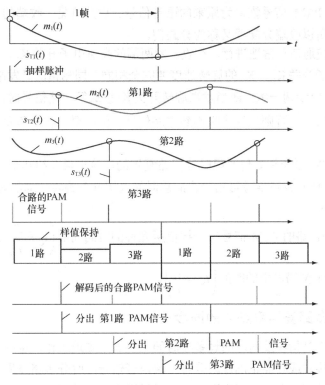

图 3-5　PCM 时分多路复用波形变换示意图

以上是以 3 路语音信号为例作了一般的介绍。在实际应用中，复用路数是 n 路，道理是一样的。另外，发端的 n 个抽样门通常用一个旋转开关 K_1 来实现；收端的 n 个分路门用旋转开关 K_2 来实现，如图 3-6 所示。

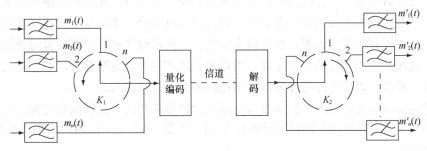

图 3-6　n 路时分复用示意图

图 3-6 中有两个高速电子开关，各路信号先经低通滤波器将信号频带严格限制在频率 3.4kHz 以内，然后将各路信号连接到快速旋转的电子开关（也称为分配器）K_1 上，K_1 旋转一周就依次对每一路信号进行了一次取样。K_1 开关不断重复地作匀速旋转，每旋转一周的时间等于一个抽样周期 T，这样就达到了对每一路信号每隔时间 T 抽样一次的目的。由此可见，在发端的分配器不仅起到对每一路信号抽样的作用，同时还完成了复用合路的作用。发端的分配器也称为合路门。合路后的信号送到编码器（一般共用一个编码器）进行量化和编码，变成数字信号后再送往信道。在接收端要将从发送端传输过来的各路信号进行统一解码，然后还原成 PAM 信号，经由收端的旋转开关 K_2 依次接通每一路信号，经过低通重建，利用低通滤波器将每一路 PAM 信号恢复为原来的语音信号。由此可见，收端的分配器起到了时分复用的分路作用，所以收端分配器又称为分路门。

很显然，为了使通信正常地进行，在收、发两端的高速电子开关 K_1、K_2 必须同频同相。同频指的是高速电子开关 K_1、K_2 的旋转速度要完全相同，同相指的是发端的旋转开关 K_1 和收端的旋转开关 K_2 要步调一致，即当发端旋转开关 K_1 接通第一路信号时，收端旋转开关 K_2 也必须接通第一路信号，否则收端接收不到本路信号。因此要求收端和发端必须保持严格的同步。

以上介绍了 PCM 系统是如何实现时分多路复用的，这里再介绍几个基本概念。

① 1 帧——抽样时各路信号每轮一次的总时间（即开关旋转一周的时间），也就是一个抽样周期（$t_F = T$）。

② 路时隙——合路的 PAM 信号每个样值所允许的时间间隔$\left(t_C = \dfrac{T}{n} \right)$。

③ 位时隙——1 位码占用的时间$\left(t_B = \dfrac{t_C}{l} \right)$。

3.1.3　时分多路复用系统中的同步

数字通信的同步是指收发两端的设备在时间上协调一致地工作，也称为定时。为了保证在接收端能正确地接收或者能正确地区分每一路语音信号，时分多路复用系统中的收端和发端要做到同步，这种同步主要包括位同步（即时钟同步）和帧同步。

1. 位同步

在 PCM 多路复用系统中，各类信号的传输与处理都是在规定的时间内进行的。例如，发送端各话路的模拟信号要按照固定顺序在指定的信道时隙内轮流进行抽样、逐位进行编码，然后按照严格的时序规定，在帧同步时隙位置插入帧同步信号，在信令时隙位置插入信令信号进行传输；在接收端也必须按严格的时序规定进行反变换，才能复原成与发送端一致的模拟信号。否则，误码率就会大增，使通信无法进行。所以收端和发端都要有时钟信号进行统一的控制，这项任务由定时系统来完成。由定时系统产生各种定时脉冲，对上述过程进行统一指挥和统一控制，以保证收端和发端按照相同的时间规律正常地工作。

所谓时钟同步是使收端的时钟频率与发端的时钟频率相同。时钟同步可保证收端正确识别每一位码元（所以时钟同步也叫位同步）。这相当于图 3-6 中收、发两端的高速旋转开关 K_1 和 K_2 速度相同。

2. 帧同步

（1）帧同步的目的

数字信号序列常常以帧的方式传输。在位同步的前提下，若能把每帧的首尾辨别出来，就可以解决正确区分每一个话路的问题。

帧同步的目地是要求收端与发端相应的话路在时间上要对准，就是要从收到的信码流中分辨出哪 8 位是一个样值的码字，以便正确地解码；还要能分辨出这 8 位码是哪一个话路，以便正确分路，即在接收端正确接收每一路信号。这相当于收、发两端的高速电子开关 K_1、K_2 的旋转起始位置相同。

为了做到帧同步，要求在每个帧的第一个时隙位置安排标志码，即帧同步码，以使收端能识别判断帧的开始位置是否与发端的开始位置相对应。因为每一帧内各信号的位置是固定的，如果能把每帧的首尾辨别出来，就可以正确区分每一路信号，即实现帧同步。

（2）对帧同步系统的要求

对帧同步系统的要求有以下几方面。

① 同步性能稳定，具有一定的抗干扰能力。

② 同步识别效果好。

③ 捕捉时间短。

④ 构成系统的电路简单。

上述几项性能与帧同步码的选择、帧同步码的插入方式、帧同步码的识别检出方式、同步捕捉方式以及保护电路的设计等因素有关。

（3）帧同步码的选择

帧同步码位数选多少以及同步码型选择什么样的，其主要考虑的因素是产生伪同步码的可能性尽量少，即由信息码而产生的伪同步码的概率越小越好。因此帧同步码要具有特殊的码型，另外帧同步码组长度选得长些较好，这是因为信息码中出现伪同步码的概率随帧同步码组长度的增加而减少。但帧同步码组较长时，势必会降低信道的容量，所以应综合考虑帧同步码组的长度。

（4）帧同步码的插入方式

所谓帧同步码的插入方式是指在发送端同步码是怎样与信息码合成的。通常有以下两种插入方式。

① 分散插入：r 位同步码组分散地插入到信息码流中。

② 集中插入：r 位同步码组以集中的形式插入到信息码流中。

这两种插入方式如图 3-7 所示。

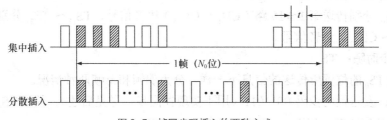

图 3-7　帧同步码插入的两种方式

（5）帧同步码的识别检出方式

帧同步码的识别检出方式是指在接收端从接收到的 PCM 码流中如何识别和检出同步码。随着插入方式的不同，常用的识别检出方式也有两种。

① 逐位比较方式。接收端产生一组与发送端插入的帧同步码组相同的本地帧码，在识别电路中使本地帧码与接收的 PCM 序列码逐位进行比较。当系统处于同步状态时各对应比较的码位都相同，则没有误差脉冲输出；当系统处于非同步状态时，对应比较的码位就不同，这时就有误差校正脉冲输出。

② 码型检出方式。接收端设置一个移位寄存器，该寄存器的每级输出端的组合是按发送的帧同步码型设计的，当接收的 PCM 序列中帧同步码全部进入移位寄存器时，才能有识别检出脉冲。

以上泛泛地介绍了时分多路复用系统中的帧同步，后面将具体介绍 PCM30/32 路帧同步系统。内容如此安排主要有两个目的：一是使读者了解时分多路复用系统都要实现帧同步，且对帧同步系统有一个整体的认识；二是读者通过 3.2 节学习 PCM30/32 路帧同步系统的内容，可以加深对帧同步系统的理解。

3.2 PCM30/32 路系统

3.1 节介绍了时分多路复用通信的基本概念，本节将具体介绍 PCM30/32 路系统，这里复用的路数 $n = 32$，其中话路数为 30。

3.2.1 PCM30/32 路系统帧结构

根据原 CCITT 建议，对每一话路的语音信号采用 8kHz 频率抽样。抽样周期为 $125\mu s$，在 $125\mu s$ 时间内各路抽样值所编成的 PCM 信息码顺序传送一次。这些 PCM 信息码所对应的各个数字时隙有次序的组合构成一帧，显然，PCM 帧周期就是 $125\mu s$。在 PCM30/32 路系统中，每一帧由 32 个时隙组成，每个时隙对应 1 个样值，1 个样值编 8 位码。

在帧中除了要传送各路 PCM 信息码以外，还要传送帧同步码以及信令码。信令是通信网中与连接的建立、拆除和控制以及网络管理有关的信息，有时也称为标志信号，如电话的占用、拨号、应答、拆线等状态的信息。为了合理地利用帧结构，通常将若干个帧组成一个复帧，各个话路的信令分别在不同帧的信道中传输。既然有复帧，也相应要求复帧中设置复帧同步码。

综上所述，一帧码流中含有帧同步码、复帧同步码、各路信息码（语音信号编成的码字）、信令码以及告警码等。PCM30/32 路系统帧结构如图 3-8 所示。

下面对帧结构进行具体说明。

1. 30 个话路时隙：$TS_1 \sim TS_{15}$，$TS_{17} \sim TS_{31}$

$TS_1 \sim TS_{15}$ 分别传送第 1~15 路（$CH_1 \sim CH_{15}$）语音信号，$TS_{17} \sim TS_{31}$ 分别传送第 16~30 路（$CH_{16} \sim CH_{30}$）语音信号。

2. 帧同步时隙：TS_0

在不同帧 TS_0 的位置所传送的信息不一样，分为偶帧和奇帧两种情况。

偶帧 TS_0：发送帧同步码 0011011（用于实现帧同步，详见后述）。偶帧 TS_0 的 8 位码中第一位码保留给国际用，暂定为 1，后 7 位为帧同步码。

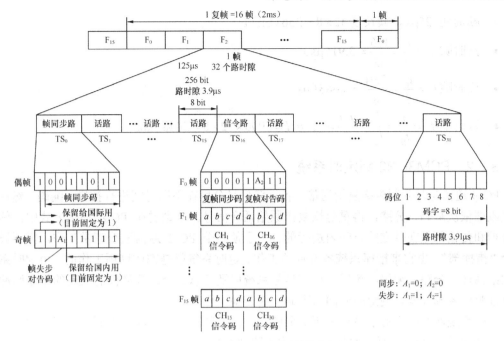

图 3-8　PCM30/32 路系统帧结构

奇帧 TS_0：发送帧失步告警码（配合帧同步码实现帧同步）。奇帧 TS_0 的 8 位码中的第一位也保留给国际用，暂定为 1。其第二位码固定为 1 码，以便在接收端用以区别是偶帧还是奇帧。第三位码 A_1 为帧失步时向对方发送的告警码，简称对告码。当帧同步时，A_1 为 0；当帧失步时，A_1 为 1，以便告诉对端，收端已经出现失步，无法工作。其第 4～8 位码可供传送其他信息，如业务联络等，这几位码未使用时，固定为 1 码。这样，奇帧 TS_0 时隙的码型为 11$A_1$11111。

3. 信令与复帧同步时隙：TS_{16}

为了完成各种控制功能，每一路语音信号都有相应的信令信号，即要传信令信号。由于信令信号频率很低，其抽样频率取为 500Hz，即其抽样周期为 $\dfrac{1}{500\text{Hz}} = 125\mu\text{s} \times 16 = 16T(T = 125\mu\text{s})$，而且信令信号抽样后只编 4 位码（称为信令码或标志信号码，实际一般只需要 3 位码），所以对于每个话路的信令码，只要每隔 16 帧轮流传送一次就够了。将每一帧的 TS_{16} 传送两个话路信令码（前 4 位码为一路，后 4 位码为另一路），这样 15 个帧（$F_1 \sim F_{15}$）的 TS_{16} 就可以轮流传送 30 个话路的信令码。而 F_0 帧的 TS_{16} 传送复帧同步码和复帧失步告警码。

16 个帧合起来称为一个复帧（$F_0 \sim F_{15}$）。为了保证收端、发端各路信令码在时间上对准，每个复帧需要送出一个复帧同步码，以保证复帧得到同步。复帧同步码安排在 F_0 帧的 TS_{16} 时隙中的前 4 位，码型为 0000，另外，F_0 帧 TS_{16} 时隙的第 6 位码 A_2 为复帧对告码。复帧同步时，A_6 码为 0，复帧失步时则改为 1。第 5、7、8 位码也可供传送其他信息用，如暂不用时，则固定为 1 码。

需要注意的是信令码 a、b、c、d 不能同时编为 0000 码，否则就与复帧同步码相同，而无法与复帧同步码区别开，影响复帧同步。

对于 PCM30/32 路系统，可以算出以下几个标准数据。

- 帧周期$125\mu s$，帧长度$32\times8=256(\text{bit})$。

- 路时隙$t_C=\dfrac{T}{n}=\dfrac{125}{32}=3.91(\mu s)$

- 位时隙$t_B=\dfrac{t_C}{l}=\dfrac{3.91}{8}=0.488(\mu s)$

- 数码率$f_B=\dfrac{1}{t_B}=\dfrac{l}{t_C}=\dfrac{n\cdot l}{T}=f_s\cdot n\cdot l=8000\times32\times8=2048(\text{kbit}/\text{s})$

3.2.2 PCM30/32 路定时系统

PCM 通信是时分制多路复用通信。各话路信号分别在不同时间进行抽样、编码，然后送到接收端依次解码、分路，再重建恢复出原始话音信号。就是说在 PCM 通信方式中，信号的处理和传输都是在规定的时间内进行的。为了使整个 PCM 通信系统正常工作，需要设置一个"指挥部"，由它来指挥系统各部件的工作。定时系统就是完成这项工作的。由定时系统提供给抽样、分路、编码、解码、标志信号系统以及汇总、分离等部件的准确的指令脉冲，以保证整体各部件能在规定的时间内准确、协调地工作。

定时系统产生数字通信系统中所需要的各种定时脉冲，这些脉冲主要有以下几种。

- 供抽样与分路用的抽样脉冲（也称为路脉冲）；
- 供编码与解码用的位脉冲；
- 供标志信号用的复帧脉冲等。

定时系统包括发端定时和收端定时两种，前者为主动式，后者为从属式。从属式的意思是收端定时系统的时钟是从 PCM 信码流中提取出来的，其本身并没有时钟源。下面分别进行介绍。

1. 发端定时系统

PCM30/32 路系统发端定时系统如图 3-9 所示。

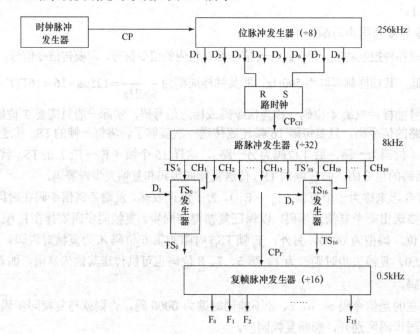

图 3-9 PCM30/32 路系统发端定时系统

　　PCM30/32 路系统的发端定时系统主要由时钟脉冲发生器、位脉冲发生器、路脉冲发生器、TS$_0$ 和 TS$_{16}$ 路时隙脉冲发生器以及复帧脉冲发生器等部分组成。各种定时脉冲的重复频率、脉冲宽度以及相数等列表于表 3-1 中。

表 3-1　　　　　　　　　　　PCM30/32 路系统发端定时脉冲

脉冲名称	符号	重复频率/kHz	脉冲宽度 bit（1 位时隙 =0.488μs）	相数	用途
时钟脉冲	CP	2048	1/2	1	总时钟源，产生各种定时脉冲
位脉冲	D$_1$ ～ D$_8$	256	1/2	8	编码用（收端解码用）
路脉冲	CH$_1$ ～ CH$_{30}$ TS$_0'$，TS$_{16}'$	8	4	32	用于话路抽样（收端分路）和 TS$_0$、TS$_{16}$ 路时隙脉冲的产生
路时隙脉冲	TS$_0$，TS$_{16}$	8	8	2	用于传送帧同步码和标志信号码等
复帧脉冲	F$_0$ ～ F$_{15}$	0.5	256	16	用于传送复帧同步码和标志信号码

　　发端各定时脉冲的时间波形如图 3-10 所示。

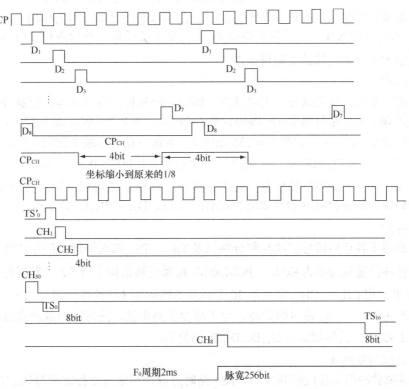

图 3-10　发端定时脉冲时间波形图

（1）时钟脉冲

　　时钟脉冲发生器提供了高稳定度的时钟信号。PCM30/32 路系统的时钟频率 $f_{CP} = f_B = f_s \cdot n \cdot l = 8000 \times 32 \times 8 = 2048$kHz。时钟频率的频率稳定度一般要求小于 50×10^{-6}，

即 2048kHz 的误差应在 ± 100Hz 以内，其占空比为 50%，即脉冲宽度占重复周期的一半。为满足上述要求，通常采用由晶体振荡器与分频器组成的时钟脉冲发生器。晶体振荡器的频率稳定度为 $10^{-6} \sim 10^{-11}$，它不需采用恒温措施，即可达到指标要求。由晶体振荡器组成的时钟脉冲发生器如图 3-11 所示。

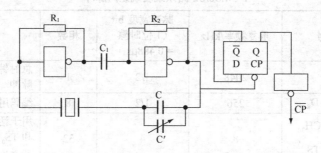

图 3-11　由晶体振荡器组成的时钟脉冲发生器

该电路由两级与非门级联后组成两级放大器，其增益很高，输出与输入之间同相。因此接上晶体振荡器和电容 C 串联的反馈支路后，很容易在晶体的串联谐振频率上满足自激条件而自激。自激后进入与非门的非线性区，其输出波形为矩形波。R_1 和 R_2 并联在与非门上形成适当的负反馈，电容 C 和 C′ 并联除了起交流耦合作用外，它与晶体的等效串联谐振回路相串联，可视为等效电容的一部分。调整电容 C′ 的值可以起到频率微调的作用。考虑到要求产生 50%占空比的时钟脉冲，可采用 2 倍或 4 倍 f_{CP} 的石英晶体，然后进行二分频或四分频，即可得到理想的 50%占空比的主时钟脉冲。

（2）位脉冲

位脉冲用于编码、解码以及产生路脉冲、帧同步码和标志信号码等。位脉冲的频率与脉冲宽度由抽样频率 f_s、路时隙数 n 和编码位数 l 来决定。在 PCM30/32 路系统中，$f_s = 8\text{kHz}$，位脉冲的频率为 8×32 （路时隙数）= 256（kHz）。若每个抽样值编 8 位码，则位脉冲共有 8 相，可用 $D_1, D_2, \cdots, D_7, D_8$ 来表示。每相的位脉冲宽度为 0.488/2=0.244 （μs）。位脉冲产生的一种方案可以由一个 8 级环形移位寄存器电路组成，如图 3-12 所示。输入的时钟脉冲 CP 的频率为 2048kHz，输出位脉冲的频率为 256kHz，为 $D_1, D_2, \cdots, D_7, D_8$ 共 8 相。

（3）路脉冲

路脉冲是用于各话路信号的抽样和分路以及 TS_0、TS_{16} 路时隙脉冲的形成等。因为用于抽样，故路脉冲的重复频率为 8kHz，PCM30/32 路系统帧结构中有 32 个路时隙，则路脉冲的相数为 32 相。用 $CH_1 \sim CH_{30}$ 来表示 30 个话路的路脉冲（即抽样脉冲），TS_0' 和 TS_{16}' 两个路脉冲用于产生 TS_0、TS_{16} 路时隙脉冲。为了减少邻路串话，路脉冲的脉冲宽度为 4bit，即 0.488 μs ×4=1.95 μs，具体规定为 D_7, D_8, D_1, D_2 四位码。

（4）路时隙与复帧脉冲

TS_0 路时隙脉冲用来传送帧同步码；TS_{16} 路时隙脉冲用来传送标志信号码。TS_0、TS_{16} 路时隙脉冲的重复频率为 8kHz，脉宽为 8bit，即 0.488 μs ×8=3.91 μs。

复帧脉冲是用来传送复帧同步码（包括复帧失步对端告警码）和 30 个话路的标志信号码。其重复频率为 8kHz / 16 = 0.5kHz，共有 16 相，即 $F_0 \sim F_{15}$，其脉冲宽度为 125 μs。

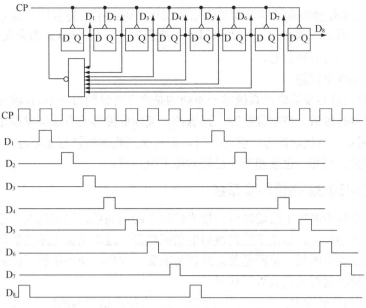

图 3-12　由环形移位寄存器组成的位脉冲发生器及其输出波形

2. 接收端定时系统

接收端定时系统与发送端定时系统基本相同,不同之处是它没有主时钟源(晶体振荡器),而是由时钟提取电路代之。时分多路复用系统的一个重要问题是同步问题(即位同步、帧同步和复帧同步)。要做到接收端与发送端的位同步(时钟同步),也就是使收发两端的时钟频率相同,以保证收端正确识别每一位码元,则要求接收端的时钟频率与发送端的时钟频率完全相同,且与接收信码同频、同相(保持正确的相位关系)。接收端为正确判决或识别每一个码元,要求抽样判决脉冲与接收信码频率相同、相位对准,而抽样判决脉冲是由时钟微分得到的,所以要求收端时钟与接收信码同频、同相。

为了满足对收端时钟的要求,也就是为了实现位同步,在 PCM 通信系统中,收端时钟的获得采用了定时钟提取的方式,即从接收到的信息码流中提取时钟成分。定时钟提取电路一般采用谐振槽路方式,其原理框图如图 3-13 所示。

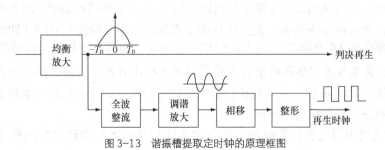

图 3-13　谐振槽提取定时钟的原理框图

定时钟提取电路由全波整流、调谐放大、相移和整形电路等组成。定时钟提取过程如下:发送信码经信道传输后波形产生失真,首先由均衡放大电路将失真波形进行均衡放大,然后对其进行全波整流后,(经分析可知)其频谱中含有丰富的时钟(f_B)成分,经调谐电路(谐振频率为 f_B)只选出 f_B 成分,所以调谐电路输出频率为 f_B 的正弦信号,由相移电路对其进行相位调整（目的是使接收端的时钟与接收信码保持正确的相位关系），再通过限幅整形电路将正弦波转换成矩形波（频率为 $f_B = 2048kHz$，周期为 $T_B = 0.488\mu s$，也就是 1bit），此周期性矩形脉冲信号即为定时钟信号。

这里需要说明两个问题。

- 收端定时系统与发端定时系统唯一不同的是产生时钟的方法不同。收端一旦采用定时钟提取的方式获得时钟后，产生位脉冲、路脉冲、复帧脉冲等的方法同发端定时系统一样。

- 收端采用定时钟提取的方式获得时钟，即可做到收端时钟与发端时钟频率完全相同，且与接收信码同频、同相，也就相当于已经实现了位同步。

3.2.3 PCM30/32 路帧同步系统

如前所述，位同步解决了收端时钟与接收信号之间的同频、同相问题，这样就可以使收到的信码获得正确的判决。但是正确判决后的信码流是一连串无头无尾的信码流，接收端无法判断出收到的信码中的某一位码是第几路信号的第几位码，即还不能正确恢复发端送来的话音信号。为此接收端要能完成以下功能。

- 能从收到的信码流中，分辨出哪 8 位码是一个抽样值所编的码字，以便能正确解码。
- 还要能分辨出每一个码字（8 位码）是属于哪一路的，以便正确分路。

采用帧同步方法可以解决以上问题。

1. PCM30/32 路系统帧同步的实现方法

由 PCM30/32 路系统的帧结构可知，PCM30/32 路系统的帧同步码是采用集中插入方式的。原 CCITT 规定 PCM30/32 路系统的帧同步码型为 0011011，它集中插入在偶帧 TS_0 的第 2～8 位。

对于 PCM30/32 路系统，由于发端偶帧 TS_0 发帧同步码（奇帧 TS_0 时隙发帧失步告警码），接收端一旦识别出帧同步码，便可知随后的 8 位码为一个码字且是第一话路的，依次类推，便可正确接收每一路信号，即实现帧同步。

2. 前、后方保护

（1）前方保护

前方保护是为了防止假失步的不利影响。

帧同步系统一旦出现帧失步（即收不到同步码），并不立即进行调整。因为帧失步可能是真正的帧失步，也可能是假失步。真失步是由于收发两端帧结构没有对准（即收端的比较时标没有对准发端偶帧 TS_0 的帧同步码出现时刻）造成的；而假失步则是由信道误码造成的。

PCM30/32 路系统的同步码检出方式是采用码型检出方式。它是这样防止假失步的不利影响的：当连续 m 次（m 称为前方保护计数）检测不出同步码后，才判为系统真正失步，而立即进入捕捉状态，开始捕捉同步码。

从第一个帧同步码丢失起到帧同步系统进入捕捉状态为止的这段时间称为前方保护时间，可表示为

$$T_{前} = (m-1)T_S \qquad (3-1)$$

其中，$T_S = 250\mu s$，为一个同步帧（同步帧等于两个帧）时间。原 CCITT 的 G.732 建议规定 $m = 3～4$，即如果帧同步系统连续 3～4 个同步帧未收到帧同步码，则判定系统已经失步，此时帧同步系统立即进入捕捉状态。

（2）后方保护

后方保护是为了防止伪同步的不利影响。

PCM30/32 路系统的同步捕捉方式是采用逐步移位捕捉方式。在捕捉帧同步码的过程中，可能会遇到伪同步码（信息码中与帧同步码相同的码型，它是随机出现的；或信息码等误成同步码），所以第一次捕捉到的帧同步码还不能认为已经获得帧同步了，因为收到的帧同步码可能是真正的帧同步码，也可能是假的帧同步码。如果这时收到的是伪同步码（误认为是帧同步码）而使系统恢复成帧同步状态，由于它不是真的帧同步码，即不是真的帧同步，还将经过前方保护才能重新开始捕捉，因而使同步恢复时间拉长。为了防止出现伪同步码造成的不利影响，采用了后方保护措施。

后方保护是这样防止伪同步的不利影响的：在捕捉帧同步码的过程中，只有在连续捕捉到 n（n 为后方保护计数）次帧同步码后，才能认为系统已真正恢复到了同步状态。

从捕捉到第一个真正的帧同步码到系统进入同步状态这段时间称为后方保护时间，可表示为

$$T_{后} = (n-1)T_S \tag{3-2}$$

原 CCITT 的 G.732 建议规定 n=2，即帧同步系统进入捕捉状态后在捕捉过程中，如果捕捉到的帧同步码组具有以下规律：

① 第 N 帧（偶帧）有帧同步码 $\{1\boxed{0}011011\}$，第一位码固定为 1；

② 第 N+1 帧（奇帧）无帧同步码，而有对端告警码 $\{1\boxed{1}_{4_1}11111\}$；

③ 第 N+2 帧（偶帧）有帧同步码 $\{1\boxed{0}011011\}$。

则判为帧同步系统进入帧同步状态，这时帧同步系统已完成同步恢复。

检查第 N+1 帧有没有帧同步码组，是通过奇帧 TS_0 时隙的 D_2 位时隙，即第 2 位码为 1 码来进行核对（因为偶帧的帧同步码在 TS_0 时隙的 D_2 位时隙是 0 码），则我们称它为监视码。如果第 N+1 帧的 D_2 位时隙是 0 码，则表示前一帧第 N 帧的同步码是伪同步码，必须重新捕捉。

3．帧同步系统的工作原理

（1）帧同步系统的工作流程

根据原 CCITT 的 G.732 建议画出图 3-14 所示的帧同步系统工作流程图。图中 A 表示帧同步状态；B 表示前方保护状态；C 表示捕捉状态；D 表示后方保护状态。图中 P_S 为帧同步码标志；P_C 为收端产生的比较标志。

由图 3-14 可以看出，如果系统连续地在预定时间检出帧同步码组，即 $P_C = P_S$（$P_C = P_S$ 表示 P_C 和 P_S 同时出现），系统处于帧同步状态 A。如系统开机还没有建立收、发端帧同步，或系统处于帧同步状态下在规定时间内没有检出帧同步码组，即 $P_C \neq P_S$（表示 P_C 出现时而 P_S 没有出现），此时并不立即判定系统为帧失步，而进入前方保护状态 B。只有当连续 m 次 $P_C \neq P_S$ 时，系统才由同步状态 A 进入到捕捉状态 C。在捕捉状态 C，帧同步系统在接收到的信码流中捕捉帧同步码，当捕捉到帧同步码组后（注意这个帧同步码组可能是真的，也可能是假的），系统进入后方保护状态 D。在状态 D 中，从找到第一个帧同步码组起，每隔一帧（125μs）检查一次。结果有两种可能：一种是连续 n 次正好都对上，即检出监视码后继而检出帧同步码。在这种情况下，就认定这个码组为真正的帧同步码组，而进入同步状态 A。另一种可能是在上述过程中只要有一次没有对上（即没有检出监视码或者检出监视码而没有检出帧同步

码组），就认定在第一次检出的并不是真正的帧同步码组，系统又立即回到捕捉状态 C。

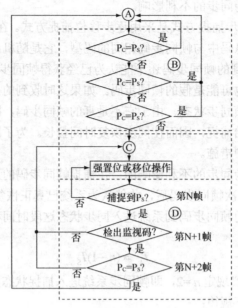

图 3-14　帧同步系统工作流程图

（2）帧同步系统方框图及其工作原理

图 3-15 是一种帧同步系统的方框图。它由时标脉冲的产生、帧同步码组的检出、前方与后方保护及捕捉等部分组成。

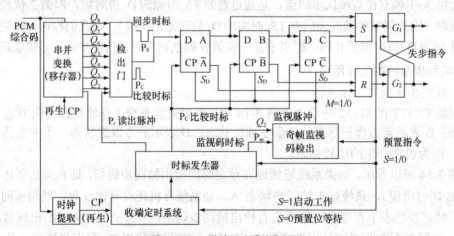

图 3-15　一种帧同步系统方框图

① 时标脉冲的产生

本方案的帧同步系统共有 3 种时标脉冲，即读出时标脉冲 P_r、比较时标脉冲 P_C 以及监视码时标脉冲 P_m。

● 读出脉冲 P_r。在同步系统中，首先要解决帧同步码的检出，而帧同步码检出应在规定时间完成。当系统为帧同步状态时，$P_r = TS_0 \cdot D_8$，即每帧检查一次，检出时间是 TS_0（路时隙）·D_8（位时隙）。当系统为帧失步状态时，$P_r = 1$，即进入逐比特检出识别状态。

- 比较时标 P_C。在帧同步时，$P_C =$ 偶帧 $TS_0 \cdot D_8 \cdot CP$，即在偶帧 $TS_0 \cdot D_8$ 时间产生 P_C。在帧失步时，$P_C = CP$。因为此时系统处于逐位检查识别帧同步码组的期间，因此 $P_C = CP$，以达到逐位识别的目的。

- 监视码时标 P_m。监视码的出现时间与比较时标 P_C 不同，P_m 是出现在收端定时系统的奇帧 D_8 位时隙，脉宽为 0.5bit。

② 帧同步码组的检出

在 PCM30/32 路系统中，帧同步码组 ｛0011011｝共 7 位码，它是出现在 PCM 信码的偶帧 TS_0 时隙。帧同步码组的检出电路如图 3-16 所示。检出电路由 8 级移位寄存器与检出门组成。

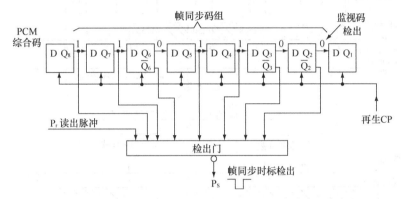

图 3-16 帧同步码组检出

由检出门的逻辑关系可得

$$P_S = \overline{\overline{Q_2} Q_3 Q_4 Q_5 \overline{Q_6} Q_7 Q_8 \cdot P_r}$$

由上式可知，只有帧同步码组{0011011}由再生时钟逐位移入寄存器，同时只能在读出脉冲 P_r 出现时刻才有负脉冲的同步时标 P_S 检出。其他任何码组进入移存器时，检出门的输出均为正电平的 P_S。

当帧同步系统为帧同步状态时，帧同步时标 P_S 标志着接收 PCM 信码流中的偶帧 $TS_0 \cdot D_8$ 出现时刻。

读出脉冲 $P_r = TS_0 \cdot D_8$ 在收端定时系统的 TS_0 时隙的 D_8 位时隙出现。每隔 250 μs（一个同步帧）在 $TS_0 \cdot D_8$ 时隙出现负脉冲的 P_S，就表明了收端定时系统与接收到的 PCM 码流是保持同步的关系。

③ 前、后方保护与捕捉

系统是否同步，采用比较时标 P_C 与帧同步时标 P_S 在时间上进行比较的方法。如果 P_C 正脉冲的出现时间与 P_S 负脉冲的出现时间正好一致，则表示系统同步，否则就是帧失步。时间比较是由 D 触发器 A 来完成的，比较时标 P_C 作为 A 触发器的时钟，在 P_C 的正脉冲出现时间，如果对准 P_S 的负脉冲，则触发器 A=0，表示帧同步；如果没有对准 P_S 的负脉冲，则触发器 A=1，表示帧失步。因此，由 A=0 或 A=1 就可判断出是帧同步还是帧失步。

D 触发器 A 除了完成时间比较任务外，还完成保护时间计数的记忆作用。为了完成前方保护时间 500 μs 的任务，需要对连续失步 3 次的情况进行记忆，因此设置了 3 个 D 型触发器

A、B、C，当连续 3 次失步时，则

A=B=C=1，与非门 $S=\overline{A \cdot B \cdot C}=\overline{1 \cdot 1 \cdot 1}=0$

这时预置指令 S=0，发出置位等待指令，使收端定时系统暂时停止工作，而置位于一个特定的等待状态，例如停留在偶帧 TS_0 时隙的 D_8 的等待状态，这时系统进入捕捉状态。S=0，系统进入捕捉状态后，虽然收端定时系统停留在一个特定的等待状态而停止工作，但收端再生时钟 CP 仍然继续工作，这时比较时标 P_C 改为 $P_C=CP$，由 CP 进行逐位比较，如图 3-17 中帧同步系统的时间图中 t_2 所示，当然，这时的帧同步码的检出也改为逐位检出。

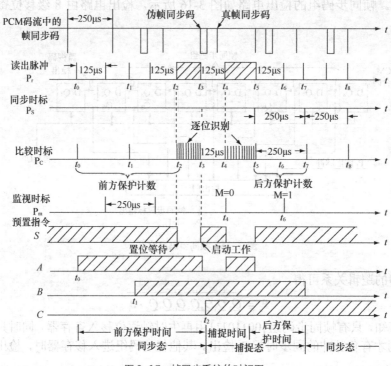

图 3-17　帧同步系统的时间图

在逐位比较识别过程中，一旦识别出帧同步码，这时 A=0，$S=\overline{0 \cdot 1 \cdot 1}=1$，就立即解除收端定时系统的预置等待状态，启动收端定时系统，恢复正常工作，使收端定时系统的比较时标与接收到的 PCM 信码流中的偶帧 $TS_0 \cdot D_8$ 时隙对准，从而达到帧同步的目的。考虑到伪同步码的存在，采用后方保护，它是由奇帧监视码检出与偶帧同步码检出来完成。监视码是利用对端告警码的第 2 位 1 码与帧同步码第 2 位 0 码不同而检测出来的。当进入捕捉状态后，进行逐位捕捉，当识别出一组帧同步码，就进行奇帧监视码的检出，如果在规定的时间没有监视码出现，说明前一组帧同步码是假的，此时监视脉冲 M=0，由此负脉冲将 A、B、C 均置位于 "1" 状态，从而使 S=0，又重新开始逐位捕捉。只有当逐位捕捉过程中，第 N 帧识别出一组帧同步码，在第 N+1 帧检出监视码，此时 M=1，对 A、B、C 触发器不发生影响，在第 N+2 帧又识别出一组帧同步码时，才结束捕捉状态而进入同步状态，使收端解码器重新开始工作。在图 3-17 中，于 t_2 时刻（已连续 3 次未检出同步码）：

$$S=\overline{A \cdot B \cdot C}=\overline{1 \cdot 1 \cdot 1}=0$$
$$R=\overline{A \cdot B}=\overline{0 \cdot 0}=1$$

$$G_1=1$$
$$G_2=0$$

当 $G_1=1$，$G_2=0$ 时，发出失步指令，进行告警，并将解码器封锁，使其停止工作。

$S=0$，发出预置指令，将定时系统预置在特定的等待状态而停止工作。这时系统处于逐位检出识别捕捉状态。

4. 帧同步码型与长度

在 PCM 信码流中，不可避免地随机形成与帧同步码相同的码组，即伪同步码组。由于伪同步码组的出现，将使平均失步时间加长，所以在选择帧同步码组结构时，要考虑由于信息码而产生伪同步码的概率越小越好。如果增加帧同步码组的码位数，可使伪同步码组出现的机会减少；但是码位数过多，将减少有效通信容量，而使信道利用率下降。由前述可知帧同步码要具有特殊的码型，且长度要适当，所以综合考虑后，原 CCITT 规定 PCM30/32 系统帧同步码位为 7 位，并采用集中插入方式，码型采用{0011011}。

对于集中插入帧同步码组方式来讲，并不是整个信息码流中任何一个码组都会形成伪同步码组。帧同步周期包含 512bit，当采用一种特殊的码型时，有一段码流不会出现伪同步码组。根据这种情况，可将信息码流分为两个区域——随机区和覆盖区。如图 3-18 所示。

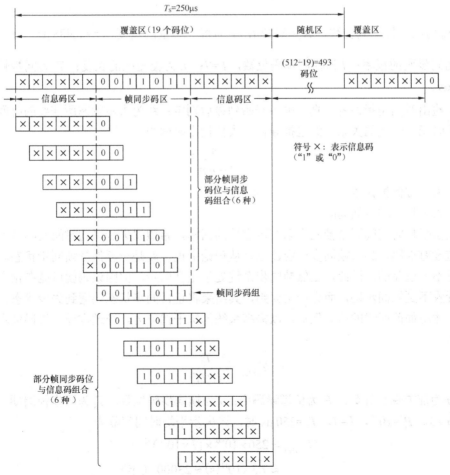

图 3-18　PCM 综合码流分区图

在随机区内是可能出现伪同步码组的，这是因为它完全由信息码所组成，而信息码的每一位码都是随机的。

在覆盖区中任一码长为 l 的码组都是由部分信息码和部分帧同步码共同组成的，仅有一组真正的帧同步码组，在这些码组中的某些码位不是随机的。在覆盖区内，于帧同步码组的两侧有（$l-1$）位，它们与帧同步码共同组成 $2(l-1)+l=3l-2$ 个码位。从图 3-18 中可以看出，如果帧同步码组选得适当，在覆盖区内除帧同步码组本身外，没有伪同步码存在。这种帧同步码组的结构称为单极点码组，它表示在覆盖区内只有帧同步码组本身，而无伪同步码组存在。例如 PCM30/32 路系统中，帧同步码组为 {0011011}。

5. 帧同步系统性能的近似分析

衡量帧同步系统性能的主要因素有平均失步时间和误失步平均时间间隔。

（1）平均失步时间

平均失步时间是指从帧同步系统真正失步开始到确认帧同步业已建立所需要的时间。它包括失步检出、捕捉、校核三段时间。其中捕捉和失步检出时间是主要的。

经过推导得出捕捉时间为

$$T_{捕} = (N_S - 1)\tau + (N_S - L)\frac{p}{1-p}T_S \tag{3-3}$$

式中，N_S 为同步帧的码位数，$N_S = 512\text{bit}$；τ 为每一码位的宽度，$\tau = 0.488\,\mu s$；$p = \left(\dfrac{1}{2}\right)^l$，为出现伪同步码的概率；$l$ 为帧同步码位数，$l=7$；L 为覆盖区的长度；T_S 为同步帧周期，$T_S = 250\,\mu s$。

失步检出时间是指系统从真正失步开始到最后判定系统为失步状态所需要的时间。它与前方保护时间有一定的关系。经过推导得出失步检出时间为

$$\tau_m \approx \frac{m}{1-mp}T_S \tag{3-4}$$

式中，m 为前方保护计数。

（2）误失步平均时间间隔

误失步平均时间间隔是帧同步系统可靠性的指标，希望误失步平均时间间隔越长越好。如果信道没有误码，那么帧同步一经建立，从理论上说，就是一直保持帧同步状态。但是信道误码是不可避免的，因此，虽然帧同步系统处于正常同步，但因误码就可能在预定的同步位的位置收不到帧同步码，而会产生误判，其结果将正常同步状态误调到失步状态。为了防止误调，才用如前所述的前方保护，以提高系统的抗干扰能力。经过推导可得误失步平均时间间隔为

$$T_{误失步} \approx \frac{T_S}{(P_e l)^m} \tag{3-5}$$

式中，m 为前方保护计数；P_e 为信道误码率；l 为帧同步码位数；T_S 为同步帧周期。

当 $m=3$，$P_e = 10^{-6}$，$l=7$，$T_S = 250\,\mu s$ 时，误失步平均时间间隔为

$$T_{误失步} = 250 \times 10^{-6} \times (7 \times 10^{-6})^{-3}$$

$$\approx 7.3 \times 10^{11}(s) \approx 23000 \ （年）$$

由此可见，在这样的误码率下，帧同步系统基本不会发生因信道误码而引起的同步系统

的误调。当然这是从统计意义上来讲的。当 $P_e=10^{-4}$ 时，$T_{误失步}\approx 8.45$ 天，即误码率增加时，使误失步平均周期缩短。应当指出，设置前方保护是为了提高系统的抗干扰能力。如果前方保护计数 m 减少，虽可缩短前方保护时间，使系统很快从失步状态返回到帧同步状态，但这却使 $T_{误失步}$ 的时间大大缩短，帧同步系统的抗干扰能力显著变坏。如果前方保护计数 $m=1$，$l=7$，$P_e=10^{-6}$，则 $T_{误失步}\approx 36\,\mathrm{s}$。显然，这时帧同步系统是无法工作的，因此前方保护措施是绝对必要的。

3.2.4　PCM30/32 路系统的构成

在前面讨论的抽样、量化、编码以及时分多路复用等基本原理的基础上，下面介绍 PCM30/32 路系统方框图。图 3-19 为集中编码方式 PCM30/32 路系统构成框图，图 3-20 为单片集成编解码器构成的 PCM30/32 路系统方框图。

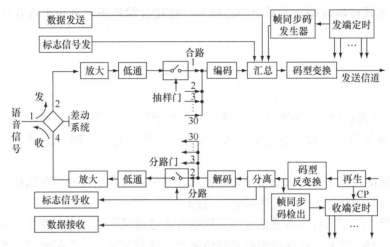

图 3-19　集中编码方式 PCM30/32 路系统构成框图

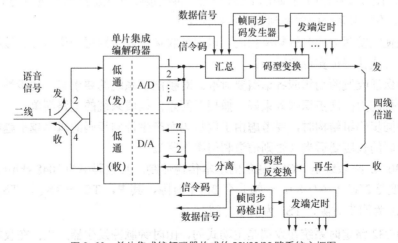

图 3-20　单片集成编解码器构成的 PCM30/32 路系统方框图

PCM30/32 路系统工作过程简述如下：用户语音信号的发与收是采用二线制传输，但端机的发送支路与接收支路是分开的，即发与收是采用四线制传输的。因此用户的语音信号需要经过 2/4 线变换的差动变量器，经 1→2 端送入 PCM 系统的发送端。差动变量器 1→2 端与 4→1 端的传输衰减要求越小越好，但 4→2 端的衰减要求越大越好，以防止通路振鸣。话音信号再经过放大（调节话音电平）、低通滤波（限制话音频带，防止折叠噪声的产生）、抽样合路及编码，编码后的信息码与帧同步码、信令码（包括复帧同步码）在汇总电路中按各自规定的时隙进行汇总，最后经码型变换电路变换成适合于信道传输的码型送往信道。在接收端首先将接收到的信号进行整形再生，然后经过码型反变换电路恢复成原始的编码码型，由分离电路将语音信息码、信令码等进行分路。分离出的语音信码经解码，分路门恢复出每一路的 PAM 信号，然后经低通滤波器重建恢复出每一路的模拟语音信号。最后经过放大，差动变量器 4→1 端送到用户。

在再生电路中提取的再生时钟，除了用于抽样判决识别每一个码元外，还由它来控制收端定时系统的位脉冲（解码用）与接收码元出现的时间完全同步（位同步）。帧同步码经帧同步系统检出并控制收端定时系统的路脉冲，使接收端能正确分辨出哪几位码是属于哪一个话路。

小　结

1．为了提高通信信道的利用率，可使多路信号沿同一信道传输且不互相干扰，这种通信方式称为多路复用。目前多路复用方法中常用的有频分复用、时分复用、波分复用和码分复用。

2．PCM 通信系统采用时分制实现多路复用。时分多路复用是利用各路信号在信道上占有不同的时间间隔的特征来分开各路话音信号的。

时分多路复用通信系统中各路信号在发送端首先经过低通滤波进行滤波，抽样后合在一起成为合路的 PAM 信号，经保持电路将样值展宽后进行编码；接收端解码后恢复为合路的 PAM 信号，然后由分路门分开各路的 PAM 信号，再经接收低通滤波器恢复成为原模拟信号。

3．时分多路复用系统中要做到位同步和帧同步。

位同步是使收发两端的时钟频率相同，以保证收端正确识别每一位码元。接收端时钟采用定时提取的方式获得可实现位同步。

帧同步是保证收发两端相应各话路要对准。对帧同步系统的要求有：同步性能稳定，具有一定的抗干扰能力；同步识别效果好；捕捉时间短；构成系统的电路简单。

在选择帧同步码组结构时，要考虑由于信息码而产生伪同步码的概率越小越好，但同时要注意帧同步码的长度要适当（否则信道利用率下降）。

4．PCM30/32 路系统是 PCM 通信的基本传输体制。其数码率为 2048 kbit/s，帧周期是 125μs，帧长度是 256bit（l=8）。一帧共有 32 个时隙，其中，$TS_1 \sim TS_{15}$，$TS_{17} \sim TS_{31}$ 为话路时隙，TS_0 为同步时隙，TS_{16} 为信令时隙。

5．PCM30/32 路定时系统在发端是主动式的，由时钟脉冲发生器产生；在收端是被动式的，其时钟是采用定时钟提取的方式获得的，目的是实现位同步。定时系统产生的主要脉冲有以下几种。

- 路脉冲，频率为 8kHz，相数为 32，用于话路抽样（收端分路）和 TS_0、TS_{16} 时隙脉冲的产生。

- 位脉冲，频率为 256kHz，相数为 8，编、解码用。
- 复帧脉冲，频率为 0.5kHz，相数为 16，用于传送复帧同步码和标志信号码。

6. PCM30/32 路帧同步码型为 {0011011}，帧同步的实现方法是：发端偶帧 TS_0 发帧同步码（奇帧 TS_0 时隙发帧失步告警码），收端一旦识别出帧同步码，便可知随后的 8 位码为一个码字且是第一话路的，依次类推，便可正确接收每一路信号，即实现帧同步。

为了防止假失步和伪同步的不利影响，帧同步系统中设置了前方、后方保护电路，具体规定前方保护时间 $T_前 = (m-1)T_S$，后方保护时间 $T_后 = (n-1)T_S$，一般 $m = 3 \sim 4$，$n = 2$。即当连续 3~4 次收不到同步码时，才认为系统真正失步而进入捕捉状态；而在捕捉过程中，当连续两次收到同步码时，才认为系统真正同步而进入同步状态。

帧同步系统的工作流程图参见图 3-14。

衡量帧同步系统性能的主要指标有平均失步时间和误失步平均时间间隔。

7. PCM30/32 路系统构成框图中主要包括差动变量器，收和发端低通滤波器，编、解码器，码型变换、反变换器，定时系统，帧同步系统。另外，还有标志信号发、标志信号收以及汇总、分离、再生系统等。

习　题

3-1　常用的多路复用方法有哪几种？

3-2　时分多路复用的概念是什么？

3-3　PCM 时分多路复用通信系统中的发端低通滤波器的作用是什么？保持的目的是什么？

3-4　什么是时钟同步？如何实现？

3-5　帧同步的目的是什么？如何实现？

3-6　帧同步系统中为什么要加前、后方保护电路？

3-7　帧同步同步码型的选择原则是什么？

3-8　PCM30/32 路系统中 1 帧有多少比特？1s 传输多少帧？

3-9　PCM30/32 路系统中，第 23 话路在哪一时隙中传输？第 23 路信令码的传输位置在什么地方？

3-10　PCM30/32 路定时系统中为什么位脉冲的重复频率选为 256kHz？

3-11　收端时钟的获取方法是什么？为什么如此？

3-12　PCM30/32 路系统中，假设 $m = 3$，$n = 2$，求前、后方保护时间分别是多少？

3-13　前、后方保护的前提状态是什么？

3-14　假设系统处于捕捉状态，试分析经过后方保护后可能遇到的几种情况。

3-15　假设帧同步码为 10101，试分析在覆盖区内产生伪同步码的情况。

3-16　PCM30/32 路系统构成框图中差动变量器的作用是什么？标志信号输出有什么？

第4章 数字信号复接技术——PDH与SDH

随着通信技术的发展，数字通信的容量不断增大。目前 PCM 通信方式的传输容量已由一次群（PCM30/32 路或 PCM24 路）扩大到二次群、三次群、四次群等，PCM 各次群构成了准同步数字体系（PDH）。

当今已进入高度发达的信息社会，这就要求高质量的信息服务与之相适应，也就是要求现代化的通信网向着数字化、综合化、宽带化、智能化和个人化方向发展。传输系统是现代通信网的主要组成部分，为了适应通信网的发展，需要一个新的传输体制，同步数字体系（SDH）则应运而生。

本章介绍两部分内容：准同步数字体系（PDH）和同步数字体系（SDH）。

首先介绍 PDH，主要包括数字复接的基本概念，同步复接与异步复接，PCM 零次群和 PCM 高次群，PDH 的网络结构和 PDH 的弱点；然后详细论述 SDH 的相关内容，主要包括 SDH 的基本概念，SDH 的速率体系，SDH 的基本网络单元，SDH 的帧结构，SDH 的复用映射结构，映射、定位和复用过程等。

4.1 准同步数字体系

PCM 各次群构成准同步数字体系（PDH），传统的数字通信系统采用的就是这种准同步数字体系（PDH）。本节首先介绍数字复接的基本概念，然后分析同步复接与异步复接的具体过程，最后探讨 PCM 零次群和 PCM 高次群的相关内容。

4.1.1 数字复接的基本概念

1. 数字复接系列

根据不同的需要和不同的传输介质的传输能力，要有不同话路数和不同速率的复接，形成一个系列（或等级），由低向高逐级复接，这就是数字复接系列。多年来一直使用较广的是准同步数字体系（PDH）。

国际上主要有两大系列的准同步数字体系，都经 ITU-T 推荐，即 PCM24 路系列和 PCM30/32 路系列。北美和日本采用 1.544Mbit/s 作为第一级速率（即一次群）的 PCM24 路数字系列，并且两家又略有不同；欧洲和中国则采用 2.048Mbit/s 作为第一级速率（即一次群）的 PCM30/32 路数字系列。两类速率系列如表 4-1 所示。

表 4-1 所示的数字复接系列具有如下优点。

① 易于构成通信网，便于分支与插入，并具有较高的传输效率。复用倍数适中，多在 3～

5 倍之间。

② 可视电话、电视信号等能与某个高次群相适应。

③ 与传输媒介，如对称电缆、同轴电缆、微波、光纤等传输容量相匹配。

表 4-1　　　　　　　　　　　　　　数字复接系列（准同步数字体系）

	一次群（基群）	二次群	三次群	四次群
北美	24 路 1.544Mbit/s	96 路 （24×4） 6.312Mbit/s	672 路 （96×7） 45.736Mbit/s	4032 路 （672×6） 275.176Mbit/s
日本	24 路 1.544Mbit/s	96 路 （24×4） 6.312Mbit/s	480 路 （96×5） 32.064Mbit/s	1440 路 （480×3） 97.728Mbit/s
欧洲 中国	30 路 2.048Mbit/s	120 路 （30×4） 8.448Mbit/s	480 路 （120×4） 34.368Mbit/s	1920 路 （480×4） 139.264Mbit/s

数字通信系统除了传输电话和数据外，也可传输其他宽带信号，例如可视电话、电视等。为了提高通信质量，这些信号可以单独变成数字信号传输，也可以和相应的 PCM 高次群一起复接成更高一级的高次群进行传输。

2．PCM 复用和数字复接

扩大数字通信容量，形成二次群以上的高次群的方法通常有两种：PCM 复用和数字复接。

（1）PCM 复用

所谓 PCM 复用就是直接将多路信号编码复用，即将多路模拟语音信号按 125μs 的周期分别进行抽样，然后合在一起统一编码形成多路数字信号。

显然一次群（PCM30/32 路）的形成就属于 PCM 复用（由 3.2.1 节可知 PCM30/32 路的路时隙为 3.91μs，约 4μs）。那么这种方法是否适用于二次群以上的高次群的形成呢？以二次群为例，假如采用 PCM 复用，要对 120 路语音信号分别按 8kHz 抽样，一帧 125μs 时间内有 120 多个路时隙，一个路时隙约等于一次群一个路时隙的 1/4，即每个样值编 8 位码的时间仅为 1μs，编码速度是一次群的 4 倍。而编码速度越快，对编码器的元件精度要求越高，不易实现。所以，高次群的形成一般不采用 PCM 复用，而采用数字复接的方法。

（2）数字复接

数字复接是将几个低次群在时间的空隙上迭加合成高次群。例如将 4 个一次群合成二次群，4 个二次群合成三次群等。图 4-1 是数字复接的原理示意图（为简单起见，图中假设两个低次群复接成一个高次群，实际是 4 个低次群复接成一个高次群）。

图 4-1 中低次群（1）与低次群（2）的速率完全相同（假设均为全"1"码），为了达到数字复接的目的，首先将各低次群的脉宽缩窄（波形 A 和 B′是脉宽缩窄后的低次群），以便留出空隙进行复接，然后对低次群（2）进行时间位移，就是将低次群（2）的脉冲信号移到低次群（1）的脉冲信号的空隙中（如波形 B′所示），最后将低次群（1）和低次群（2）合成为高次群 C。

经过数字复接以后，数码率提高了，但是对每一个低次群的编码速度则没有提高，所以数字复接的方法克服了 PCM 复用的缺点，目前这种方法被广泛采用。

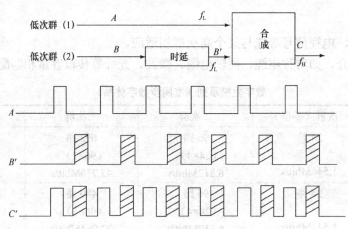

图 4-1 数字复接的原理示意图

3. 数字复接的实现

数字复接的实现主要有两种方法：按位复接和按字复接。

（1）按位复接

按位复接是每次复接各低次群（也称为支路）的一位码形成高次群。图 4-2（a）是 4 个 PCM30/32 路基群的 TS_1 时隙（CH_1 话路）的码字情况。图 4-2（b）是按位复接的情况，复接后的二次群信码中第一位码表示第一支路第一位码的状态，第二位码表示第二支路第一位码的状态，第三位码表示第三支路第一位码的状态，第四位码表示第四支路第一位码的状态。4 个支路第一位码取过之后，再循环取以后各位，如此循环下去就实现了数字复接。复接后高次群每位码的间隔约是复接前各支路的 1/4，即高次群的速率大约提高到复接前各支路的 4 倍。

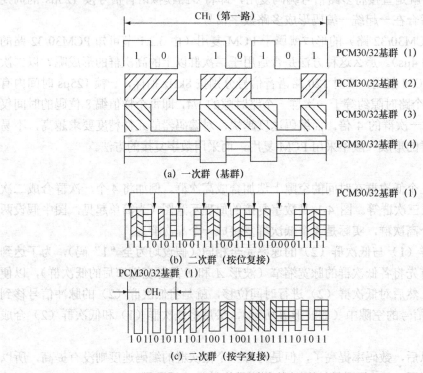

图 4-2 按位复接与按字复接示意图

　　按位复接要求复接电路存储容量小，简单易行，准同步数字体系（PDH）大多采用它。但这种方法破坏了一个字节的完整性，不利于以字节（即码字）为单位的信号的处理和交换。

　　（2）按字复接

　　按字复接是每次复接各低次群（支路）的一个码字形成高次群。图 4-2（c）是按字复接，每个支路都要设置缓冲存储器，事先将接收到的每一支路的信码储存起来，等到传送时刻到来时，一次高速（速率约是原来各支路的 4 倍）将 8 位码取出（即复接出去），4 个支路轮流被复接。这种按字复接要求有较大的存储容量，但保证了一个码字的完整性，有利于以字节为单位的信号的处理和交换。同步数字体系（SDH）大多采用这种方法。

　　4. 数字复接的同步

　　数字复接要解决两个问题：同步和复接。

　　数字复接的同步指的是被复接的几个低次群的数码率相同。如果几个低次群数字信号是由各自的时钟控制产生的，即使它们的标称数码率相同，例如 PCM30/32 路基群（一次群）的数码率都是 2048kbit/s，但它们的瞬时数码率总是不相同的，因为几个晶体振荡器的振荡频率不可能完全相同。ITU-T 规定 PCM30/32 路的数码率为 2048kbit/s±100bit/s，即允许它们有 ±100bit/s 的误差。这样几个低次群复接后的数码就会产生重叠和错位。

　　图 4-3 示意了数码率不同的低次群复接情况。为了简单起见，图中假设两个低次群复接（实际是 4 个）；另外还假设两个低次群为全"1"码，波形图中 A 和 B' 是脉宽缩窄后的波形。

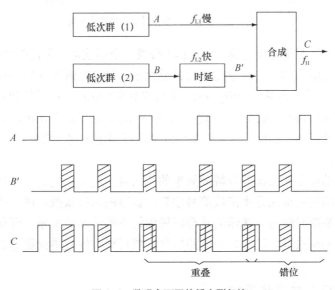

图 4-3　数码率不同的低次群复接

　　由图 4-3 可见，如果各低次群的数码率不同，复接时会产生重叠和错位（读者可对比一下图 4-1 中当低次群的数码率相同时复接的情况）。这样复接合成后的信号，在接收端是无法分接恢复成原来的低次群信号的。所以，数码率不同的低次群信号是不能直接复接的。

　　为此，在各低次群复接之前，必须使各低次群数码率互相同步，同时使其数码率符合高次群帧结构的要求。数字复接的同步是系统与系统间的同步，因而也称为系统同步。

5. 数字复接的方法及系统构成

（1）数字复接的方法

数字复接的方法实际也就是数字复接同步的方法，有同步复接和异步复接两种。

同步复接是用一个高稳定的主时钟来控制被复接的几个低次群，使这几个低次群的数码率（简称码速）统一在主时钟的频率上（这样就使几个低次群系统达到同步的目的），可直接复接（复接前不必进行码速调整，但要进行码速变换，详见后述）。同步复接方法的缺点是一旦主时钟发生故障时，相关的通信系统将全部中断，所以它只限于局部地区使用。

异步复接是各低次群各自使用自己的时钟，由于各低次群的时钟频率不一定相等，使得各低次群的数码率不完全相同（这是不同步的），因而先要进行码速调整，使各低次群获得同步，再复接。PDH 大多采用异步复接。

（2）数字复接系统的构成

数字复接系统（异步复接）主要由数字复接器和数字分接器两部分组成，如图 4-4 所示。

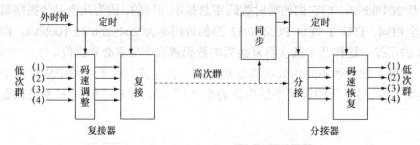

图 4-4 数字复接（异步复接）系统构成框图

数字复接器的功能是把 4 个支路（低次群）合成一个高次群。它是由定时、码速调整（或变换）和复接等单元组成的。定时单元给设备提供统一的基准时钟（它备有内部时钟，也可以由外部时钟推动）。码速调整（同步复接时是码速变换）单元的作用是把各输入支路的数字信号的速率进行必要的调整（或变换），使它们获得同步。这里需要指出的是 4 个支路分别有各自的码速调整（或变换）单元，即 4 个支路分别进行码速调整（或变换）。复接单元将几个低次群合成高次群。

数字分接器的功能是把高次群分解成原来的低次群，它是由定时、同步、分接和恢复等单元组成。分接器的定时单元是由接收信号序列中提取的时钟来推动的。借助于同步单元的控制使得分接器的基准时钟与复接器的基准时钟保持正确的相位关系，即保持同步。分接单元的作用是把合路的高次群分离成同步支路信号，然后通过恢复单元把它们恢复成原来的低次群信号。

4.1.2 同步复接与异步复接

1. 同步复接

前面已介绍过同步复接的概念，虽然被复接的各支路的时钟都是由同一时钟源供给的，可以保证其数码率相等，但为了满足在接收端分接的需要，还需插入一定数量的帧同步码；为使复接器、分接器能够正常工作，还需加入对端告警码、邻站监测及勤务联络等公务码（以上各种插入的码元统称附加码），即需要码速变换。另外，复接之前还要移相（延时），码速变换和移相都通过缓冲存储器来完成。

（1）码速变换与恢复

这里以一次群复接成二次群为例说明码速变换与恢复过程。

我们已知二次群的数码率为 8448kbit/s，8448kbit/s/4=2112kbit/s。码速变换是为插入附加码留下空位且将码速由 2048kbit/s 提高到 2112kbit/s。可以算出，插入码元后的支路子帧（125μs）的长度为 $L_s=2112\times10^3\,bit/s\times125\times10^{-6}\,s=264bit$。可见，各支路每 256 位码中（即 125μs 内）应插入 8 位码，以按位复接为例，插入的码位均匀地分布在原码流中，即平均每 256÷8=32 位码插入 1 位。

接收端进行码速恢复，即去掉发送端插入的码元，将各支路速率（即数码率）由 2112kbit/s 还原成 2048kbit/s。

码速变换及恢复过程如图 4-5 所示。

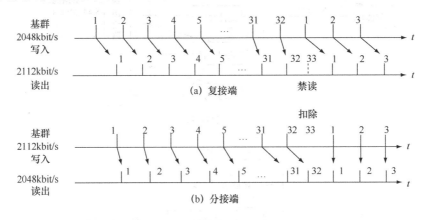

图 4-5　码速变换及恢复过程

在复接端，一次群在写入脉冲的控制下以 2048kbit/s 的速率写入缓冲存储器，而在读出脉冲的控制下以 2112kbit/s 的速率从缓冲存储器中读出，显然处于慢写快读的状态。在图 4-5（a）中，起点时刻 2112kbit/s 读出脉冲滞后于 2048kbit/s 写入脉冲近一个码元周期读出，即留了一个空位。由于读出速率高于写入速率，随着读出码位增多，读出脉冲相位越来越接近于写入脉冲相位，到读完第 32 位以后，下一个读出脉冲与写入脉冲可能会同时出现或者是还未写入即要读出的情况，这时禁止读出一次，即读出脉冲禁读一个码元，也即插入了一个空位（此时只是留空，还未真正插入附加码）。此后下一个读出脉冲才从缓冲存储器读下一位码，这时读出脉冲与写入脉冲又差一个码元周期，如此循环下去即构成了每 32 位加插一个空位的 2112kbit/s 的数码流以供复接合成。

在分接端（接收端），分接出来的各支路速率为 2112kbit/s。在写入脉冲的控制下，以 2112kbit/s 的速率将数码流写入缓冲存储器，在读出脉冲的控制下，以 2048kbit/s 的速率读出，处于快写慢读状态。在起点，一写入 1 位码，便被读出。由于读出速率低于写入速率，随着码位增多，读写相位差将越来越大，到该写第 33 位码时，读出脉冲才读到第 32 位，假如照写，不加处理，存储器积存 1 位，随着时间的推移，存储器码位越积越多，会产生溢出。但分接器已知第 33 位是插入码位，写入时扣除了该处的一个写入脉冲，从而在写入第 33 位后边的第 1 位以后，在读出时钟第 32 位后边的第 1 个脉冲的控制下立即读出该位，读写相位关系回到与起点处一致，如此循环下去，将 2112kbit/s 码流恢复成了 2048kbit/s 的原支路码流。

（2）同步复接系统的构成

二次群同步复接器和分接器的构成框图如图 4-6 所示。

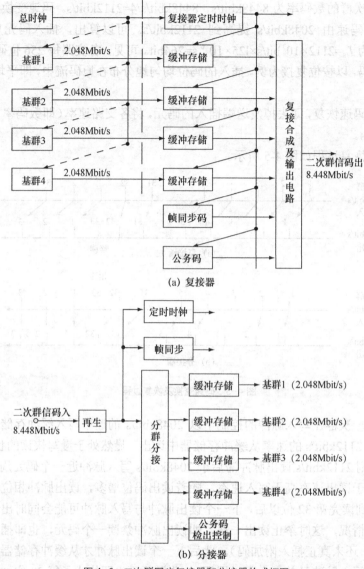

(a) 复接器

(b) 分接器

图 4-6 二次群同步复接器和分接器构成框图

在复接端，支路时钟和复接时钟来自同一个总时钟源，各支路码速率为 2048kbit/s，且是严格相等的，经过缓冲存储器进行码速变换，以便汇接时本支路码字与其他支路码字错开以及为插入附加码留下空位，复接合成电路把变换后的各支路码流合并在一起，并在所留空位插入包括帧同步码在内的附加码。在分接端，分接器首先从码流中提取时钟，并产生所需要的复接定时。帧同步电路使收发间帧同步。分群分接电路将 4 个支路信号分接，并同时检出公务码。缓冲存储器扣除附加的码位，恢复原来的支路信号速率。

2．异步复接

异步复接时，4 个一次群虽然标称数码率都是 2048kbit/s，但因 4 个一次群各有自己的时钟源，并且这些时钟都允许有 ±100bit/s 的偏差，因此 4 个一次群的瞬时数码率各不相等。所以对异源一次群信号的复接，首先要解决的问题就是使被复接的各一次群信号在复接前有相同的数码率，这一过程叫码速调整。

（1）码速调整与恢复

码速调整是利用插入一些码元将各一次群的速率由 2048kbit/s 左右统一调整成 2112kbit/s。接收端进行码速恢复，通过去掉插入的码元，将各一次群的速率由 2112kbit/s 还原成 2048kbit/s 左右。

码速调整技术可分为正码速调整、正/负码速调整和正/零/负码速调整 3 种。其中正码速调整应用最普遍，下面仅讨论正码速调整。

正码速调整电路和码速恢复电路如图 4-7 所示。其中每一个参与复接的支路码流都先经过一个单独的码速调整装置，把标称数码率相同瞬时数码率不同的码流（即准同步码流）变换成同步码流，然后进行复接，收端分接后的每一个同步码流都分别经过一个码速恢复装置把它恢复成原来的支路码流。

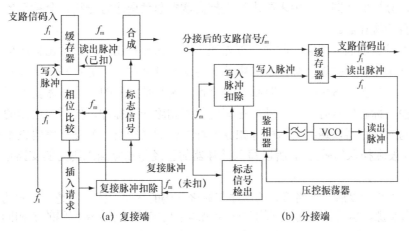

图 4-7　正码速调整电路和码速恢复电路

码速调整装置的主体是个缓冲存储器，此外，还有一些必要的控制电路。支路信码在写入脉冲（输入时钟）的控制下逐位写入缓存器，写入脉冲的频率与输入支路的数码率（码速调整前的）相同，为 f_1。支路信码在读出脉冲（输出时钟）的控制下从缓存器逐位读出，读出脉冲的频率即为码速调整后支路的数码率 f_m。缓存器支路信码的输出速率 $f_m >$ 输入速率 f_1，正码速调整就是因此而得名的。

由于 $f_m > f_1$，缓冲存储器处于快读慢写的状态，所以最后将会出现取空状态。为解决这个问题，电路设计在缓存器尚未取空而快要取空时，就使它停读一次，而插入一个脉冲（非信息码）。具体过程如图 4-8 所示。

从图 4-8 中可以看出，输入信码是在写入脉冲的控制下以 f_1 的速率写入缓存器，而在读出脉冲的控制下以 f_m 的速率读出。第 1 个脉冲经过一段时间后读出，由于读出速度比写入速度快，写入与读出的时间差（即相位差）越来越小，到第 6 个脉冲到来时，f_m 定时脉冲与 f_1 定时脉冲几乎同时出现或超前出现，这将出现还没有写入却要求读出信息的情况，从而造成取空现象。为了防止"取空"，这时就插入一个脉冲指令，它一方面停止读出一次，同时在此瞬间插入一个脉冲（一个码元），如图 4-8 中虚线位置所示。插入脉冲的插入与否是根据缓冲存储器的存储状态来决定的，可通过插入脉冲控制电路来完成。而缓冲存储器的存储状态可根据输入数码流与输出数码流的相位关系（见图 4-8①②）来确定，所以说存储状态的检测，可由相位比较器来完成。

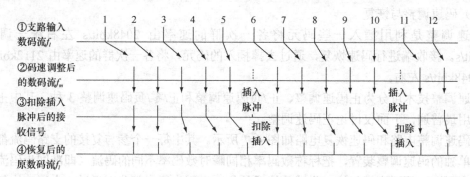

图 4-8　正码速调整和码速恢复过程

在收端，分接器（图 4-8 中未画出）先把高次群总信码进行分接，分接后的各支路信号分别输入各自的缓存器。

为了去掉发送端插入的插入脉冲，首先通过标志信号检出电路，检出标志信号，然后决定是否要在规定位置去掉这一脉冲。当需要去掉这一脉冲时，可通过写入脉冲扣除电路扣掉一个插入脉冲，如图 4-8③所示，即原虚线位置，现在是空着的。这里需要解释一个问题，实际上是当检出标志信号时，写入脉冲在规定位置扣除一个脉冲，然后由已扣的写入脉冲控制支路信码写入缓存器，遇到写入脉冲扣除脉冲的位置（空着的）支路信码也不写入，即扣除一个码元（发端插入的码元），所以写入缓存器的已经是扣除插入码元的支路信码流（如图 4-8③所示）。

扣除了插入脉冲以后，支路信码的次序与原来信码的次序一样，但是在时间间隔上是不均匀的，中间有空隙，但是长时间的平均时间间隔即平均码速与原支路信码的 f_1 相同。因此在收端，要恢复为原支路信码，必须从图 4-8③波形（已扣除插入脉冲）中提取 f_1 时钟。脉冲间隔均匀化的任务是由锁相环完成的。锁相环电路如图 4-7（b）所示。鉴相器的输入端接入写入脉冲 f_m（已扣除插入脉冲）和读出脉冲（压控振荡器 VCO 的输出脉冲），由鉴相器检出它们之间的相位差并转换成电压波形，经低通滤波器平滑后，再经直流放大器去控制 VCO 的频率，由此获得一个频率等于时钟平均频率 f_1 的平滑的读出时钟。由这个读出时钟控制缓存器支路信码的读出，缓存器输出的支路信码即为速率为 f_1 的间隔均匀的信号流，也就是恢复了原支路信码。

以上介绍了码速调整和码速恢复过程，有一点需要强调指出：从图 4-8 上看，似乎码速调整和码速变换没有区别，实际上是有根本区别的。码速变换是在平均间隔的固定位置先留出空位，待复接合成时再插入脉冲（附加码）；而码速调整插入脉冲要视具体情况，不同支路、不同瞬时数码率、不同的帧，可能插入，也可能不插入脉冲（不插入脉冲时，此位置为原信息码），且插入的脉冲不携带信息。

（2）异步复接二次群帧结构

ITU-T G.742 推荐的正码速调整异步复接二次群帧结构如图 4-9（b）所示。

异步复接二次群的帧周期为 100.38μs，帧长度为 848bit。其中有 4×205bit=820bit（最少）为信息码（这里的信息码指的是 4 个一次群码速调整之前的码元，即不包括插入的码元），有 28bit 的插入码（最多）。28bit 的插入码具体安排如表 4-2 所示。

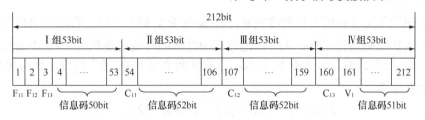

(a) 基群支路插入码及信息码分配

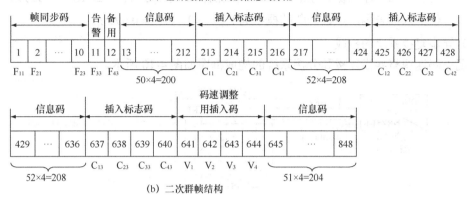

(b) 二次群帧结构

图 4-9 异步复接二次群帧结构

表 4-2　　　　　　　　　　　　　28bit 插入码具体安排

插入码个数	作用
10bit	二次群帧同步码（1111010000）
1bit	告警
1bit	备用
4bit（最多）	码速调整用的插入码
4×3bit=12bit	插入标志码

图 4-9（b）的二次群是 4 个一次群分别经码速调整后，即插入一些附加码以后按位复接得到的。经计算得出，各一次群（支路）码速调整之前（速率 2048kbit/s 左右）100.38μs 内有 205～206 个码元，码速调整之后（速率为 2112kbit/s）100.38μs 内应有 212 个码元（bit），即应插入 6～7 个码元。以第 1 个一次群为例，100.38μs 内插入码及信息码分配情况如图 4-9（a）所示，其他支路与之类似。

其中前 3 位是插入码 F_{i1}、F_{i2}、F_{i3}（i=1～4），用作二次群的帧同步码、告警和备用；第 54 位、107 位、160 位为插入码 C_{i1}、C_{i2}、C_{i3}（i=1～4），它们是插入标志码；第 161 位可能是原信息码（如果原支路数码率偏高，100.38μs 内有 206 个码元），也可能是码速调整用的插入码 V_i（i=1～4）（如果原支路数码率偏低，100.38μs 内有 205 个码元）。

4 个支路码速调整后按位复接，即得到图 4-9（b）的二次群帧结构。前 10 位 F_{11},F_{21},F_{31},…,F_{23} 是帧同步码，第 11 位 F_{33} 是告警码，第 12 位 F_{43} 备用；第 213～216 位 C_{11}、C_{21}、C_{31}、C_{41}，第 425～428 位 C_{12}、C_{22}、C_{32}、C_{42}，第 637～640 位 C_{13}、C_{23}、C_{33}、C_{43} 是插入标志码；第 641～644 位可能是信息码，也可能是码速调整用的插入码 V_1～V_4。

接收端分接后将图 4-9（b）的二次群分成类似图 4-9（a）的各一次群，然后各一次群要进行码速恢复，也就是要去除发端插入的码元，这个过程叫"消插"或"去塞"。那么接收端如何判断各支路第 161 位码是信息码还是码速调整用的插入码呢？

插入标志码的作用就是用来通知收端第 161 位有无 V_i 插入，以便收端"消插"。每个支路采用 3 位插入标志码是为了防止由于信道误码而导致的收端错误判决。"三中取二"，即当收到两个以上的"1"码时，认为有 V_i 插入，当收到两个以上的"0"码时，认为无 V_i 插入。其正确判断的概率为

$$3p_e(1-p_e)^2 + (1-p_e)^3 = 1 - 3p_e^2 + 2p_e^3 \tag{4-1}$$

例如，当 $p_e = 10^{-3}$ 时（最坏情况），正确判断的概率为 $1 - 3 \times 10^{-6} + 2 \times 10^{-9} = 0.999997$ 以上。倘若只用一位插入标志码，正确判断的概率为 $1 - p_e = 1 - 10^{-3} = 0.999$。

（3）异步复接系统的构成

实现正码速调整异步复接和分接系统的构成框图如图 4-10 所示。

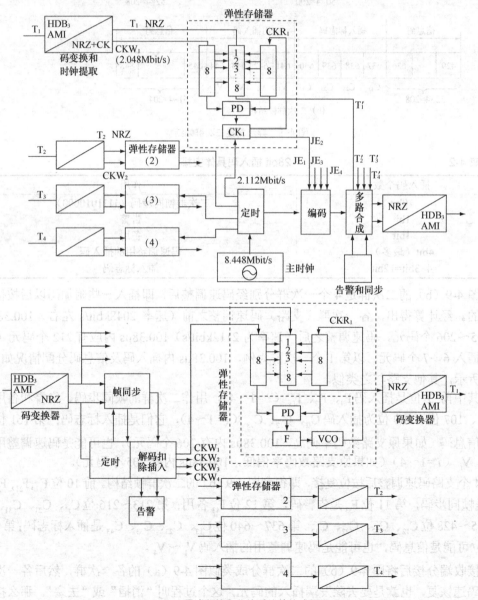

图 4-10 异步复接和分接系统的构成框图

在复接端，8448kHz 的复接主时钟经定时电路分频和分配成 4 个不同相位的 2112kHz 的分路时钟，分别送给 4 个待复接的支路弹性存储器，作为码速调整的读出时钟。以第 1 路为例，在复接支路输入端首先将线路传输码变为不归零的单极性二进码（NRZ 码），并提取 2048kHz 的基群时钟 CKW_1。NRZ 码和 CKW_1 送入码速调整用的弹性存储器，CKW_1 作为写时钟，将 T_1 支路的信号（NRZ 码）写入存储器；由复接主时钟分频而得的 2112kHz 复接时钟经比较相位（PD）和控制电路（CK_1）形成读时钟 CKR_1 从存储器读出信号。读出时钟 CKR_1 已经控制电路扣除了在应插入附加码处节拍，并且在鉴定相器中比较 CKW_1 和 CKR_1 两个时钟的相位差，当相位差小到某一个数值时，CK_1 电路就扣除 V_1 处的一位，即塞入一个脉冲，同时 CK_1 输出一个塞入指示信号 JE_1，送入编码电路编出 3 位插入标志 C_1、C_2、C_3 和 1 位插入码 V。其余 3 个支路原理同第 1 支路。经码速调整后的 4 个支路信号送入复接合成电路汇合并插入帧同步码、公务码等发送到信道上去。

在分接端，定时系统首先从接收码流中提取时钟，然后检出帧同步码进行帧同步，公务码检出电路检出告警码等。由定时电路提供的 4 个不同相位并经扣除了插入码的 2112kHz 的写入时钟，这个时钟也已经对各支路插入标志 C_1、C_2、C_3 的多数判决扣除了插入脉冲处的一个节拍。各支路的写入时钟分别将各支路的信息码分离出来。分离出来的信息码是不均匀的，必须恢复其复接前的码速。以第 1 支路为例，CKW_1 将第 1 支路的信息码写入弹性存储器，另一方面 CKW_1 又作为时钟恢复锁相环的输入，控制产生一个均匀的 2048kHz 读出时钟从存储器读出信码，即为所要恢复的码流。恢复的码流经码型变换后输出。

（4）复接抖动的产生与抑制

在采用正码速调整的异步复接系统中，即使信道的信号没有抖动，复接器本身也会产生一种抖动，即称为"插入抖动"的相位抖动。这是由于在复接过程中加入了插入码，在接收端进行分接时，要把这些插入码扣除掉，这就形成了码速率为 2112kbit/s，但其脉冲序列是周期性的"缺齿"的脉冲序列，由这样"缺齿"的脉冲序列恢复的基群时钟就会产生抖动，这就是"插入抖动"或叫"复接抖动"。

由图 4-9（a）可知，分接后基群支路在 100.38μs 的帧周期内共有 212bit，其中第 1、2、3、54、107、160 位是固定插入脉冲的位置，第 161 位是供码速调整用的插入脉冲（可能是插入码，也可能是原信息码）。在分接端，插入脉冲的 6 个固定码位（即 1、2、3、54、107 和 160）的脉冲全部被扣除；如果复接端在第 161 码位上插入了一个脉冲，则应将它扣除，如该码位传送的是信息码，则不扣除。图 4-11 是脉冲扣除后的信号序列，即"缺齿"的脉冲序列。

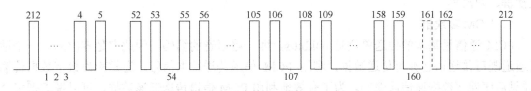

图 4-11　扣除插入脉冲后的信号序列

前已述及，分接器中通常采用锁相环作为码速恢复用的时钟提取电路。锁相环构成框图如图 4-12 所示。

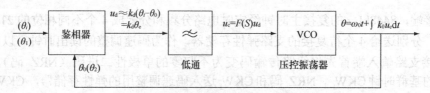

图 4-12 锁相环构成框图

图 4-11 所示的有"缺齿"的信号序列就作为锁相环的输入信号,VCO 产生的是 2048kbit/s 的方波时钟信号。输入信号与 VCO 输出信号在鉴相器中进行相位比较,其输出的误差电压,含有以下多种频率成分。

① 由于扣除帧同步码而产生的抖动。有 3 位被扣除,每帧抖动一次,由于帧周期约为 100μs,故其抖动频率为 10kHz。

② 由于扣除插入标志码而产生的抖动。每帧有 3 个插入标志码,再考虑到扣除帧码的影响,相当于每帧有 4 次扣除抖动,故其抖动频率为 40kHz。

③ 扣除码速调整插入脉冲所产生的抖动,即指扣除第 161 位 V 脉冲所产生的抖动。V 脉冲不是每帧都插入的,不插入时第 161 位用来传送信息。根据频差的情况,在复接端平均每隔 2.5 帧插入一个 V 脉冲,所以由于扣除 V 脉冲而产生的抖动频率约为 4kHz。

除上述 3 种频率的抖动外,还有脉冲插入等候时间抖动。在正码速调整过程中,当支路信号的相位滞后于复接时隙的一个比特时,插入控制电路将发出正插入指令,并在允许位置上插入一个比特。由于在一个复接帧内,通常仅设置一个正的插入码位,并且位置固定,只能在这个固定位置上插入,其他位置不能插入。这样在两个允许插入的位置之间,有一定的时间间隔,而插入请求却可能随时发生。因此,当插入指令发出后,插入脉冲的动作通常不能立即进行,而要等到下一个插入码位时方能进行。所以在插入请求和插入动作之间通常有一段等候时间。由于存在这段等候时间,就会在脉冲插入基本抖动上又附加了一个新的抖动成分,这个附加的抖动成分就称为等候抖动。

由于锁相环具有对相位噪声的低通特性,经过锁相环后的剩余抖动仅为低频抖动成分。因此,当脉冲插入速率较高时,抖动能被锁相环消减,但当脉冲插入速率较低时,就不能被锁相环消减。然而,只要缓冲存储器的容量足够大,就可以把抖动限制在所希望的范围之内。

4.1.3 PCM 零次群和 PCM 高次群

前面介绍数字复接的基本概念、基本原理时,主要是以二次群为例分析的,下面简要介绍其他等级的数字信号,这些等级包括比一次群低的零次群以及比一次群、二次群等级高的三次群、四次群。

1. PCM 零次群

PCM 通信最基本的传送单位是 64kbit/s,即一路语音的编码,因此它是零次的。一个话路通道既可传送语音亦可传送数据,利用 PCM 信道传送数据信号,通常称为数字数据传输(详见后序课《数据通信原理》)。为了有效地利用 PCM 信道传送低速数据,可以考虑把多个低速数据信号复接成一个 64kbit/s 的话路通道在 PCM 信道中传输。64kbit/s 速率的复接数字信号被称为零次群 DS0。

2. PCM 高次群

比二次群更高的等级有 PCM 三次群、四次群等,下面分别加以介绍。

（1）PCM 三次群

ITU-T G.751 推荐的 PCM 三次群有 480 个话路，速率为 34.368Mbit/s。三次群的异步复接过程与二次群相似。4 个标称速率是 8.448Mbit/s（瞬时速率可能不同）的二次群分别进行码速调整，将其速率统一调整成 8.592Mbit/s，然后按位复接成三次群。异步复接三次群的帧结构如图 4-13（b）所示。

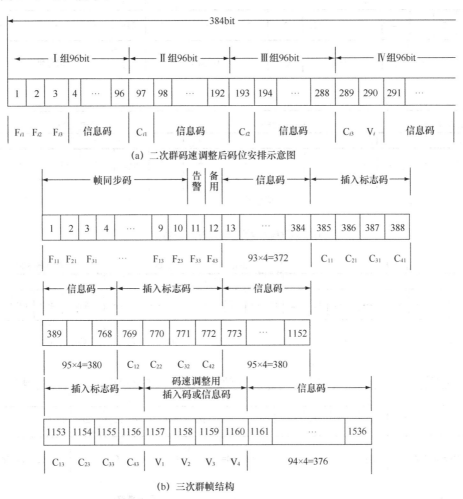

(a) 二次群码速调整后码位安排示意图

(b) 三次群帧结构

图 4-13 异步复接三次群帧结构

异步复接三次群的帧长度为 1536bit，帧周期为 $\dfrac{1536\text{bit}}{34.368\text{Mbit/s}} \approx 44.69\,\mu s$。每帧中原二次群（码速调整前）提供的比特为 377×4=1508 个（最少），插入码有 28bit（最多）。其中前 10bit 作为二次群的帧同步码，码型为 1111010000，第 11 位为告警码，第 12 位为备用码，另外有最多 4bit 的码速调整用插入码（$V_1 \sim V_4$），还有 3×4bit=12bit 的插入标志码。

图 4-13（a）为各二次群（支路）码速调整（即插入码元）后的情况（时间长度为 44.69μs）。插入码的安排及作用与一次群的相似，区别是各二次群在 44.69μs 内码速调整后有 384bit，以 384bit 为重复周期，每 384bit 分为 4 组，每组有 96bit。

（2）PCM 四次群

ITU-T G.751 推荐的 PCM 四次群有 1920 个话路，速率为 139.264Mbit/s。

四次群的异步复接过程也与二次群相似。异步复接四次群的帧结构如图 4-14（b）所示。

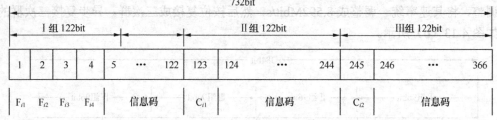

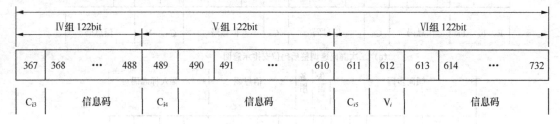

（a）三次群码速调整后码位安排示意图

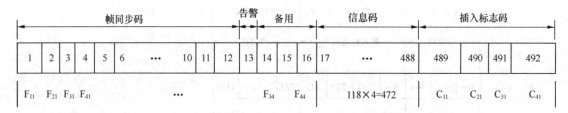

（b）四次群帧结构

图 4-14 异步复接四次群的帧结构

异步复接四次群的帧长度为 2928bit，帧周期为 $\dfrac{2928\text{bit}}{139.264\text{Mbit/s}} \approx 21.02\,\mu\text{s}$。每帧中原三次群（码速调整前）提供的比特为 722×4=2888 个（最少），插入码有 40bit（最多）。其中前 12bit

作为四次群的帧同步码（111110100000），第 13bit 为告警码，第 14～16bit 为备用码，另外有最多 4bit 为码速调整用的插入码（$V_1 \sim V_4$），还有 5×4bit=20bit 插入标志码。

图 4-14（a）为各三次群支路码速调整（即插入码元）后的情况（时间长度为 21.02μs）。其中每个三次群支路的前 4bit 为插入码，第 123、245、367、489、611 位为插入标志码（可见此时每个支路插入标志码为 5 位），第 612 位为码速调整用插入码 V_i 或为原信息码。

4 个三次群码速调整后 21.02μs 内有 732bit，按位复接成四次群。

（3）高次群的接口码型

当线路与机器、机器与机器接口时，必须使用协议的同一种码型，码型的选择要求与基带传输时对码型的要求类似（见第 5 章）。

ITU-T 对 PCM 各等级信号接口码型的建议如表 4-3 所示。

表 4-3　　　　　　　　　　　　**PCM 各等级信号的接口码型**

群路等级	一次群（基群）	二次群	三次群	四次群
接口速率/（kbit/s）	2048	8448	34368	139264
接口码型	HDB$_3$ 码	HDB$_3$ 码	HDB$_3$ 码	CMI 码

其中一次群、二次群、三次群的接口码型是 HDB$_3$ 码，四次群的接口码型是 CMI 码（HDB$_3$ 码和 CMI 码将在第 5 章详细介绍）。

高次群传输可以选择不同的媒介，如光纤、微波等，在这些媒介中传输，必须采用特殊的码型。

4.1.4　PDH 的网络结构

以上介绍了 PDH 的各次群，即 PCM 一次群、二次群、三次群、四次群等，作为一个总结，图 4-15 示意了一种 PDH 的网络结构。

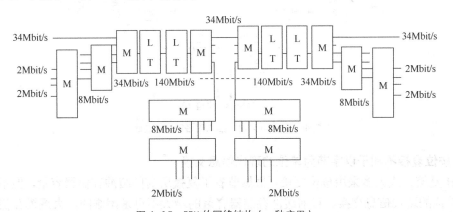

图 4-15　PDH 的网络结构（一种应用）

图 4-15 中是以传输四次群为例的，需要说明的是：四次群的传输通常利用光纤、微波等信道进行频带传输，四次群信号需要通过光端机或微波设备（图中未画出）进行处理变换、调制等。

另外，需要强调的是数字通信系统（无论是采用 PDH 还是将要介绍的 SDH）只是交换局之间的传输系统，并不包含交换局。通常所说的 PDH 网（或 SDH 网）指的是交换局之间的部分。但如果泛泛地谈数字网，则既包括传输系统，也包括交换系统，请读者不要搞混。

4.1.5 PDH 的弱点

虽然过去几十年来，在数字电话网中一直在使用准同步数字体系（PDH），但准同步数字体系（PDH）传输体制存在一些弱点，主要表现在如下几个方面。

1．只有地区性数字信号速率和帧结构标准而不存在世界性标准

从 20 世纪 70 年代初期至今，全世界数字通信领域有两个基本系列——以 2048kbit/s 为基础的 ITU-T G.732、G.735、G.736、G.742、G.744、G.745、G.751 等建议构成一个系列和以 1544kbit/s 为基础的 ITU-T G.733、G.734、G.743、G.746 等建议构成一个系列，而 1544kbit/s 系列又有北美、日本之分，三者互不兼容，造成国际互通困难。

2．没有世界性的标准光接口规范

在 PDH 中只制订了标准的电接口规范，没有世界性的标准光接口规范，由此导致各个厂家自行开发的专用光接口大量出现。不同厂家生产的设备只有通过光/电变换成标准电接口（G.703 建议）才能互通，而光路上无法实现互通和调配电路，限制了联网运用的灵活性，增加了网络运营成本。

3．异步复用（复接）缺乏灵活性

准同步系统的复用结构，除了几个低等级信号（如 2048kbit/s、1544kbit/s）采用同步复用外，其他多数等级信号采用异步复用，即靠塞入一些额外的比特使各支路信号与复用设备同步并复用成高速信号。这种方式难以从高速信号中识别和提取低速支路信号。为了上下电路，必须将整个高速线路信号一步一步分解成所需要的低速支路信号等级，上下支路信号后，再一步一步地复用成高速线路信号进行传输。复用结构复杂，缺乏灵活性，硬件数量大，上下业务费用高。图 4-16 给出了从一个 140Mbit/s 信号中分出、插入一个 2Mbit/s 信号所经历的过程。

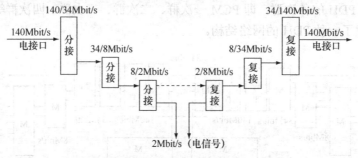

图 4-16 PDH 分出、插入支路信号的过程

4．按位复接不利于以字节为单位的现代信息交换

PDH 复接方式大多采用按位复接，虽然节省了复接所需的缓冲存储器容量，但不利于以字节为单位的现代信息交换。目前缓冲存储器容量的增大不再是困难的，大规模存储器容量已能满足 PCM 三次群一帧的需要。

5．网络管理能力较差

PDH 复用信号的结构中用于网络运行、管理、维护（OAM）的比特很少，网络的 OAM 主要靠人工的数字交叉连接和停业务检测，这种方式已经不能适应不断演变的电信网的要求。

6．数字通道设备利用率低

由于建立在点对点传输基础上的复用结构缺乏灵活性，使数字通道设备利用率很低。非最短的通道路由占了业务流量的大部分。例如，北美大约有 77%的 DS_3（45Mbit/s）速率的信号传输需要一次以上的转接，仅有 23%的 DS_3 速率信号是点到点一次传输。可见目前的体制无法提供最佳的路由选择，也难以迅速、经济地为用户提供电路和业务，包括对电路带宽和业务提供在线的实时控制。

基于传统的准同步数字体系的上述弱点，它已不能适应现代电信网和用户对传输的新要求，必须从技术体制上对传输系统进行根本的改革，找到一种有机地结合高速大容量光纤传输技术和智能网络技术的新体制。这就产生了同步数字体系（SDH）。

4.2　同步数字体系

在通信网中利用高速大容量光纤传输技术和智能网络技术的新体制，最先产生的是美国的光同步传输网（SONET）。这一概念最初由贝尔通信研究所提出，1988 年被 ITU-T 接受，并加以完善，重新命名为同步数字体系（SDH），使之成为不仅适用于光纤，也用于微波和卫星传输的通用技术体制，SDH 体制的采用使通信网发展进入了一个崭新的阶段。（注：SDH 网基本上采用光纤传输，只是当个别地方地形不好时，可以借助于微波、卫星传输。）

本节首先介绍 SDH 的基本概念、SDH 的速率体系、SDH 的基本网络单元和 SDH 的帧结构，然后论述 SDH 的复用映射结构的相关问题。

4.2.1　SDH 的概念和优缺点

1．SDH 的概念

SDH 网是由一些 SDH 的网络单元（NE）组成的，在光纤上进行同步信息传输、复用、分插和交叉连接的网络（SDH 网中不含交换设备，它只是交换局之间的传输手段）。SDH 网的概念中包含以下几个要点。

① SDH 网有全世界统一的网络节点接口（NNI），从而简化了信号的互通以及信号的传输、复用、交叉连接等过程。

② SDH 网有一套标准化的信息结构等级，称为同步传递模块，并具有一种块状帧结构，允许安排丰富的开销比特（即比特流中除去信息净负荷后的剩余部分）用于网络的 OAM。

③ SDH 网有一套特殊的复用结构，允许现存准同步数字体系（PDH）、同步数字体系和 B-ISDN 的信号都能纳入其帧结构中传输，即具有兼容性和广泛的适应性。

④ SDH 网大量采用软件进行网络配置和控制，增加新功能和新特性非常方便，适合将来不断发展的需要。

⑤ SDH 网有标准的光接口，即允许不同厂家的设备在光路上互通。

⑥ SDH 网的基本网络单元有终端复用器（TM）、分插复用器（ADM）、再生中继器（REG）和同步数字交叉连接设备（SDXC）等。

2．SDH 的优缺点

（1）SDH 的优点

SDH 与 PDH 相比，其优点主要体现在如下几个方面。

① 有全世界统一的数字信号速率和帧结构标准。SDH 把北美、日本和欧洲、中国流行的两大准同步数字体系（三个地区性标准）在 STM-1 等级上获得统一，第一次实现了数字传输体制上的世界性标准。

② 采用同步复用方式和灵活的复用映射结构，净负荷与网络是同步的。因而只需利用软件控制即可使高速信号一次分接出支路信号，即所谓一步复用特性。这样既不影响别的支路信号，又避免了对整个高速复用信号都分解，省去了全套背靠背复用设备，使上下业务十分容易，也使数字交叉连接（DXC）的实现大大简化。

③ SDH 帧结构中安排了丰富的开销比特（约占信号的 5%），因而使得网络的运行、管理和维护（OAM）能力大大加强。智能化管理，使得信道分配、路由选择最佳化。许多网络单元的智能化，通过嵌入在 SOH 中的控制通路可以使部分网络管理功能分配到网络单元，实现分布式管理。

④ 将标准的光接口综合进各种不同的网络单元，减少了将传输和复用分开的需要，从而简化了硬件，缓解了布线拥挤。同时有了标准的光接口信号，使光接口成为开放型的接口，可以在光路上实现横向兼容，各厂家产品都可在光路上互通。

⑤ SDH 与现有的 PDH 网络完全兼容。SDH 可兼容 PDH 的各种速率，同时还能方便地容纳各种新业务信号。而且它具有信息净负荷的透明性，即网络可以传送各种净负荷及其混合体而不管其具体信息结构如何。它同时具有定时透明性，通过指针调整技术，容纳不同时钟源（非同步）的信号（如 PDH 系列信号）映射进来传输而保持其定时时钟。

⑥ SDH 的信号结构的设计考虑了网络传输和交换的最佳性。以字节为单位复用与信息单元相一致。在电信网的各个部分（长途、市话和用户网）都能提供简单、经济和灵活的信号互连和管理。

上述 SDH 的优点中最核心的有 3 条，即同步复用、标准光接口和强大的网络管理能力。

（2）SDH 的缺点

SDH 的缺点主要如下。

① 频带利用率不如传统的 PDH 系统（这一点可从本节后面介绍的复用结构中看出）。

② 采用指针调整技术会使时钟产生较大的抖动，造成传输损伤。

③ 大规模使用软件控制和将业务量集中在少数几个高速链路和交叉节点上，这些关键部位如果出现问题，可能导致网络的重大故障，甚至造成全网瘫痪。

④ SDH 与 PDH 互连时（在从 PDH 到 SDH 的过渡时期，会形成多个 SDH "同步岛" 经由 PDH 互连的局面），由于指针调整产生的相位跃变使经过多次 SDH/PDH 变换的信号在低频抖动和漂移上比纯粹的 PDH 或 SDH 信号更严重。抖动指的是数字信号的特定时刻（例如最佳抽样时刻）相对理想位置的短时间偏离。所谓短时间偏离是指变化频率高于 10Hz 的相位变化，而将低于 10Hz 的相位变化称为漂移。

尽管 SDH 有这些不足，但它比传统的 PDH 体制有着明显的优越性，必将最终取代 PDH 传输体制。

4.2.2　SDH 的速率体系

要确立一个完整的数字体系，必须确立一个统一的网络节点接口，定义一整套速率和数据传送格式以及相应的复接结构（即帧结构）。这里首先介绍 SDH 的速率体系，后面再分析 SDH 网络节点接口和帧结构。

同步数字体系最基本的模块信号（即同步传递模块）是 STM-1，其速率为 155.520Mbit/s。更高等级的 STM-N 信号是将基本模块信号 STM-1 同步复用、字节间插的结果。其中 N 是正整数，目前 SDH 只能支持一定的 N 值，即 N 为 1、4、16、64。

ITU-T G.707 建议规范的 SDH 标准速率如表 4-4 所示。

表 4-4 SDH 标准速率

等级	STM-1	STM-4	STM-16	STM-64
速率/（Mbit/s）	155.520	622.080	2488.320	9953.280

4.2.3　SDH 的基本网络单元

前面在介绍 SDH 的概念时，提到过 SDH 网是由一些基本网络单元构成的，目前实际应用的基本网络单元有 4 种，即终端复用器（TM）、分插复用器（ADM）、再生中继器（REG）和同步数字交叉连接设备（SDXC）。下面分别加以介绍。

1．终端复用器（TM）

终端复用器如图 4-17 所示（图中速率是以 STM-1 等级为例）。

终端复用器（TM）位于 SDH 网的终端，概括地说，终端复用器（TM）的主要任务是将低速支路信号纳入 STM-N 帧结构，并经电/光转换成为 STM-N 光线路信号，其逆过程正好相反。其具体功能如下。

① 在发送端能将各 PDH 支路信号复用进 STM-N 帧结构，在接收端进行分接。

② 在发送端将若干个 STM-N 信号复用为一个 STM-M（$M>N$）信号（如将 4 个 STM-1 复用成一个 STM-4），在接收端将一个 STM-M 信号分成若干个 STM-N（$M>N$）信号。

③ TM 还具备电/光（光/电）转换功能。

2．分插复用器（ADM）

分插复用器如图 4-18 所示（图中速率是以 STM-1 等级为例）。

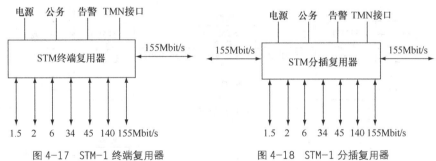

图 4-17　STM-1 终端复用器　　　　　图 4-18　STM-1 分插复用器

分插复用器（ADM）位于 SDH 网的沿途，它将同步复用和数字交叉连接功能综合于一体，具有灵活地分插任意支路信号的能力，在网络设计上有很大灵活性。

以从 140Mbit/s 的码流中分插一个 2Mbit/s 低速支路信号为例，来比较一下传统的 PDH 和 SDH 的工作过程：在 PDH 系统中，为了从 140Mbit/s 码流中分插一个 2Mbit/s 支路信号，需要经过 140/34Mbit/s、34/8Mbit/s、8/2Mbit/s 三次分接后才能取出一个 2Mbit/s 的支路信号，然后一个 2Mbit/s 的支路信号须再经 2/8Mbit/s、8/34Mbit/s、34/140Mbit/s 三次复接后才能得到 140Mbit/s 的信号码流（如图 4-16 所示）。而采用 SDH 分插复用器（ADM）后，可以利用软件一次分插出 2Mbit/s 支路信号，十分简便，如图 4-19 所示。

ADM 的具体功能如下。

① ADM 具有支路—群路（即上/下支路）能力。可分为部分连接和全连接，所谓部分连

接是上/下支路仅能取自 STM-N 内指定的某一个（或几个）STM-1，而全连接是可以从所有 STM-N 内的 STM-1 实现任意组合。

ADM 可上下的支路，既可以是 PDH 支路信号，也可以是较低等级的 STM-N 信号。ADM 同 TM 一样也具有光/电（电/光）转换功能。

② ADM 具有群路—群路（即直通）的连接能力。

③ ADM 具有数字交叉连接功能，即将 DXC 功能融于 ADM 中。

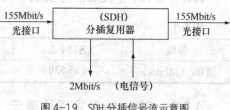

图 4-19 SDH 分插信号流示意图

以上介绍了终端复用器和分插复用器，它们是 SDH 网的最重要的两个网络单元。由终端复用器和分插复用器组成的典型网络应用有多种形式，例如，点到点传输（如图 4-20（a）所示）、线形（如图 4-20（b）所示）、枢纽网（如图 4-20（c）所示）和环形网（参见第 6 章）。实际应用中还可能出现其他形式，在此不一一介绍了。

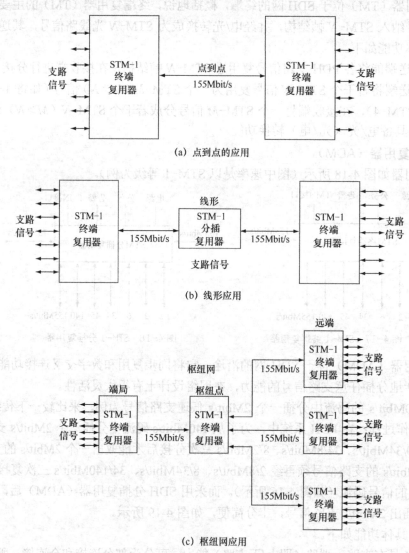

图 4-20 TM 和 ADM 组成的典型网络应用

3. 再生中继器（REG）

再生中继器如图 4-21（a）所示。

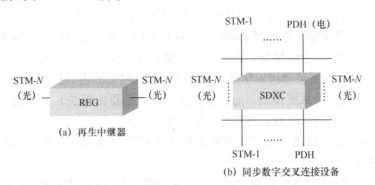

图 4-21　再生中继器和同步数字交叉连接设备

再生中继器是光中继器，其作用是将光纤长距离传输后受到较大衰减及色散畸变的光脉冲信号转换成电信号后进行放大整形、再定时，再生为规划的电脉冲信号，再调制光源变换为光脉冲信号送入光纤继续传输，以延长传输距离。

4. 同步数字交叉连接设备（SDXC）

（1）基本概念

数字交叉连接设备如图 4-21（b）所示。

简单来说，数字交叉连接设备（DXC）的作用是实现支路之间的交叉连接。SDH 网络中的 DXC 设备称为 SDXC，它是一种具有一个或多个 PDH（G.702）或 SDH（G.707）信号端口并至少可以对任何端口速率（和/或其子速率信号）与其他端口速率（和/或其子速率信号）进行可控连接和再连接的设备。从功能上看，SDXC 是一种兼有复用、配线、保护/恢复、监控和网管的多功能传输设备，它不仅直接代替了复用器和数字配线架（DDF），而且还可以为网络提供迅速有效的连接和网络保护/恢复功能，并能经济有效地提供各种业务。

SDXC 的配置类型通常用 SDXC X/Y 来表示，其中 X 表示接入端口数据流的最高等级，Y 表示参与交叉连接的最低级别。数字 1～4 分别表示 PDH 体系中的 1～4 次群速率，其中 1 也代表 SDH 体系中的 VC-12（2Mbit/s）及 VC-3（34Mbit/s），4 也代表 SDH 体系中的 STM-1（或 VC-4），数字 5 和 6 分别表示 SDH 体系中的 STM-4 和 STM-16。例如，SDXC 4/1 表示接入端口的最高速率为 140Mbit/s 或 155Mbit/s，而交叉连接的最低级别为 VC-12（2Mbit/s）。

目前实际应用的 SDXC 设备主要有 3 种基本的配置类型：类型 1 提供高阶 VC（VC-4）的交叉连接（SDXC 4/4 属此类设备）；类型 2 提供低阶 VC（VC-12、VC-3）的交叉连接（SDXC 4/1 属此类设备）；类型 3 提供低阶和高阶两种交叉连接（SDXC 4/3/1 和 SDXC 4/4/1 属此类设备）。另外还有一种对 2Mbit/s 信号在 64kbit/s 速率等级上进行交叉连接的设备，一般称为 DXC 1/0，因其不属于 SDH，因此未归入上面的类型之中。（有关 VC-12、VC-3 和 VC-4 等概念后面叙述。）

（2）SDXC 的主要功能

SDXC 设备与相应的网管系统配合，可支持如下功能。

① 复用功能。将若干个 2Mbit/s 信号复用至 155Mbit/s 信号中，或从 155Mbit/s 和（或）从 140Mbit/s 中解复用出 2Mbit/s 信号。

② 业务汇集。将不同传输方向上传送的业务填充入同一传输方向的通道中，最大限度地利用传输通道资源。

③ 业务疏导。将不同的业务加以分类，归入不同的传输通道中。

④ 保护倒换。当传输通道出现故障时，可对复用段、通道等进行保护倒换。由于这种保护倒换不需要知道网络的全面情况，因此一旦需要倒换，倒换时间很短。

⑤ 网络恢复。当网络某通道发生故障后，迅速在全网范围内寻找替代路由，恢复被中断的业务。网络恢复由网管系统控制，而恢复算法（也就是路由算法）主要包括集中控制和分布控制两种算法，它们各有千秋，可互相补充，配合应用。

⑥ 通道监视。通过 SDXC 的高阶通道开销监视（HPOH）功能，采用非介入方式对通道进行监视，并进行故障定位。

⑦ 测试接入。通过 SDXC 的测试接入口（空闲端口），将测试仪表接入到被测通道上进行测试。测试接入有两种类型：中断业务测试和不中断业务测试。

⑧ 广播业务。可支持一些新的业务（如 HDTV）并以广播的形式输出。

以上介绍了 SDH 网的几种基本网络单元，它们在 SDH 网中的使用（连接）方法之一如图 4-22 所示。

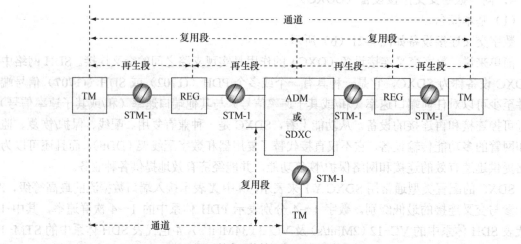

图 4-22　基本网络单元在 SDH 网中的应用

图 4-22 中顺便标出了实际系统组成中的再生段、复用段和通道。

再生段——再生中继器（REG）与终端复用器（TM）之间、再生中继器与分插复用器（ADM）或 SDXC 之间称为再生段。再生段两端的 REG、TM、ADM（或 SDXC）称为再生段终端（RST）。

复用段——终端复用器与分插复用器（或 SDXC）之间称为复用段。复用段两端的 TM、ADM（或 SDXC）称为复用段终端（MST）。

通道——终端复用器之间称为通道。通道两端的 TM 称为通道终端（PT）。

4.2.4　SDH 的帧结构

1. 网络节点接口

网络节点接口（NNI）是实现 SDH 网的关键。从概念上讲，网络节点接口是网络节点之间的接口，从实现上看它是传输设备与其他网络单元之间的接口。如果能规范一个唯一的标准，它不受限于特定的传输媒介，也不局限于特定的网络节点，而能结合所有不同的传输设备和网络节点，构成一个统一的传输、复用、交叉连接和交换接口，则这个 NNI 对于网络的演变和发展具有很强的适应性和灵活性，并最终成为一个电信网的基础设施。NNI 在网络中的位置如图 4-23 所示。

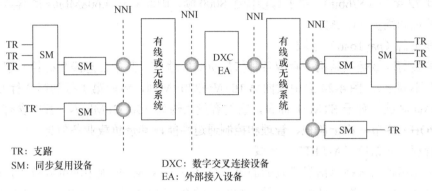

图 4-23　NNI 在网络中的位置

2．SDH 的帧结构

SDH 的帧结构必须适应同步数字复用、交叉连接和交换的功能，同时也希望支路信号在一帧中均匀分布、有规律，以便接入和取出。ITU-T 最终采纳了一种以字节为单位的矩形块状（或称页状）帧结构，如图 4-24 所示。

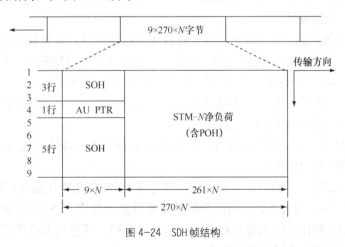

图 4-24　SDH 帧结构

STM-N 由 270×N 列 9 行组成，即帧长度为 270×N×9 个字节或 270×N×9×8 个比特。帧周期为 125μs（即一帧的时间）。

对于 STM-1 而言，帧长度为 270×9=2430 字节，相当于 19440bit，帧周期为 125μs，由此可算出其比特速率为 270×9×8/（125×10^{-6}）=155.520（Mbit/s）。

这种块状（页状）结构的帧结构中各字节的传输是从左到右、由上而下按行进行的，即从第 1 行最左边字节开始，从左向右传完第 1 行，再依次传第 2、3 行等，直至整个 9×270×N 个字节都传送完再转入下一帧，如此一帧一帧地传送，每秒共传 8000 帧。

由图 4-24 可见。整个帧结构可分为 3 个主要区域。

（1）段开销（SOH）区域

段开销（section overhead）是指 SRM-N 帧结构中为了保证信息净负荷正常、灵活传送所必需的附加字节，是供网络运行、管理和维护（OAM）使用的字节。段开销（SOH）区域是用于传送 OAM 字节的。帧结构的左边 9×N 列 8 行（除去第 4 行）分配给段开销。对于 STM-1 而言，它有 72 字节（576bit），由于每秒传送 8000 帧，因此共有 4.608Mbit/s 的容量用于网络的运行、管理和维护（OAM）。

（2）净负荷（payload）区域

信息净负荷区域是帧结构中存放各种信息负载的地方（其中信息净负荷第一字节在此区域中的位置不固定）。图 4-24 之中横向第 10×N~270×N 列，纵向第 1 行到第 9 行的 2349×N 个字节都属此区域。对于 STM-1 而言，它的容量大约为 150.336Mbit/s，其中含有少量的通道开销（POH）字节，用于监视、管理和控制通道性能，其余负载业务信息。

（3）管理单元指针（AU PTR）区域

管理单元指针用来指示信息净负荷的第一个字节在 STM-N 帧中的准确位置，以便在接收端能正确地分解。在图 4-24 帧结构第 4 行左边的 9×N 列分配给指针用。对于 STM-1 而言，它有 9 个字节（72bit）。采用指针方式，可以使 SDH 在准同步环境中完成复用同步和 STM-N 信号的帧定位。这一方法消除了常规准同步系统中滑动缓存器引起的时延和性能损伤。

3. 段开销（SOH）字节

SDH 帧结构中安排有两大类开销——段开销（SOH）和通道开销（POH），它们分别用于段层和通道层的维护。在此先介绍 SOH。

（1）段开销字节的安排

SOH 中包含定帧信息，用于维护与性能监视相关的信息以及其他操作功能。SOH 可以进一步划分为再生段开销（RSOH，占第 1~3 行）和复用段开销（MSOH，占第 5~9 行）。每经过一个再生段更换一次 RSOH，每经过一个复用段更换一次 MSOH。

STM-N 帧中 SOH 所占空间与 N 成正比，N 不同，SOH 字节在空间中的位置也不同，但 SOH 字节的种类和功能是相同或相近的。

各种不同 SOH 字节在 STM-1、STM-4、STM-16 和 STM-64 帧内的安排分别如图 4-25、图 4-26、图 4-27 和图 4-28 所示。

将这些图对照比较即可明白字节交错间插的方法。以字节交错间插方式构成高阶 STM-N（N>1）段开销时，第一个 STM-1 的段开销被完整保留，其余 N-1 个 STM-1 的段开销仅保留定帧字节 A1、A2 和比特间插奇偶校验 24 位码字节 B2，其他已安排的字节（即 B1、E1、E2、F1、K1、K2 和 D1~D12）均应略去。

段开销字节在 STM-N 帧内的位置可用一个三坐标矢量 S（a，b，c）来表示，其中 a 表示行数，取值为 1~3（对应于 RSOH）或 5~9（对应于 MSOH）；b 表示复列数，取值为 1~9；c 表示在复列数内的间插层数，取值为 1~N。

字节的行列坐标[行数，列数]与三坐标矢量 S（a，b，c）的关系是

行数=a

列数=N（$b-1$）+c

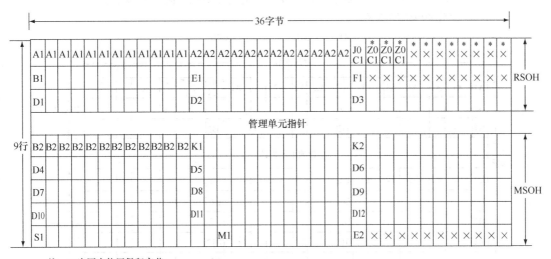

9字节（9行）

A1	A1	A1	A2	A2	A2	J0	* ×	* ×	
B1	Δ	Δ	E1	Δ		F1	×	×	RSOH
D1	Δ	Δ	D2	Δ		D3			
管理单元指针									
B2	B2	B2	K1			K2			
D4			D5			D6			
D7			D8			D9			MSOH
D10			D11			D12			
S1					M1	E2	×	×	

注：Δ为与传输媒质有关的特征字节（暂用）；
×为国内使用保留字节；
*为不扰码字节；
所有未标记字节待将来国际标准确定（与媒质有关的应用，附加国内使用和其他用途）。

图 4-25 STM-1 SOH 字节安排

36字节（9行）

A1	A1	A1	A1	A1	A1	A1	A1	A1	A1	A1	A1	A2	A2	A2	A2	A2	A2	A2	A2	A2	A2	A2	A2	J0 C1	* Z0 C1	* Z0 C1	* Z0 C1	* ×	* ×	* ×	* ×	* ×	* ×	* ×	* ×	
B1												E1												F1	×	×	×	×	×	×	×	×	×	×	×	RSOH
D1												D2												D3												
管理单元指针																																				
B2	B2	B2	B2	B2	B2	B2	B2	B2	B2	B2	B2	K1												K2												
D4												D5												D6												
D7												D8												D9												MSOH
D10												D11												D12												
S1														M1										E2	×	×	×	×	×	×	×	×	×	×	×	

注：×为国内使用保留字节；
*为不扰码字节；
所有未标记字节待将来国际标准确定（与媒质有关的应用，附加国内使用和其他用途）；
Z0为备用字节，待将来国际标准确定；C1为老版本（老设备）；J0为新版本（新设备）。

图 4-26 STM-4 SOH 字节安排

（2）SOH 字节的功能

① 帧定位字节 A1 和 A2

SOH 中的 A1 和 A2 字节可用来识别帧的起始位置。A1 为 11110110，A2 为 00101000。STM-1 帧内集中安排有 6 个帧定位字节，占帧长的大约 0.25%。选择这种帧定位长度是综合考虑了各种因素的结果，主要是伪同步概率和同步建立时间这两者。根据现有安排，产生伪同步的概率等于 $\left(\frac{1}{2}\right)^{48}=3.55\times10^{-15}$，几乎为 0，同步建立时间也可以大大缩短。

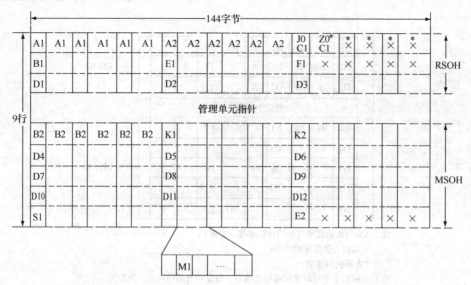

注: ×为国内使用保留字节;
　　*为不扰码字节;
　　所有未标记字节待将来国际标准确定 (与媒质有关的应用, 附加国内使用和其他用途);
　　Z0待将来国际标准确定。

图 4-27 STM-16 SOH 字节安排

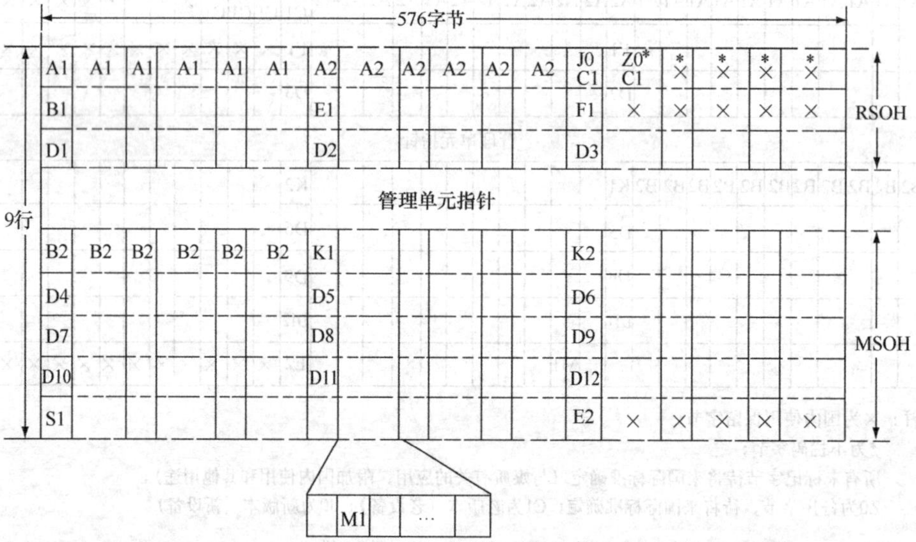

注: ×为国内使用保留字节;
　　*为不扰码字节;
　　所有未标记字节待将来国际标准确定 (与媒质有关的应用, 附加国内使用和其他用途);
　　Z0待将来国际标准确定。

图 4-28 STM-64 SOH 字节安排

② 再生段踪迹字节 J0。

J0 字节在 STM-N 中位于 S（1, 7, 1）或[1, 6N+1]。该字节被用来重复地发送"段接入点标识符", 以便使段接收机能据此确认其是否与指定的发射机处于持续连接状态。

在一个国内网络内或单个营运者区域内,该段接入点标识符可用一个单字节(包含 0~255 个编码)或 ITU-T 建议 G.831 规定的接入点标识符格式。在国际边界或不同营运者的网络边界,除双方另有协议外,均应采用 G.831 的格式。

对于采用 C1 字节(STM 识别符:用来识别每个 STM-1 信号在 STM-N 复用信号中的位置,它可以分别表示出复列数和间插层数的二进制数值,还可以帮助进行帧定位)的老设备与采用 J0 字节的新设备的互通,可以用 J0 为"00000001"表示"再生段踪迹未规定"来实现。

③ 数据通信通路(DCC)D1~D12

SOH 中的 DCC 用来构成 SDH 管理网(SMN)的传送链路。其中 D1~D3 字节称为再生段 DCC,用于再生段终端之间交流 OAM 信息,速率为 192kbit/s(3×64kbit/s);D4~D12 字节称为复用段 DCC,用于复用段终端之间交流 OAM 信息,速率为 576kbit/s(9×64kbit/s)。这总共 768kbit/s 的数据通路为 SDH 网的管理和控制提供了强大的通信基础结构。

④ 公务字节 E1 和 E2

E1 和 E2 两个字节用来提供公务联络语声通路。E1 属于 RSOH,用于本地公务通路,可以在再生器接入。而 E2 属于 MSOH,用于直达公务通路,可以在复用段终端接入。公务通路的速率为 64kbit/s。

⑤ 使用者通路 F1

该字节保留给使用者(通常指网络提供者)专用,主要为特定维护目的而提供临时的数据/语声通路连接。

⑥ 比特间插奇偶检验 8 位码(BIP-8)B1

B1 字节用作再生段误码监测,这是使用偶校验的比特间插奇偶校验码。BIP-8 是对扰码后的上一个 STM-N 帧的所有比特进行计算(在网络节点处,为了便于定时恢复,要求 STM-N 信号有足够的比特定时含量,为此采用扰码器对数字信号序列进行扰乱,以防止长连"0"和长连"1"序列的出现),计算的结果置于扰码前的本帧的 B1 字节位置,可用图 4-29 加以说明。

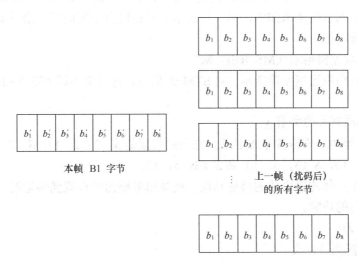

图 4-29 B1 字节计算的图解

BIP-8 的具体计算方法是：将上一帧（扰码后的 STM-N 帧）所有字节（注意再生段开销的第一行是不扰码字节）的第一个比特的 "1" 码计数，若 "1" 码个数为偶数时，本帧（扰码前的帧）B1 字节的第一个比特 b_1' 记为 "0"。若上帧所有字节的第一个比特 "1" 码的个数为奇数时，本帧 B1 字节的第一个比特 b_1' 记为 "1"。上帧所有字节 $b_2 \sim b_8$ 比特的计算方法依此类推。最后得到的 B1 字节的 8 个比特状态就是 BIP-8 计算的结果。

这种误码监测方法是 SDH 的特点之一。它以比较简单的方式实现了对再生段的误码自动监视。但是对同一监视码组内（例如各字节的 b_2 比特）恰好发生偶数个误码的情况，这种方法无法检出。不过这种情况出现的概率较小，因而总的误码检出概率还是较高的。

⑦ 比特间插奇偶检验 24 位码（BIP-N×24）字节 B2

B2 字节用作复用段误码监测，复用段开销字节中安排了 3 个 B2 字节（共 24bit）作此用途。B2 字节使用偶校验的比特间插奇偶校验 N×24 位码，其计算方法与 BIP-8 类似。其描述方法是：BIP-24 是对前一个 STM-N 帧的所有比特（再生段开销的第 1～3 行字节除外）进行计算，其结果置于扰码前的本帧的 B2 字节。

其具体计算方法是：每 x 个比特为一组（x=24，或 x=N×24bit）。将参与计算的全部比特从第 1 个比特算起，按顺序将 x 个比特分为一组，共分成若干组，将各组相对应的第 1 个比特的 "1" 码进行计数，若为偶数，则在本帧的 B2 字节的第 1 个比特位记为 "0"，若相应比特 "1" 码的个数为奇数，则记为 "1"，其余各比特位依此类推。

⑧ 自动保护倒换（APS）通路字节 K1、K2（$b_1 \sim b_5$）

K1、K2 两个字节用作自动保护倒换（APS）信令。ITU-T G.70X 建议的附录 A 给出了这两个字节的比特分配和面向比特的规约。

⑨ 复用段远端失效指示（MS-RDI）字节 K2（$b_6 \sim b_8$）

MS-RDI 用于向发信端回送一个指示信号，表示收信端检测到来话故障或正接收复用段告警指示信号（MS-AIS）。解扰码后 K2 字节的第 6～8 比特构成 "110" 码即为 MS-RDI 信号。

⑩ 同步状态字节 S1（$b_5 \sim b_8$）

S1 字节的第 5～8 比特用于传送 4 种同步状态信息，可表示 16 种不同的同步质量等级。其中一种表示同步的质量是未知的，另一种表示信号在段内不用同步，余下的码留作各独立管理机构定义质量等级用。

⑪ 复用段远端差错指示（MS-REI）M1

该字节用作复用段远端差错指示。对 STM-N 信号，它用来传送 BIP-N×24（B2）所检出的误块数。

⑫ 与传输媒质有关的字节 Δ

仅在 STM-1 帧内，安排 6 个 Δ 字节，它们的位置是 S（2，2，1），S（2，3，1），S（2，5，1），S（3，2，1），S（3，3，1）和 S（3，5，1）。

Δ 字节专用于具体传输媒质的特殊功能，例如用单根光纤作双向传输时，可用此字节来实现辨明信号方向的功能。

⑬ 备用字节 Z0

Z0 字节的功能尚待定义。

用 "×" 标记的字节是为国内使用保留的字节。

所有未标记的字节的用途待将来国际标准确定（与媒质有关的应用，附加国内使用和其他用途）。

需要说明以下几点。

- 再生器中不使用这些备用字节。

- 为便于从线路码流中提取定时，STM-*N* 信号要经扰码、减少连续同码概率后方可在线路上传送，但是为不破坏 A1 和 A2 组成的定帧图案，STM-*N* 信号中 RSOH 第一行的 9×*N* 个开销字节不应扰码，因此其中带*号的备用字节的内容应予以精心安排，通常可在这些字节上送"0""1"交替码。

- 收信机对备用开销字节的内容不予解读。

（3）简化的 SOH 功能接口

在某些应用场合（例如局内接口），仅仅 A1、A2、B2 和 K2 字节是必不可少的，很多其他开销字节可以选用或不用，从而使接口得以简化，设备成本可以降低。

4.2.5　SDH 的复用映射结构

1. SDH 的一般复用映射结构

（1）SDH 的一般复用结构

SDH 的一般复用映射结构（简称复用结构）如图 4-30 所示，它是由一些基本复用单元组成的有若干中间复用步骤的复用结构。具体地说，SDH 复用结构规定如何将 PDH 支路信号纳入 STM-*N* 帧，即将 PDH 支路信号纳入 STM-*N* 帧的具体过程。

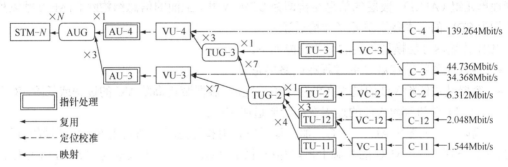

图 4-30　G.709 建议的 SDH 复用结构

为了理解图 4-30 的 SDH 复用结构，首先要知道基本复用单元的作用，而学习基本复用单元的作用时，需要结合 SDH 传输网分层模型，所以下面首先介绍 SDH 传输网分层模型和 SDH 的基本复用单元。

（2）SDH 传输网分层模型

SDH 传输网分层模型是将 SDH 网的功能进行逻辑分层，具体地说，是将各种 PDH 支路信号复用映射进 SDH 帧结构的过程中所完成的全部功能逻辑上分成若干层（请读者注意 SDH 复用结构与分层模型的区别：SDH 复用结构规定了将 PDH 支路信号纳入 STM-*N* 帧的具体过程；SDH 分层模型是将 PDH 支路信号纳入 STM-*N* 帧所完成的功能逻辑上分层）。ITU-T G.803 建议规定的 SDH 传输网分层模型如图 4-31 所示。

SDH 传输网逻辑上分为电路层和 SDH 传送层，SDH 传送层分为通道层和传输媒质层，通道层又分为高阶通道层和低阶通道层；传输媒质层分为段层和物理层，段层又分为复用段层和再生段层。

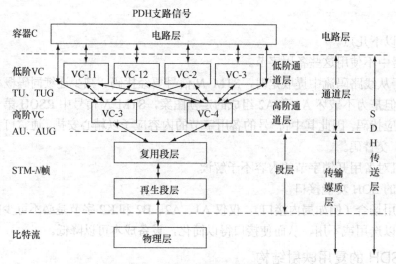

图 4-31 SDH 传输网分层模型

图 4-31 中顺便标出了各层的信息结构及在两层之间提供适配的信息结构：电路层的信息结构为容器 C；低阶通道层的信息结构为低阶虚容器（低阶 VC），高阶通道层的信息结构为高阶虚容器（高阶 VC）；低阶通道层和高阶通道层之间提供适配的信息结构为支路单元（TU）和支路单元组（TUG）；高阶通道层和复用段层之间提供适配的信息结构为管理单元（AU）和管理单元组（AUG）；段层的信息结构即为 STM-N 帧。上面的信息结构除 STM-N 帧以外，其他均为 SDH 的基本复用单元（详情后述）。

SDH 传输网分层模型各层的简单功能如下。

- 各种业务装进容器 C 的过程在电路层完成。

- 容器装进低阶 VC 的过程在低阶通道层完成，容器装进高阶 VC 的过程或低阶 VC（通过 TU、TUG）装进高阶 VC 的过程在高阶通道层完成。

- 高阶 VC（通过 AU、AUG）加上复用段开销和再生段开销装进 STM-N 帧的过程在段层完成，即在 N 个 AUG 的基础上再附加段开销（SOH）便可形成最终的 STM-N 帧结构。

- 信息在物理层以比特流的形式出现，物理层负责定时、同步传输、完成电/光转换等。

（3）SDH 的基本复用单元

SDH 的基本复用单元包括标准容器（C）、虚容器（VC）、支路单元（TU）、支路单元组 TUG、管理单元（AU）和管理单元组（AUG）（见图 4-30），如上所述，它们也是 SDH 传输网分层模型中各层或在两层之间提供适配的信息结构（见图 4-31）。

① 标准容器（C）

容器是一种用来装载各种速率的业务信号的信息结构（属于电路层信息结构，如图 4-31 所示），主要完成适配功能（例如速率调整），以便让那些最常使用的准同步数字体系信号能够进入有限数目的标准容器。目前，针对常用的准同步数字体系信号速率，ITU-T 建议 G.707 规定了 C-11，C-12，C-2，C-3 和 C-4 这 5 种标准容器，其标准输入比特率如图 4-30 所示，分别为 1.544Mbit/s、2.048Mbit/s、6.312Mbit/s、34.368Mbit/s（或 44.736Mbit/s）和 139.264Mbit/s。

参与 SDH 复用的各种速率的业务信号都应首先通过码速调整等适配技术装进一个恰当的标准容器。已装载的标准容器又作为虚容器的信息净负荷。

② 虚容器（VC）

虚容器是用来支持 SDH 的通道层连接的信息结构（如图 4-31 所示），它由容器输出的信息净负荷加上通道开销（POH）组成，即

$$VC\text{-}n = C\text{-}n + VC\text{-}n \, POH$$

VC 的输出将作为其后接基本单元（TU 或 AU）的信息净负荷。

VC 的包封速率是与 SDH 网络同步的，因此不同 VC 是互相同步的，而 VC 内部却允许装载来自不同容器的异步净负荷。

除在 VC 的组合点和分解点（即 PDH/SDH 网的边界处）外，VC 在 SDH 网中传输时总是保持完整不变，因而可以作为一个独立的实体十分方便和灵活地在通道中任一点插入或取出，进行同步复用和交叉连接处理。

虚容器可分成低阶虚容器和高阶虚容器两类。VC-11、VC-12 和 VC-2 为低阶虚容器；VC-4 和 AU-3 中的 VC-3 为高阶虚容器，若通过 TU-3 把 VC-3 复用进 VC-4，则该 VC-3 应归于低阶虚容器类。

③ 支路单元和支路单元组（TU 和 TUG）

支路单元（TU）是提供低阶通道层和高阶通道层之间适配的信息结构（如图 4-31 所示）。有 4 种支路单元，即 TU-n（n=11，12，2，3）。TU-n 由一个相应的低阶 VC-n 和一个相应的支路单元指针（TU-n PTR）组成，即

$$TU\text{-}n = VC\text{-}n + TU\text{-}n \, PTR$$

TU-n PTR 指示 VC-n 净负荷起点在 TU 帧内的位置。

在高阶 VC 净负荷中固定地占有规定位置的一个或多个 TU 的集合称为支路单元组（TUG）。把一些不同规模的 TU 组合成一个 TUG 的信息净负荷可增加传送网络的灵活性。VC-4/3 中有 TUG-3 和 TUG-2 两种支路单元组。一个 TUG-2 由一个 TU-2 或 3 个 TU-12 或 4 个 TU-11 按字节交错间插组合而成；一个 TUG-3 由一个 TU-3 或 7 个 TUG-2 按字节交错间插组合而成。一个 VC-4 可容纳 3 个 TUG-3；一个 VC-3 可容纳 7 个 TUG-2。

④ 管理单元和管理单元组（AU 和 AUG）

管理单元（AU）是提供高阶通道层和复用段层之间适配的信息结构（如图 4-31 所示），有 AU-3 和 AU-4 两种管理单元。AU-n（n=3，4）由一个相应的高阶 VC-n 和一个相应的管理单元指针（AU-n PTR）组成，即

$$AU\text{-}n = VC\text{-}n + AU\text{-}n \, PTR；\quad n=3.4$$

AU-n PTR 指示 VC-n 净负荷起点在 AU 帧内的位置。

在 STM-N 帧的净负荷中固定地占有规定位置的一个或多个 AU 的集合称为管理单元组（AUG）。一个 AUG 由一个 AU-4 或 3 个 AU-3 按字节交错间插组合而成。

需要强调指出的是：在 AU 和 TU 中要进行速率调整，因而低一级数字流在高一级数字流中的起始点是浮动的。为了准确地确定起始点的位置，设置两种指针（AU PTR 和 TU PTR）分别对高阶 VC 在相应 AU 帧内的位置以及 VC-1/2/3 在相应 TU 帧内的位置进行灵活动态的定位。

（4）复用过程

我们了解了 SDH 的基本复用单元后，再回过来看图 4-30 所示的复用结构，可归纳出各种业务信号纳入 STM-N 帧的过程都要经历映射（mapping）、定位（Aligning）和复用

（multiplexing）三个步骤。

映射是将各种速率的 G.703 支路信号先分别经过码速调整装入相应的标准容器，然后再装进虚容器的过程。即图 4-30 中将 2.048Mbit/s 信号装进 VC-12、将 34.368Mbit/s 信号装进 VC-3、将 139.264Mbit/s 信号装进 VC-4 等的过程（此处只列举了我国常用的情况）。

定位是一种以附加于 VC 上的支路单元指针指示和确定低阶 VC 帧的起点在 TU 净负荷中的位置或管理单元指针指示和确定高阶 VC 帧的起点在 AU 净负荷中的位置的过程。即图 4-30 中以附加于 VC-12 上的 TU-12 PTR 指示和确定 VC-12 的起点在 TU-12 净负荷中位置的过程、以附加于 VC-3 上的 TU-3 PTR 指示和确定 VC-3 的起点在 TU-3 净负荷中位置的过程、以附加于 VC-4 上的 AU-4 PTR 指示和确定 VC-4 的起点在 AU-4 净负荷中的位置的过程等（此处也只列举了我国常用的情况）。

复用是一种把 TU 组织进高阶 VC 或把 AU 组织进 STM-N 的过程。即图 4-30 中将 TU-12 经 TUG-2 装进 TUG-3、将 TU-3 装进 TUG-3 及将 AU-4 装进 STM-N 帧的过程（此处只列举了我国常用的情况）。下面具体介绍我国的 SDH 复用结构。

2. 我国的 SDH 复用映射结构

由图 4-30 可见，在 G.709 建议的复用映射结构中，从一个有效负荷到 STM-N 的复用路线不是唯一的。对于一个国家或地区则必须使复用路线唯一化。

我国的光同步传输网技术体制规定以 2Mbit/s 为基础的 PDH 系列作为 SDH 的有效负荷并选用 AU-4 复用路线，其基本复用映射结构如图 4-32 所示。

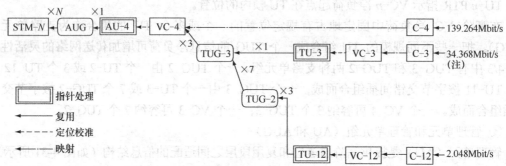

注：在干线上采用 34.368Mbit/s 时，应经上级主管部门批准。

图 4-32 我国的基本复用映射结构

由图 4-32 可见，我国的 SDH 复用映射结构规范可有 3 个 PDH 支路信号输入口。一个 139.264Mit/s 可被复用成一个 STM-1（155.520Mbit/s）；63 个 2.048Mbit/s 可被复用成一个 STM-1；3 个 34.368Mbit/s 也能复用成一个 STM-1，因后者信道利用率太低，所以在规范中加"注"（即较少采用）。

为了对 SDH 的复用映射过程有一个较全面的认识，现以 139.264Mbit/s 支路信号复用映射成 STM-N 帧为例详细说明整个复用映射过程（参见图 4-33）。

① 将标称速率为 139.264Mbit/s 的支路信号装进 C-4，经适配处理后 C-4 的输出速率为 149.760Mbit/s。然后加上每帧 9 字节的 POH（相当于 576kbit/s）后，便构成了 VC-4（150.336Mbit/s），以上过程称为映射。

② VC-4 与 AU-4 的净负荷容量一样，但速率可能不一致，需要进行调整。AU-4 PTR

的作用就是指明 VC-4 相对 AU-4 的相位，它占有 9 个字节，相当于容量为 576kbit/s。于是经过 AU-4 PTR 指针处理后的 AU-4 的速率为 150.912Mbit/s，这个过程称为定位。

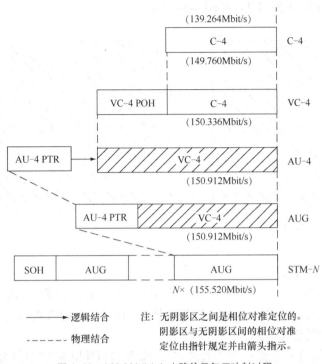

图 4-33　139.264Mbit/s 支路信号复用映射过程

③ 得到的单个 AU-4 直接置入 AUG，再由 N 个 AUG 经单字节间插并加上段开销便构成了 STM-N 信号。以上过程称为复用。当 N=1 时，一个 AUG 加上容量为 4.608Mbit/s 的段开销后就构成了 STM-1，其标称速率为 155.520Mbit/s。

以上概括说明了 SDH 的复用映射结构，下面具体介绍映射、定位和复用的相关内容。（主要以我国的基本复用映射结构为例加以说明）。

4.2.6　映射

映射是一种在 SDH 边界处使支路信号适配进虚容器的过程。即各种速率的 G.703 信号先分别经过码速调整装入相应的标准容器，之后再加进低阶或高阶通道开销（POH）形成虚容器。

为了说明映射过程，下面首先介绍通道开销。

1. 通道开销（POH）

通道开销分为低阶通道开销和高阶通道开销。

低阶通道开销附加给 C-11/C-12 形成 VC-11/VC-12，其主要功能有 VC 通道性能监视、维护信号及告警状态指示等。

高阶通道开销附加给 C-3 或者多个 TUG-2 的组合体形成 VC-3，而将高阶通道开销附加给 C-4 或者多个 TUG-3 的组合体即形成 VC-4。高阶 POH 的主要功能有 VC 通道性能监视、告警状态指示、维护信号以及复用结构指示等。

（1）高阶通道开销（HPOH）

HPOH 是位于 VC-3/VC-4/VC-4-*Xc*（VC-4 级联）帧结构第一列的 9 个字节——J1，B3，C2，G1，F2，H4，F3，K3，N1，如图 4-34 所示。

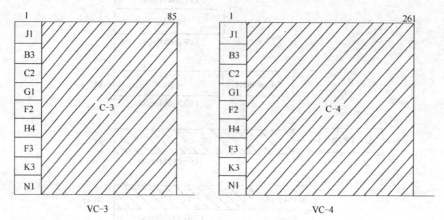

图 4-34　HPOH 位置示意图

HPOH 各自的功能如下。

① 通道踪迹字节：J1。J1 是 VC 的第 1 个字节，其位置由相关的 AU-4 或 TU-3 指针指示。这个字节用来重复发送多阶通道接入点识别符。这样，通道接收端可以确认它与预定的发送端是否处于持续的连接状态。

在国内网或单个运营者范围内，这个通道接入点识别符可使用 64 字节自由格式码流或 ITU-T 建议 G.831 规定的接入点识别格式。在国际边界或在不同运营者的网络边界，除双方另有协议外，应采用 G.831 规定的 16 字节格式。当它在 64 字节内传送 16 字节的格式时，需重复 4 次。

② 通道 BIP-8 码：B3。B3 具有高阶通道误码监视功能。在当前 VC-3/VC-4/VC-4-*Xc* 帧中，B3 字节 8 比特的值是对扰码前上一 VC-3/VC-4/VC-4-*Xc* 帧所有字节进行比特间插 BIP-8 偶校验计算的结果。

③ 信号标记字节：C2。C2 用来指示 VC 帧的复接结构和信息净负荷的性质。例如表示 VC-3/VC-4/VC-4-*Xc* 通道是否装备，所载业务种类和它们的映射方式。表 4-5 列出了该字节 8 个比特对应的 16 进制码字及其含义。

表 4-5　　　　　　　　　　　　　　　　　　C2 字节的编码规定

C2 字节 1234　5678	16 进制码字	含义
0000　0000	00	通道未装载信号
0000　0001	01	通道装载非特定净负荷
0000　0010	02	TUG 结构
0000　0011	03	锁定的 TU
0000　0100	04	34.368Mbit/s 和 44.736Mbit/s 信号异步映射进 C-3
0001　0010	12	139.264Mbit/s 信号异步映射进 C-4
0001　0011	13	异步转移模式 ATM
0001　0100	14	城域网 MAN（分布式排队总线 DQDB）
0001　0101	15	光纤分布式数据接口（FDDI）

④ 通道状态字节：G1。该字节用来将通道终端的状态和性能回传给 VC-3/VC-4/VC-4-*Xc* 通道源端。这一特性使得能在通道的任一端，或在通道的任一点上监测整个双向通道的状态和性能。

⑤ 通道使用者字节：F2，F3。这两个字节提供通道单元间的公务通信（与净负荷有关）。

⑥ TU 位置指示字节：H4。H4 指示有效负荷的复帧（复帧的概念见后）类别和净负荷位置，还可作为 TU-1/TU-2 复帧指示字节或 ATM 净负荷进入一个 VC-4 时的信元边界指示器。

⑦ 自动保护倒换（APS）通路字节：K3（$b_1 \sim b_4$）。这些比特用作高阶通道级保护的 APS 指令。

⑧ 网络操作者字节：N1。提供高阶通道的串接监视功能。

⑨ 备用比特：K3（$b_5 \sim b_8$）。这些比特留作将来使用，因此没有规定其值，接收机应忽略其值。

（2）低阶通道开销（VC-11/VC-12 POH）

VC-11/VC-12 POH 由 V5、J2、N2、K4 字节组成。以 VC-12（由 2.048Mbit/s 支路信号异步映射而成）为例，低阶通道开销的位置如图 4-35 所示。

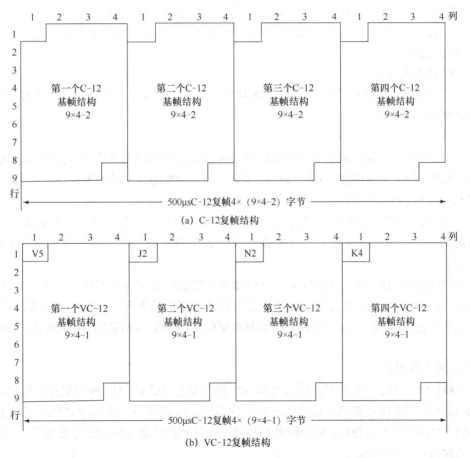

(a) C-12复帧结构

(b) VC-12复帧结构

图 4-35 低阶通道开销位置示意图

在此解释一下复帧的概念。为了适应不同容量的净负荷在网中的传送需要，SDH 允许组成若干不同的复帧形式。例如，4 个 C-12 基本帧（125μs）组成一个 500μs 的 C-12 复帧（如图 4-35（a）所示），C-12 复帧加上低阶通道开销 V5、J2、N2、K4 字节便构成 VC-12 复帧（如图 4-35（b）所示）。这里需要说明的是：也可以 16 个或 24 个基本帧组成一个复帧，复帧类别由 HPOH 中的 H4 指示。可见，V5 是第一个 VC-12 基帧的第 1 个字节，J2 是第二个 VC-12 基帧的第 1 个字节，N2 是第三个 VC-12 基帧的第 1 个字节，K4 则是第四个 VC-12 基帧的第 1 个字节。下面分别加以介绍。

① V5 字节。为 VC-11/VC-12 通道提供误块检测、信号标记和通道状态功能。

② 通道踪迹字节：J2。J2 用来重复发送低阶通道接入点识别符，所以通道接收端可据此确认它与预定的发送端是否处于持续的连接状态。此通道接入点识别符使用 ITU-T 建议 G.831 所规定的 16 字节帧格式。

③ 网络操作者字节：N2。这个字节提供低阶通道的串接监视（TCM）功能。

④ 自动保护倒换（APS）通道：K4（$b_1 \sim b_4$）。用于低阶通道级保护的 APS 指令。

⑤ 增强型远端缺陷指示：K4（$b_5 \sim b_7$）。其功能与高阶通道的 G1（$b_5 \sim b_7$）相类似，但 K4（$b_5 \sim b_7$）用于低阶通道。当接收端收到 TU-1/TU-2 通道 AIS 或信号缺陷条件，VC-11/VC-12 组装器就将 VC-11/VC-12 通道 RDI（远端缺陷指示）送回到通道源端。

⑥ 备用比特：K4（b_8）。安排将来使用，接收端将忽略这个比特的值。

2．映射过程

（1）映射方式的分类

为了适应各种不同的网络应用情况，映射分为异步、比特同步和字节同步 3 种方法与浮动和锁定两种工作模式。

① 三种映射方法

• 异步映射。异步映射是一种对映射信号的结构无任何限制（信号有无帧结构均可），也无须其与网同步，仅利用正码速调整或正/零/负码速调整将信号适配装入 VC 的映射方法。它具有 50×10^{-6} 内的码速调整能力和定时透明性。

• 比特同步映射。比特同步映射是一种对映射信号结构无任何限制，但要求其与网同步，从而无须码速调整即可使信号适配装入 VC 的映射方法，因此可认为是异步映射的特例或子集。

• 字节同步映射。字节同步映射是一种要求映射信号具有块状帧结构（例如 PDH 基群帧结构），并与网同步，无须任何速率调整即可将信息字节装入 VC 内规定位置的映射方法。它特别适用于在 VC-1X（X=1，2）内无须组帧和解帧地直接接入和取出 64kbit/s 或 $N \times$64kbit/s 信号。

② 两种工作模式

• 浮动 VC 模式。浮动 VC 模式是指 VC 净负荷在 TU 或 AU 内的位置不固定，并由 TU PTR 或 AU PTR 指示其起点位置的一种工作模式。它采用 TU TR 和 AU PTR 两层指针处理来容纳 VC 净负荷与 STM-N 帧的频差和相差，从而无需滑动缓存器即可实现同步，且引入的信号延时最小（约 10μs）。

浮动模式时，VC 帧内安排有 VC POH，因此可进行通道性能的端到端监测。

3 种映射方法都能以浮动模式工作。

• 锁定 TU 模式。锁定 TU 模式是一种信息净负荷与网同步并处于 TU 或 AU 帧内固定位置，因而无需 TU PTR 或 AU PTR 的工作模式。PDH 一次群信号的比特同步和字节同步两种映射可采用锁定模式。

锁定模式省去了 TU PTR 或 AU PTR，且在 VC 内不能安排 VC POH，因此要用 125μs（一帧容量）的滑动缓存器来容纳 VC 净负荷与 STM-*N* 帧的频差和相差，引入较大的（约 150μs）信号延时，且不能进行通道性能的端到端监测。

③ 映射方式的比较

综上所述，3 种映射方法和两种工作模式可组合成 5 种映射方式，如表 4-6 所示。

表 4-6   PDH 信号进入 SDH 的映射方式

H-*n*	VC-4*n*	映射方式		
		异步映射	比特同步映射	字节同步映射
H-4	VC-4	浮动模式	无	无
H-3	VC-3	浮动模式	浮动模式	浮动模式
H-12	VC-12	浮动模式	浮动/锁定	浮动/锁定

异步映射仅有浮动模式，最适合异步/准同步信号映射，包括将 PDH 通道映射进 SDH 通道的应用，能直接接入和取出各次 PDH 群信号，但不能直接接入和取出其中的 64kbit/s 信号。异步映射的接口最简单，引入的映射延时最小，可适应各种结构和特性的数字信号，是一种最通用的映射方式，也是 PDH 向 SDH 过渡期内必不可少的一种映射方式。

比特同步映射与传统的 PDH 相比并无明显优越性，不适合国际互连应用，目前也未用于国内网。

浮动的字节同步映射适合按 G.704 规范组帧的一次群信号，其净负荷既可以具有字节结构形式（64kbit/s 和 *N*×64kbit/s），也可以具有非字节结构形式，虽然接口复杂但能直接接入和取出 64kbit/s 和 *N*×64kbit/s 信号，同时允许对 VC-1*X* 通道进行独立交叉连接，主要用于不需要一次群接口的数字交换机互连应用和两个需要直接处理 64kbit/s 和 *N*×64kbit/s 业务的节点间的 SDH 连接。

锁定的字节同步映射可认为是浮动的字节同步映射的特例，只适合有字节结构的净负荷，主要用于大批 64kbit/s 和 *N*×64kbit/s 信号的传送和交叉连接，也适用于高阶 VC 的交叉连接。

下面以我国常用的 139.264Mbit/s 和 2.048Mbit/s 支路信号的映射为例介绍映射过程。

（2）139.264Mbit/s 支路信号（H-4）的映射

139.264Mbit/s 支路信号的映射一般采用异步映射、浮动模式。

① 139.264Mbit/s 支路信号异步装入 C-4

这是由正码速调整方式异步装入的。我们可以把 C-4 比喻成一个集装箱，其结构容量一定大于 139.264Mbit/s，只有这样才能进行正码速调整。C-4 的子帧结构如图 4-36 所示。

C-4 基帧的每行为一个子帧，每个子帧为一个速率调整单元，并分成 20 个 13 字节块。每个 13 字节块的第一个字节依次为 W，X，Y，Y，Y，X，Y，Y，Y，X，Y，Y，Y，X，Y，Y，Y，X，Y，Z。

X 字节内含 1 个调整控制比特（C 码）、5 个固定插入比特（R 码）和 2 个开销比特（O 码），由于每行有 5 个 X 字节，因此每行有 5 比特 C 码。

Z 字节内含 6 个信息比特（I 码）、1 个调整机会比特（S 码）和 1 个 R 码。

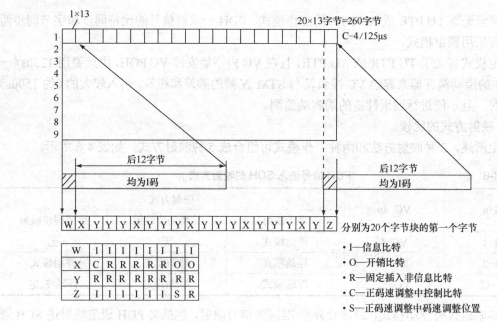

图 4-36　C-4 的子帧结构

Y 字节为固定插入字节，含 8 个 R 码。

W 字节为信息字节，含 8 个信息比特。每个 13 字节块的后 12 个字节均为信息字节 W，共 96 个 I 码。

C-4 子帧=（C-4）/9=241W+13Y+5X+1Z=260（字节）

　　　　=（1934I+S）+5C+130R+10O=2080（bit）

一个 C-4 子帧总计有 8×260=2080（bit），其分配如表 4-7 所示。

表 4-7　　　　　　　　　　　　C-4 子帧的分配

比特类型	个数
信息比特 I	1934
固定插入比特 R	130
开销比特 O	10
调整控制比特 C	5
调整机会比特 S	1

C 码主要用来控制相应的调整机会比特 S，确定 S 应作为信息比特 I 还是调整比特 R^*，接收机对 R^* 不予理睬。

在发送端，CCCCC=00000 时 S=I；CCCCC=11111 时 S= R^*。

为什么用 5 个 C 比特与一个 S 比特配合使用呢？这是因为在收信端解同步器中，为了防范 C 码中单比特和双比特误码的影响，提高可靠性，当 5 个 C 码并非全 0 或全 1 时，应按照择多判决准则做出去码速调整决定，即当多数 C 码为 1 时，解同步器认为 S 位为 R^*，故不理睬 S 比特的内容，而多数 C 码为 0 时，解同步器把 S 比特中的内容作为信息比特。

下面分别令 S 全为 I 或全为 R^*，可算出 C-4 容器能容纳的信息速率 IC 的上限和下限。

$$IC_{max}=(1934+1)\times 9\times 8000=139320 (\text{kbit/s})$$

$$IC_{min}=(1934+0)\times 9\times 8000=139248 (\text{kbit/s})$$

根据 ITU-T 的建议，H-4 支路信号的速率范围是 $139264(1\pm 15\times 10^{-6})=139261\sim 139266$（kbit/s），正处于 C-4 能容纳的负荷速率范围之内，故能适配地装入 C-4。

② C-4 装入 VC-4

在 C-4 的 9 个子帧前分别插入 VC-4 的通道开销（VC-4 POH）字节 J1，B3，C2，G1，F2，H4，F3，K3，N1，就构成了 VC-4 帧（即 VC-4=C-4+VC-4 POH），如图 4-37 所示。

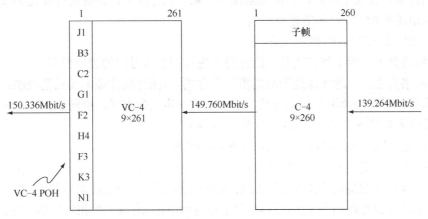

图 4-37　139.264Mbit/s 信号映射图解

（3）2.048Mbit/s 支路信号（H-12）的映射

2.048Mbit/s 支路信号的映射既可以采用异步映射，也可以采用比特同步映射或字节同步映射。前面介绍低阶通道开销时提到复帧的概念，对于 2.048Mbit/s 支路信号不论是异步映射还是同步映射，均采用复帧形式，只不过异步映射时需码速调整（正/零/负调整），同步映射时不需码速调整。

由于篇幅所限，在此仅简单介绍 2.048Mbit/s 支路信号的异步映射。

首先将 2.048Mbit/s 的支路信号装入 4 个基帧组成的 C-12 复帧，C-12 基帧的结构是 $(9\times 4-2)$ 字节，C-12 复帧的字节数为 $4\times(9\times 4-2)$，其结构参见图 4-35（a）。由于 E1（H-12）支路信号的标称速率是 2.048Mbit/s，实际速率可能会偏高或偏低些，所以要进行码速调整。

在 C-12 复帧中加上低阶通道开销字节 V5、J2、N2、K4，便构成 VC-12（复帧），如图 4-35（b）所示。现改画成图 4-38 的形式。

由图 4-38 可见，VC-12 由 VC-12 POH 加上 1023（$32\times 3\times 8+31\times 8+7$）个信息比特（I）、6 个调整控制比特（C1、C2）、2 个调整机会比特（S1、S2）、8 个开销通信通路比特（O）以及 49 个固定插入比特（R）组成。

图 4-38　2.048Mbit/s 支路信号异步映射成 VC-12（复帧）

2 套 C1 和 C2 比特可以分别控制 2 个调整机会比特 S1（负调整机会）和 S2（正调整机会）进行码速调整。当 C1C1C1=000 时，表示 S1 是信息比特，而 C1C1C1=111 时，表示 S1 是调整比特。C2 按同样方式控制 S2 比特。

4.2.7　定位

定位是一种将帧偏移信息收进支路单元或管理单元的过程。即以附加于 VC 上的支路单元或管理单元指针指示和确定低阶 VC 帧的起点在 TU 净负荷中或高阶 VC 帧的起点在 AU 净负荷中的位置，在发生相对帧相位偏差使 VC 帧起点浮动时，指针值亦随之调整，从而始终保证指针值准确指示 VC 帧的起点位置。

SDH 中指针的作用可归结为 3 条。

① 当网络处于同步工作方式时，指针用来进行同步信号间的相位校准。

② 当网络失去同步时（即处于准同步工作方式），指针用作频率和相位校准；当网络处于异步工作方式时，指针用作频率跟踪校准（有关同步工作方式、准同步工作方式和异步工作方式的概念参见第 6 章有关 SDH 网同步的内容）。

③ 指针还可以用来容纳网络中的频率抖动和漂移。

设置 TU 或 AU 指针可以为 VC 在 TU 或 AU 帧内的定位提供一种灵活和动态的方法。因为 TU 或 AU 指针不仅能够容纳 VC 和 SDH 在相位上的差别，而且能够容纳帧速率上的差别。

下面仍以 139.264Mbit/s 的 PDH 支路信号复用过程中在 AU-4 内的指针调整以及 2.048Mbit/s 的支路信号复用过程中在 TU-12 内的指针调整为例，说明指针调整原理及指针调整过程。

1. VC-4 在 AU-4 中的定位（AU-4 指针调整）

（1）AU-4 指针

VC-4 进入 AU-4 时应加上 AU-4 指针，即

AU-4=VC-4＋AU-4 PTR

AU-4 PTR 由位于 AU-4 帧第 4 行第 1～9 列的 9 个字节组成，具体为

AU-4 PTR = H1 Y Y H2 1^* 1^* H3 H3 H3

其中，Y=1001 SS 11，SS 是未规定值的比特；1^*=11111111。

虽然 AU-4 PTR 共有 9 个字节，但用于表示指针值并确定 VC-4 在帧内位置的，只需 H1 和 H2 两个字节即可。H1 和 H2 字节是结合使用的，以这 16 个比特组成 AU-4 指针图案，其格式如图 4-39 所示。H1 和 H2 的最后 10bit（即第 7bit 至第 16bit）携带具体指针值。H3 字节用于 VC 帧速率调整，负调整时可携带额外的 VC 字节（详见后述）。

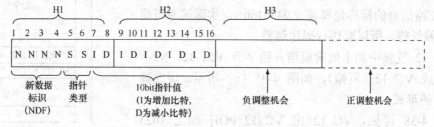

图 4-39　AU-4 指针图案

那么，10bit 的指针值何以指示 VC-4 的 2349（9 行×261 列）个字节位置呢？10bit 的 AU-4 指针值仅能表示 2^{10}=1024 个 10 进制值，但 AU-4 指针调整是以 3 个字节作为一个调整单位

的，故 2349 除以 3，只需 783 个调整位置即可。因此由 10 个二进制码组合成的指针值（1024）足以表示 783 个位置。用 000，111，…782 782 782，共 783 个指针调整单位序号表示。

（2）指针调整原理

图 4-40 示出了 AU-4 指针的位置和偏移编号。

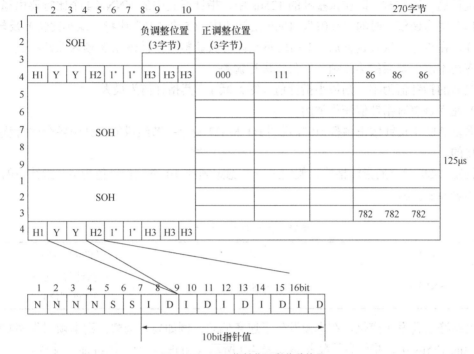

图 4-40 AU-4 指针位置和偏移编号

为了便于说明问题，图 4-40 中将 VC-4 的所有字节（2349 个字节）安排在本帧的第 4 行到下帧的第 3 行，上下仍为 9 行。

① 正调整

先假定本帧虚容器 VC-4 的前 3 个字节位于图 4-40 的"000"位置，即指针值为零。当下一帧的 VC-4 速率比 AU-4 的速率低时，就应提高 VC-4 的速率，以便使其与网络同步。此时应在 VC-4 的第 1 个字节（J1）前插入 3 个伪信息填充字节，使整个 VC-4 帧在时间上向后（即向右）推移一个调整单位，并且 10 进制的指针值加 1，VC-4 的前 3 个字节右移至"111"位置，这样，就对 VC-4（支路信号）的速率进行了正调整。

在进行这一操作时，即在调整帧的 125μs 中，指针格式中的 NNNN 4 个比特要由稳定态的"0110"变为调整态的"1001"，10bit 指针值中的 5 个"I"比特（增加比特）反转。

当速率偏移较大，需要连续多次指针调整时，相邻两次操作至少要间隔 3 帧，即经某次速率调整后，指针值要在 3 帧内保持不变，本次调整后的第 4 帧（不含调整帧）才能进行再次调整。

若先前的指针值已经最大，则最大指针值加 1，其指针值为零。

② 负调整

仍然假定本帧虚容器 VC-4 的前 3 个字节位于图 4-40 的"000"位置，当下帧的 VC-4

速率比 AU-4 的速率高时，就应降低 VC-4 的速率，以便使其与网络同步，即 VC-4 的前 3 个字节要前移（左移）。在这个特殊例子中，可利用 AU-4 指针区的 H3 H3 H3 字节作为负调整机会，使 VC-4 的前 3 个字节移至其中。由于整个 VC-4 帧在时间上向前推移了一个调整单位，并且指针的 10 进制值减 1，故 VC-4（支路信号）的速率得到了负调整。

在进行这一操作时，即在调整帧的 125μs 中，指针格式中的 NNNN 4 个比特要由稳态时的"0110"变为调整态时的"1001"，10bit 指针值中的 5 个"D"比特（减小比特）反转。

同样，在进行一次负调整后，3 帧内不允许再做调整，指针值在 3 帧内保持不变，如需调整，应在本次调整后的第 4 帧才能再次进行调整。

若先前的指针值为零，则最小指针值（零）减 1，其指针值为最大。

（3）速率调整时指针值变化举例

下面以 AU-4 指针做正调整为例，说明 H1 和 H2 两个字节组成的指针中各个比特状态是如何变化的。

根据图 4-39 示出的指针格式，假定上一个稳定帧的 10 进制指针值为 6，指针中的各比特状态如表 4-8 所示。

表 4-8　　　　　　　　　　　　　　指针值为 6 时各比特状态

0110	10	0000000110
←NDF→	←SS→	←指针值为 6→ （10 进制值）

若网络净负荷发生变化，在本帧发生了速率偏差，例如要正调整，则本帧叫作调整帧，在调整帧的 125μs 中，指针各比特状态如表 4-9 所示（NDF 及"I"比特都要反转）。

表 4-9　　　　　　　　　　　　　调整帧的 125μs 中各比特状态

1001	10	1010101100
←NDF→	←SS→	←10bit 中的→ "I"比特反转

经 125μs 的调整帧，在下一帧便确定了新的指针值，即重新获得了稳定状态，此时各个比特状态如表 4-10 所示。

表 4-10　　　　　　　　　　　　　稳定状态后的各比特状态

0110	10	0000000111
←NDF→	←SS→	←指针值为 7→ （10 进制值）

本例说明，在 SDH 网络中，某节点有失步时，就要发生指针调整，以便达到同步的目的，可见指针调整是一种将帧速率的偏移信息收进管理单元的过程。

（4）AU-4 指针调整小结

综上所述，用表 4-11 对 AU-4 指针调整作一小结。

表 4-11				AU-4 指针调整小结										
N N N N 新数据标识（NDF）				S S 指针类型		I D I D I D I D I D 10bit 指针值								
① 表示所载净负荷容量有变化。 ② 净负荷无变化时，NNNN 为正常值"0110"。 ③ 在净负荷有变化的那一帧，NNNN 反转为"1001"，此即 NDF。 ④ NDF 出现那一帧，指针值随之改变为指示 VC 新位置的新值，称为新数据。若净负荷不再变化，下一帧 NDF 又返回到正常值"0110"，并至少在 3 帧内不作指针值增减操作				对于 AU-4， SS=10		AU-4 指针值为 0～782； 指针值指示了 VC 帧的首字节 J1 与 AU 指针中最后一个 H3 字节间的偏移量。 指针调整规则： ① 在正常工作时，指针值确定了 VC-4 帧在 AU-4 帧内的起始位置。NDF 设置为"0110"。 ② 若 VC 帧速率比 AU 帧速率低，5 个 I 比特反转，表示要作正帧频调整，该 VC 帧的起始点后移，下帧中的指针值是先前指针值加 1。 ③ 若 VC 帧速率比 AU 帧速率高，5 个 D 比特反转，表示要作负帧频调整，负调整位置 H3 用 VC 的实际信息数据重写，该 VC 帧的起始点前移，下帧中的指针值是先前指针值减 1。 ④ 如果除上述②、③条规则以外的其他原因引起 VC 定位的变化，应送出新的指针值，同时 NDF 设置为"1001"。NDF 只在含有新数值的第 1 帧出现，VC 的新位置将由新指针标明的偏移首次出现时开始。 ⑤ 指针值完成一次调整后，至少停 3 帧方可有新的调整								

2. VC-12 在 TU-12 中的定位（TU-12 指针调整）

由前述可知，2.048Mbit/s 的支路信号映射进 VC-12（以复帧形式出现），VC-12 加上 TU-12 PTR 则构成 TU-12 复帧，即

$$TU\text{-}12 = VC\text{-}12 + TU\text{-}12\ PTR$$

TU-12 PTR 为净负荷 VC-12 在 TU-12 复帧内的灵活动态的定位提供了一种方法，即 TU-12 PTR 可以指出 VC-12 在 TU-12 复帧内的位置。

（1）TU-12 指针

TU-12 复帧的结构如图 4-41 所示。

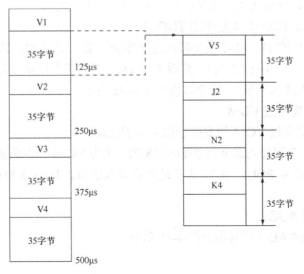

图 4-41　TU-12 复帧结构

在 TU-12 复帧中有 4 个字节（V1、V2、V3、V4）分别为 TU-12 指针使用。其中 V1 是 TU-12 复帧的第 1 个字节，也即复帧中第 1 个 TU-12 帧的第 1 个字节。V2 到 V4 则是复帧中随后各个 TU-12 帧的第 1 个字节。真正用于表示 TU-12 指针值的是 V1 和 V2 字节，V3 字节作为负调整字节，其后的那个字节作为正调整字节，V4 作为保留字节。

V1 和 V2 字节可以看作一个指针码字，其编码方式如图 4-42 所示。

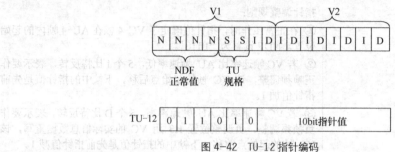

图 4-42　TU-12 指针编码

其中两个 S 比特表示 TU 的规格（TU-12 为 10，TU-11 为 11，TU-2 为 00），第 7～16bit 表示二进制数的指针值，指示 V2 至 VC-12 第 1 字节的偏移。

（2）TU-12 指针调整原理

TU-12 指针调整原理与 AU-4 指针调整原理基本相同（包括指针值的变化及 NDF 的含义等），唯一区别的是 AU-4 有 3 个调整字节，而 TU-12 只有 1 个调整字节。

另外，需要指出的是此处只介绍了 TU-12 指针调整，而 TU-11 和 TU-2 指针调整与 TU-12 相同，只不过指针值中的 SS 不同以及 V2 至第一字节的偏移范围不同。

4.2.8　复用

复用是以字节交错间插方式把 TU 组织进高阶 VC 或把 AU 组织进 STM-N 的过程。由于经 TU 和 AU 指针处理后的各 VC 支路已实现相位同步，此复用过程为同步复用。

下面还是以 139.264Mbit/s 支路信号和 2.048Mbit/s 支路信号在映射、定位、复用过程中所涉及的复用为例加以介绍（请读者结合图 4-32 学习以下内容）。

1. TU-12 复用进 TUG-2 再复用进 TUG-3

3 个 TU-12（此处的 TU-12 不是复帧而是基本帧，有 9 行 4 列，共 36 字节）先按字节间插复用进一个 TUG-2（9 行 12 列），然后 7 个 TUG-2 按字节间插复用进 TUG-3（9 行 86 列，其中第 1、2 列为塞入字节）。这个过程如图 4-43 所示。

2. 3 个 TUG-3 复用进 VC-4

将 3 个 TUG-3 复用进 VC-4 的安排如图 4-44 所示。

3 个 TUG-3 按字节间插构成 9 行 3×86=258 列，作为 VC-4 的净负荷，VC-4 是 9 行 261 列，其中第 1 列为 VC-4 POH，第 2、3 列是固定塞入字节。TUG-3 相对于 VC-4 有固定的相位。

3. AU-4 复用进 AUG

单个 AU-4 复用进 AUG 的结构如图 4-45 所示。

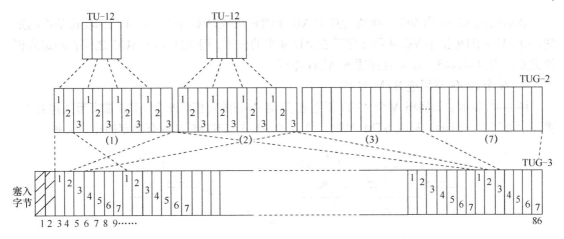

图 4-43 TU-12 复用进 TUG-2 再复用进 TUG-3

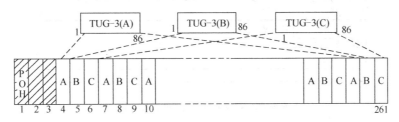

图 4-44 3 个 TUG-3 复用进 VC-4

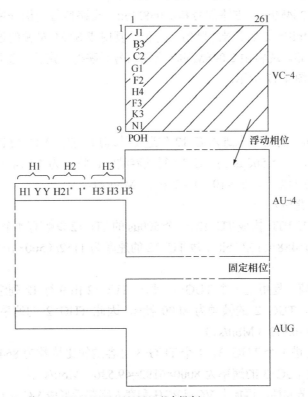

注: 1*=11111111, Y=1001SS11 (S未规定)

图 4-45 AU-4 复用进 AUG

我们已知 AU-4 由 VC-4 净负荷加上 AU-4 PTR 组成，VC-4 在 AU-4 内的相位是不确定的，由 AU-4 PTR 指示 VC-4 第 1 字节在 AU-4 中的位置。但 AU-4 与 AUG 之间有固定的相位关系，所以只需将 AU-4 直接置入 AUG 即可。

4. N 个 AUG 复用进 STM-N 帧

图 4-46 显示了如何将 N 个 AUG 复用进 STM-N 帧的安排。N 个 AUG 按字间插复用，再加上段开销（SOH）形成 STM-N 帧，这 N 个 AUG 与 STM-N 帧有确定的相位关系。

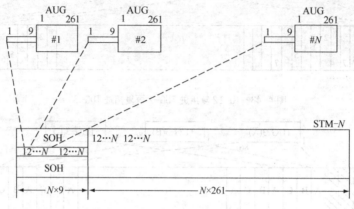

图 4-46　将 N 个 AUG 复用进 STM-N 帧

5. 2.048Mbit/s 信号映射、定位、复用过程总结

以上一直以 139.264Mbit/s 支路信号和 2.048Mbit/s 支路信号为例介绍了映射、定位、复用过程。由 139.264Mbit/s 支路信号经映射、定位、复用成 STM-N 帧的过程已在本节开始给予显示，请参见图 4-33。现将由 2.048Mbit/s 支路信号经映射、定位、复用成 STM-N 帧的过程加以归纳总结，如图 4-47 所示。

具体过程如下。

（1）映射

速率为 2.048Mbit/s 的信号先进入 C-12 作适配处理后，加上 VC-12 POH 构成了 VC-12。由前述映射过程可知，一个 500μs 的 VC-12 复帧容纳的比特数为 $4×(4×9-1)×8=1120$（bit），所以 VC-12 的速率为 $1120/(500×10^{-6})=2.240$（Mbit/s）。

（2）定位（指针调整）

VC-12 加上 TU-12 PTR 构成 TU-12。一个 500μs 的 TU-12 复帧有 4 个字节的 TU-12 PTR，所含总比特数为 $1120+4×8=1152$（bit），故 TU-12 的速率为 $1152/(500×10^{-6})=2.304$（Mbit/s）。

（3）复用

3 个 TU-12（基帧）复用进 1 个 TUG-2，每个 TUG-2 由 9 行 12 列组成，容纳的比特数为 $9×12×8=864$（bit），TUG-2 的帧频为 8000 帧/s，因此 TUG-2 的速率为 $8000×864=6.912$（Mbit/s）（或 $2.304×3=6.912$（Mbit/s））。

7 个 TUG-2 复用进 1 个 TUG-3，1 个 TUG-3 可容纳的比特数为 $864×7+9×2×8$（塞入比特）$=6192$（bit），故 TUG-3 的速率为 $8000×6192=49.536$（Mbit/s）。

3 个 TUG-3 按字节间插，再加上 VC-4 POH 和塞入字节后形成 VC-4（参见图 4-44），每个 VC-4 可容纳 $(86×3+3)×9×8=261×9×8=18792$（bit），所以其速率为 $8000×18792=150.336$（Mbit/s）。

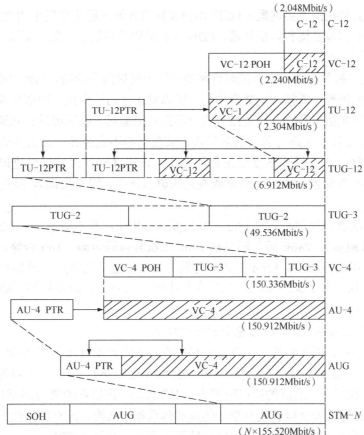

注：非阴影区域是相位对准定位的，阴影区与非阴影间的相位对准
定位由指针规定并由箭头指示。

图 4-47 2.048Mbit/s 支路信号映射、定位、复用过程

（4）定位

VC-4 再加 576kbit/s 的 AU-4 PTR（8000×9×8= 0.576（Mbit/s））组成 AU-4，其速率为 150.336+0.576=150.912（Mbit/s）。

（5）复用

单个 AU-4 直接置入 AUG，速率不变。AUG 加 4.608Mbit/s 的段开销 SOH（8000×8×9×8=4.608（Mbit/s）），即形成 STM-1，速率为 4.608+150.912=155.520（Mbit/s）。

或者 N 个 AUG 按字节间插复用（再加上 SOH）成 STM-N 帧，速率为 N×155.520Mbit/s。

小　结

1. 准同步数字体系（PDH）主要有 PCM 一次群、二次群、三次群、四次群等，其速率分别为 2.048Mbit/s、8.448Mbit/s、34.368Mbit/s 及 139.264Mbit/s（欧洲和中国的系列）。

2. 扩大数字通信容量，形成二次群以上的高次群的方法通常有两种：PCM 复用和数字复接。二次群及其以上的各次群是采用数字复接的方法形成的，其具体实现有按位复接和按字复接，PDH 采用的是按位复接。

数字复接所要解决的首要问题是同步（即要复接的各低次群的数码率相同），然后才复接。数字复接的方法有同步复接和异步复接，PDH 大多采用异步复接。数字复接（异步复接）系统构成框图参见图 4-4。

3. 同步复接是被复接的各支路的时钟都是由同一时钟源供给的，其数码率相同。但为了满足接收端分接的需要，需插入一些附加码，所以要进行码速变换。码速变换是各支路在平均间隔的固定位置先留出空位，待复接合成时再插入附加码。收端再进行码速恢复。

4. 异步复接是各个支路有各自的时钟源，其数码率不完全相同，需要先进行码速调整再复接。收端分接后进行码速恢复以还原各支路。码速调整过程是以码速调整前的速率将支路信码写入缓冲存储器，然后以码速调整后的速率读出（慢写快读），并在适当位置插入脉冲。

异步复接二次群帧周期是 100.38μs，帧长度为 848bit，其中信息码占 820bit（最少），插入码有 28bit（最多）。28bit 插入码包括 10bit 二次群帧同步码，1bit 告警，1bit 备用，最多 4bit 码速调整用的插入码，12bit 插入标志码。插入标志码的作用是通知收端各支路有无 V_i 插入，以便消插，每个支路采用 3 位插入标志码，是为防止信道误码引起的收端错误判决（"三中取二"）。

5. PCM 零次群指的是 64kbit/s 速率的复接数字信号。

6. PCM 三次群、四次群等与二次群一样，也是采用异步复接的方法形成。它们的帧周期分别为 44.69μs 和 21.02μs，帧长度分别为 1536bit 和 2928bit。三、四次群的帧结构与二次群相似。PCM 一次群至三次群的接口码型均为 HDB_3 码，四次群的接口码型是 CMI 码。

7. 由于 PDH 存在着全世界没有统一的速率体系和帧结构、没有世界性的标准光接口规范等弱点，为了适应现代电信网和用户对传输的新要求，发展了 SDH。

8. SDH 网是由一些 SDH 的网络单元组成的，在光纤上进行同步信息传输、复用和交叉连接的网络。SDH 有一套标准化的信息结构等级（即同步传递模块），全世界有统一的速率，其帧结构为页面式的。SDH 最主要的特点是同步复用、标准的光接口和强大的网络管理能力，而且 SDH 与 PDH 完全兼容。

9. SDH 的同步传递模块有 STM-1、STM-4、STM-16 和 STM-64，其速率分别为 155.520Mbit/s、622.080Mbit/s、2488.320Mbit/s 和 9953.280Mbit/s。STM-4 可以由 4 个 STM-1 同步复用、按字节间插形成，依此类推。

10. SDH 的基本网络单元有终端复用器（TM）、分插复用器（ADM）、再生中继器（REG）和同步数字交叉连接设备（SDXC）4 种。

终端复用器（TM）的主要任务是将低速支路信号纳入 STM-1 帧结构，并经电/光转换成为 STM-1 光线路信号，其逆过程正好相反。分插复用器（ADM）将同步复用和数字交叉连接功能综合于一体，具有灵活地分插任意支路信号的能力（它也具有电/光、光/电转换功能）。再生中继器的作用是消除信号衰减和失真。数字交叉连接设备（DXC）的作用是实现支路之间的交叉连接。

11. SDH 的帧周期为 125μs，帧长度为 9×270×N 个字节（或 9×270×N×8bit）。其帧结构为页面式的，有 9 行，270×N 列。主要包括三个区域：段开销（SOH）、信息净负荷区及管理单元指针。段开销区域用于存放 OAM 字节；信息净负荷区域存放各种信息负载；管理单元指针用来指示信息净负荷的第一字节在 STM-N 帧中的准确位置，以便在接收端能正确地分接。

　　SOH 字节主要包括：帧定位字节 A1 和 A2、再生段踪迹字节 J0、数据通信通路 D1～D12、公务字节 E1 和 E2、使用者通路 F1、比特间插奇偶校验 8 位码 B1，比特间插奇偶校验 24 位码 B2 等。

　　12．G.709 建议的 SDH 复用结构显示了将 PDH 各支路信号通过复用单元复用进 STM-N 帧结构的过程（参见图 4-30），我国主要采用的是将 2.048Mbit/s、34.368Mbit/s（用得较少）及 139.264Mbit/s PDH 支路信号复用进 STM-N 帧结构（参见图 4-32）。

　　SDH 的基本复用单元包括标准容器（C）、虚容器（VC）、支路单元（TU）、支路单元组（TUG）、管理单元（AU）和管理单元组（AUG）。

　　将 PDH 支路信号复用进 STM-N 帧的过程要经历映射、定位和复用 3 个步骤。

　　13．映射是一种在 SDH 边界处使支路信号适配进虚容器的过程。即各种速率的 G.703 信号先分别经过码速调整装入相应的标准容器，之后再加进低阶或高阶通道开销（POH）形成虚容器。

　　通道开销分为低阶通道开销和高阶通道开销。低阶通道开销附加给 C-11/C-12 形成 VC-11/VC-12，其主要功能有 VC 通道性能监视、维护信号及告警状态指示等。高阶通道开销附加给 C-3 或者多个 TUG-2 的组合体形成 VC-3，而将高阶通道开销附加给 C-4 或者多个 TUG-3 的组合体即形成 VC-4。高阶 POH 的主要功能有 VC 通道性能监视、告警状态指示、维护信号以及复用结构指示等。

　　映射分为异步、比特同步和字节同步 3 种方法与浮动和锁定两种工作模式。3 种映射方法和两种工作模式可组合成 5 种映射方式，如表 4-6 所示。

　　14．定位是一种将帧偏移信息收进支路单元或管理单元的过程。即以附加于 VC 上的支路单元或管理单元指针指示和确定低阶 VC 帧的起点在 TU 净负荷中或高阶 VC 帧的起点在 AU 净负荷中的位置，在发生相对帧相位偏差使 VC 帧起点浮动时，指针值亦随之调整，从而始终保证指针值准确指示 VC 帧的起点位置。

　　SDH 中指针的作用可归结为 3 条。

　　（1）当网络处于同步工作方式时，指针用来进行同步信号间的相位校准。

　　（2）当网络失去同步时（即处于准同步工作方式），指针用作频率和相位校准；当网络处于异步工作方式时，指针用作频率跟踪校准。

　　（3）指针还可以用来容纳网络中的频率抖动和漂移。

　　15．复用是以字节交错间插方式把 TU 组织进高阶 VC 或把 AU 组织进 STM-N 的过程。

习　题

　　4-1　高次群的形成采用什么方法？为什么？

　　4-2　比较按位复接与按字复接的优缺点。

　　4-3　为什么复接前首先要解决同步问题？

　　4-4　数字复接的方法有哪几种？PDH 采用哪一种？

　　4-5　画出数字复接系统方框图，并说明各部分的作用。

　　4-6　为什么同步复接要进行码速变换？

4-7　异步复接中的码速调整与同步复接中的码速变换有什么不同？

4-8　异步复接码速调整过程中，每个一次群在 100.38μs 内插入几个比特？

4-9　异步复接二次群的数码率是如何算出的？

4-10　为什么说异步复接二次群一帧中最多有 28 个插入码？

4-11　插入标志码的作用是什么？

4-12　什么叫 PCM 零次群？PCM 一次群至四次群的接口码型分别是什么？

4-13　SDH 的特点有哪些？

4-14　SDH 的基本网络单元有哪几种？

4-15　SDH 帧结构分哪几个区域？各自的作用是什么？

4-16　由 STM-1 帧结构计算出 STM-1 的速率、SOH 的速率、AU PTR 的速率。

4-17　简述段开销字节 BIP-8 的作用及计算方法。

4-18　将 PDH 支路信号复用进 STM-N 帧的过程要经历哪几个步骤？

4-19　简述 139.264Mbit/s 支路信号复用映射进 STM-1 帧结构的过程。

4-20　映射分为哪几种方式？

4-21　SDH 中指针的作用有哪些？

4-22　复用的概念是什么？

第 **5** 章 数字信号传输技术

数字信号的传输方式分为基带传输和频带传输。本章首先介绍数字信号传输的基本概念，然后讨论数字信号的基带传输系统的构成、数字信号传输的基本准则及基带传输码型，最后分析数字信号的频带传输所涉及的问题，并介绍几种频带传输系统。

5.1 数字信号传输概述

我们要探讨数字信号传输的细节问题，就应该首先了解数字信号传输的基本理论。本节主要介绍数字信号传输方式、数字信号波形与功率谱。

5.1.1 数字信号传输方式

1. 基带传输

基带传输就是编码处理后的数字信号（此信号叫基带数字信号）直接在信道中传输，基带传输的信道是电缆信道。

基带传输的实现容易，但传输距离及速率均受到一定限制。因此，基带传输目前只是在近距离的情况下使用，而频带传输则越来越被广泛采用。

2. 频带传输

频带传输是将基带数字信号的频带搬到适合于光纤、无线信道传输的频带上再进行传输。显然频带传输的信道是光纤或微波、卫星等无线信道。

5.1.2 数字信号波形与功率谱

讨论数字信号传输所要研究的主要问题是信号的功率谱特性、信道的传输特性以及数字信号经信道传输后的波形，所以我们要对数字信号的波形与功率谱有所了解。

1. 数字信号波形

数字信号波形的种类很多，其中较典型的是二进制矩形脉冲信号，它可以构成多种形式的信号序列，如图 5-1 所示。

其中，图 5-1（a）是单极性全占空脉冲序列（$\tau/T_B = 1$）（此处的 T_B 为符号间隔，对于二进制数字信号，符号间隔等于比特间隔，即为前面介绍的二进制码元间隔 t_B）；图 5-1（b）是单极性半占空脉冲序列（$\tau/T_B = 1/2$）；图 5-1（c）是双极性全占空脉冲序列（$\tau/T_B = 1$）；图 5-1（d）是双极性半占空脉冲序列（$\tau/T_B = 1/2$）。

图 5-1 中单极性码是用正电平表示"1"码，0 电平表示"0"码；双极性码则用正电平

表示"1"码，负电平表示"0"码。但无论怎样，图 5-1 所示的脉冲序列的基本信号单元都是矩形脉冲。我们在研究信号序列特性时，从研究单元矩形脉冲的特性入手，继而导出数字信号序列的特性。

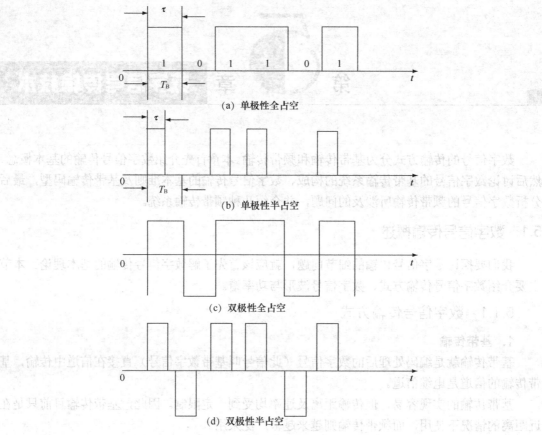

图 5-1   二进制数字信号的基本波形

2. 数字信号的功率谱

（1）单元矩形脉冲的频谱

单元矩形脉冲波形如图 5-2（a）所示，其函数表示式为

$$g(t) = \begin{cases} A & |t| \leq \dfrac{\tau}{2} \\ 0 & |t| > \dfrac{\tau}{2} \end{cases} \tag{5-1}$$

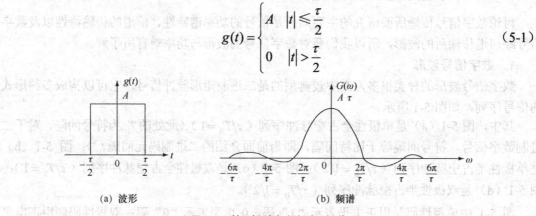

图 5-2   单元矩形脉冲波形及频谱

通常可以认为 $g(t)$ 是一个非周期函数，由傅氏变换可求得所对应的频谱函数 $G(\omega)$ 为

$$G(\omega) = \int_{-\infty}^{\infty} g(t) \cdot e^{-j\omega t} dt = \int_{-\tau/2}^{\tau/2} A \cdot e^{-j\omega t} dt$$
$$= A\tau \cdot \frac{\sin(\omega\tau/2)}{\omega\tau/2} \tag{5-2}$$

按式 5-2 画出 $G(\omega)$ 的波形如图 5-2（b）所示。

该频谱图表明，矩形脉冲信号的频谱函数分布于整个频率轴上，而其主要能量集中在直流和低频段。

以上研究了单元矩形脉冲的频谱，下面我们来分析一下数字信号序列的功率谱。

（2）数字信号序列的功率谱

对确知信号波形，可用傅氏变换方法求得信号的频谱。但实际传输中的数字信号序列是由若干单元矩形脉冲信号组成的随机脉冲序列，它是非确知信号，不能用傅氏变换方法确定其频谱，只能采用统计的方法研究其功率谱密度（简称功率谱）。

图 5-3 是几种随机二进制数字信号序列的功率谱曲线（设"0"码和"1"码出现的概率均为 1/2）。

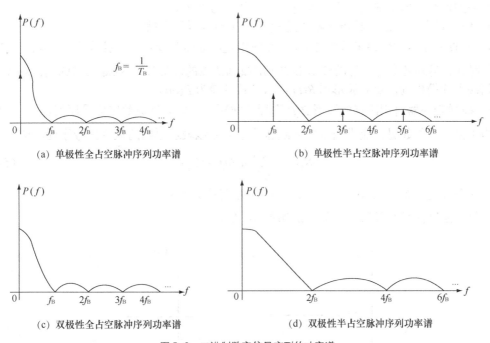

（a）单极性全占空脉冲序列功率谱　　　　（b）单极性半占空脉冲序列功率谱

（c）双极性全占空脉冲序列功率谱　　　　（d）双极性半占空脉冲序列功率谱

图 5-3　二进制数字信号序列的功率谱

经分析得出，随机二进制数字信号序列的功率谱包括连续谱和离散谱两个部分（图 5-3 中箭头表示离散谱分量，连续曲线表示连续谱分量）。连续谱是由非周期性单个脉冲所形成，它的频谱与单个矩形脉冲的频谱有一定的比例关系。连续谱部分总是存在的。离散谱部分则与信号码元出现的概率和信号码元的宽度有关，它包含直流、数码率（传信率）f_B 以及 f_B 的奇次谐波成分，在某些情况下可能没有离散谱分量。

5.2 数字信号的基带传输

5.2.1 基带传输系统的构成

基带传输系统和数字信号传输的基本准则等是频带传输的基础，所以我们要先了解这些内容。

数字信号基带传输系统的基本构成模型如图 5-4 所示。

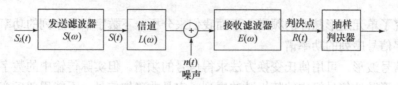

图 5-4　数字基带传输系统的基本构成模型

图 5-4 中各部分的作用如下。

- 发送滤波器的传递函数为 $S(\omega)$，其作用是将原始的数字信号序列 $S_\lambda(t)$ 变换为适合于信道传输的信号，即形成适合于在信道中传输的信号波形。

- 信道是各种电缆，其传递函数是 $L(\omega)$，$n(t)$ 为噪声干扰。

- 接收滤波器的传递函数为 $E(\omega)$，其作用是限制带外噪声进入接收系统，以提高判决点的信噪比，另外还参与信号的波形形成（形成判决点的波形）。接收滤波器的输出端（称为抽样判决点或简称判决点）波形用 $R(t)$ 表示，其频谱为 $R(\omega)$。

- 抽样判决器对判决点的波形 $R(t)$ 进行抽样判决，以恢复原数字信号序列。

为了分析方便起见，通常用单位冲激脉冲序列近似表示原始的数字信号序列，即

$$S_\lambda(t) \approx \sum_{k=-\infty}^{\infty} a_k \delta(t - kT_B) \qquad (5-3)$$

式中，a_k 是二进制码元（"0" 码或 "1" 码）；T_B 是码元间隔。

单位冲激脉冲函数及所对应的频谱如图 5-5 所示。

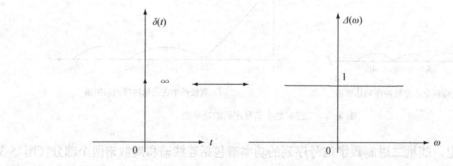

图 5-5　单位冲激脉冲函数及所对应的频谱

实际上，信源发出的数字信号序列是由宽度为 τ 的矩形脉冲 $g(t)$ 组成，其信号与对应的频谱如图 5-2 所示。而单位冲激脉冲的频谱则在所有频域内为一常数，显然二者是有一定区别的。为使理论分析与实际过程一致，在实际传输系统中发送滤波器之前加一个孔径均衡器（或叫网孔均衡器），该网络的特性如图 5-6 中实线所示（图中虚线是宽度 τ 的矩形脉冲在 $1/\tau$

范围内的频谱）。

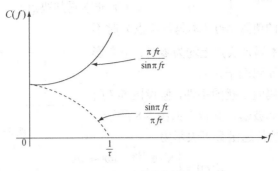

图 5-6 孔径均衡特性

从图 5-2 和图 5-6 可以看出，$g(t)$（"1"码）通过孔径网络后，在频带 $0 \sim 1/\tau$ 内就会具有平直的频谱特性，与频带 $0 \sim 1/\tau$ 内的 $\delta(t)$ 函数的频谱是一致的。可以证明基带传输系统的有效传输频带 $\leqslant 1/\tau$（证明见本小节后面[附]）。也就是说，经过孔径网络均衡后，在有效传输频带内，完全可以用单位冲激脉冲序列来代替信源产生的数字信号序列。

在上述假定的条件下，图 5-4 所示基带传输系统的总特性可以写成

$$R(\omega) = S(\omega) \cdot L(\omega) \cdot E(\omega) \tag{5-4}$$

图 5-4 可简化为图 5-7。

图 5-7 基带传输系统简化模型

即发送滤波器、信道、接收滤波器可等效为一个传输网络（称为基带形成滤波器），$R(\omega)$ 为其传递函数。此传输网络的输入为单位冲激脉冲（序列）$\delta(t)$，输出响应（序列）则为 $R(t)$。

【附】由图 5-3 可知，单极性或双极性全占空脉冲序列功率谱（连续谱）第 1 个零点为 $f_{\mathrm{B}} = \dfrac{1}{T_{\mathrm{B}}} = \dfrac{1}{\tau}$，单极性或双极性半占空脉冲序列功率谱（连续谱）第 1 个零点为 $2f_{\mathrm{B}} = \dfrac{2}{T_{\mathrm{B}}} = \dfrac{2}{2\tau} = \dfrac{1}{\tau}$。因为基带数字信号序列的主要频率成分在第 1 个零点以内，所以一般基带传输系统只让第 1 个零点以内频率的信号通过，即基带传输系统的带宽 $\leqslant 1/\tau$。

5.2.2 数字信号传输的基本准则

1. 无码间干扰的时域条件（不考虑噪声干扰）

数字信号序列（近似等效于单位冲激脉冲序列）通过图 5-7 所示的传输网络，波形变化为 $R(t)$ 序列，收端抽样判决器要对 $R(t)$ 波形判决，识别出"1"码和"0"码，恢复原数字信号序列。

为准确地判决识别每一个码元，希望在判决时刻无码间干扰（所谓码间干扰是在本码元判决时刻，其他码元所对应的波形不为零，造成干扰）。无码间干扰的时域条件为

$$R(kT_B) = \begin{cases} 1(\text{归一化值}) & k=0(\text{本码判决点}) \\ 0 & k \neq 0(\text{非本码判决点}) \end{cases} \tag{5-5}$$

此式表示，当 $R(t)$ 的值除 $t=0$（本码判决点）时不为零外，在其他所有非本码判决点上均为零时，不会影响其他码元的判决（即无码间干扰）。

为了进一步说明无码间干扰的条件，假设图 5-7 所示传输网络为理想低通滤波器，其特性如图 5-8 所示。

图 5-8 中所示特性的传递函数可表示为

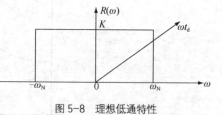

图 5-8 理想低通特性

$$R(\omega) = \begin{cases} K \cdot e^{-j\omega t_d} & |\omega| \leqslant \omega_N \\ 0 & |\omega| > \omega_N \end{cases} \tag{5-6}$$

式中，t_d 是信号通过网络传输后的延迟时间；ωt_d 表示网络的线性相移特性；ω_N 是等效理想低通滤波器的截止角频率；K 是通带内传递系数，通常令 $K=1$。

下面来分析一下当数字信号序列送入此理想低通滤波器，输出波形是什么样的。先讨论单个 "1" 码（如前所述近似用单位冲激脉冲表示）的情况。当单位冲激脉冲 $\delta(t)$ 通过理想低通，其输出响应可用下述方法求得。

首先求出输出响应的频谱函数 $Y(\omega)$：

$$Y(\omega) = \Delta(\omega) \cdot R(\omega) = 1 \cdot e^{-j\omega t_d}$$
$$= e^{-j\omega t_d} = R(\omega) \quad |\omega| \leqslant \omega_N$$

对上式进行傅氏反变换，可求得输出响应：

$$\begin{aligned} y(t) = R(t) &= \frac{1}{2\pi} \int_{-\infty}^{\infty} R(\omega) e^{j\omega t} d\omega \\ &= \frac{1}{2\pi} \int_{-\infty}^{\infty} e^{j\omega(t-t_d)} d\omega \\ &= \frac{\omega_N}{\pi} \cdot \frac{\sin \omega_N(t-t_d)}{\omega(t-t_d)} \end{aligned} \tag{5-7}$$

输出响应的波形如图 5-9 所示（令 $t_d = 0$）。

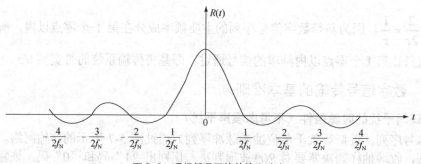

图 5-9 理想低通网络的输出响应

此波形的特点如下。

① $t=0$ 时有输出最大值，且波形出现拖尾，其拖尾的幅度是随时间而逐渐衰减的。

② 其响应值在时间轴上具有很多零点。第一个零点是 $\pm \dfrac{1}{2f_N}$，以后各相邻零点的间隔

都是 $\dfrac{1}{2f_{\mathrm{N}}}$（$f_{\mathrm{N}}$ 是理想低通的截止频率）。

第二个特点说明 $\delta(t)$ 通过理想低通网络传输时，其输出响应仅与理想低通截止频率有关。

我们已知，当输入数字信号序列时，可用单位冲激脉冲序列近似表示为

$$\sum_{k=-\infty}^{\infty} a_k \delta(t - kT_{\mathrm{B}})$$

这个数字信号序列经等效理想低通网络传输后输出响应为

$$\sum_{k=-\infty}^{\infty} a_k R(t - kT_{\mathrm{B}})$$

根据图 5-9 所示的输出响应波形特点，只要满足零点间隔 $\dfrac{1}{2f_{\mathrm{N}}} = T_{\mathrm{B}}$，则经等效理想低通传输后的输出响应都相应有一个最大值。此值仅唯一地由相应的 $\delta(t)$ 所决定，而与相邻其他的 $\delta(t)$ 的加入与否无关，即不受其他时刻加入脉冲的干扰。因为其他脉冲的输出响应在此处的干扰都是零。为了更形象地说明这个问题，下面来看一个例子。

设输入数字信号序列为…1011001…，它用单位冲激脉冲序列的表示如图 5-10 所示。

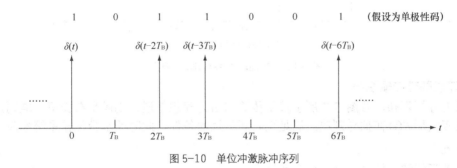

图 5-10　单位冲激脉冲序列

$T_{\mathrm{B}} = \dfrac{1}{2f_{\mathrm{N}}}$ 和 $T_{\mathrm{B}} \neq \dfrac{1}{2f_{\mathrm{N}}}$ 时的输出响应波形，如图 5-11 所示。

由图 5-11 可以看出，当传输的脉冲序列满足 $T_{\mathrm{B}} = \dfrac{1}{2f_{\mathrm{N}}}$ 的条件，或者说以 $2f_{\mathrm{N}}$ 的速率发送脉冲序列时，在各个 T_{B} 的整数倍处的数值仅由本码元所决定，其他各码元对应的输出响应在此处均为零，即各码元间没有干扰。因此，如在 T_{B} 的整数倍处进行抽样判决，就可正确地恢复出 "1" 码和 "0" 码。但若 $T_{\mathrm{B}} \neq \dfrac{1}{2f_{\mathrm{N}}}$ 时，则在各 T_{B} 的整数倍处，其他码元的输出响应不为零，即各码元的输出响应是相互影响的，如在此处抽样判决，由于码间干扰，容易出现误码（错误判决），所以希望码间干扰越小越好。

由此得出结论：对于等效成截止频率为 f_{N} 的理想低通网络来说，若数字信号以 $2f_{\mathrm{N}}$ 的符号速率传输，则在各码元的间隔处（即 $T_{\mathrm{B}} = \dfrac{1}{2f_{\mathrm{N}}}$ 的整数倍处）进行抽样判决，不产生码间干扰，可正确识别出每一个码元。这一信号传输速率与理想低通截止频率的关系就是数字信号传输的一个重要准则——奈奎斯特第一准则，简称奈氏第一准则。

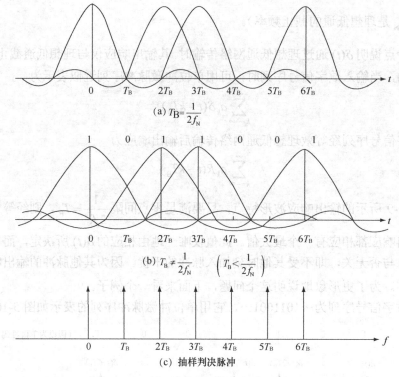

$$(a) \ T_B = \frac{1}{2f_N}$$

$$(b) \ T_B \neq \frac{1}{2f_N} \quad \left(T_B < \frac{1}{2f_N}\right)$$

(c) 抽样判决脉冲

图 5-11　最大值点处抽样判决示意图

2．理想基带传输系统

由以上分析可知，若图 5-7 所示基带传输网络为理想低通，则满足奈氏第一准则，或者说输出响应波形 $R(t)$ 在抽样判决点满足无码间干扰的条件，此时的基带传输系统称为理想基带传输系统。

理想基带传输系统有以下 3 个主要特点。

① 输出响应波形 $R(t)$ 在抽样判决点（识别点）上无码间干扰。

② 达到最高传输效率。若 $R(\omega)$ 为理想低通的传递函数（即基带传输系统具有理想低通特性），当满足奈氏第一准则时，由于信号的符号速率为 $2f_N$，所以基带传输系统的带宽为 $B = f_N$，称之为奈奎斯特带宽。它是给定符号速率 $2f_N$ 条件下的基带传输系统的极限带宽（最窄带宽）。

此时，理想基带传输系统的传输效率（频带利用率）η 为

$$\eta = \frac{N_{Bd}}{B} = \frac{2f_N}{f_N} = 2(\text{baud / Hz}) \tag{5-8}$$

理想基带传输系统能够提供的频带利用率最高。

③ 在给定发送信号能量和信道噪声条件下，在抽样判决点上能给出最大信噪比（此处只给出结论，公式推导从略）。

3．滚降低通传输网络

综上所述，理想基带传输系统在码间干扰、频带利用率、抽样判决点处信噪比等方面都能达到理想要求。然而理想低通特性是无法实现的，即实际传输中，不可能有绝对理想的基带传输系统（但理想低通特性可作为衡量其他传输网络的基础，在理论分析上具有重要意义）。这样一来，不得不降低频带利用率，采用具有奇对称滚降特性的低通滤波器作为图 5-7 所示的传输网络。图 5-12 定性画出滚降低通的幅频特性（为了分析方便，假定滚降低通的相位为零）。

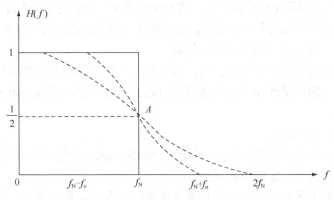

图5-12 滚降低通的幅频特性

具有滚降特性的低通滤波器，由于幅度特性在f_N处呈平滑变化，所以容易实现。问题的关键是滚降低通滤波器作为传输网络，是否满足无码间干扰的条件，或者说，当滚降低通特性符合哪些要求时，可做到其输出波形$R(t)$在抽样判决点无码间干扰。

根据推导得出结论：只要滚降低通的幅频特性以$A(f_N, 1/2)$点呈奇对称滚降，则可满足无码间干扰的条件（此时仍需满足符号速率为$2f_N$）。

参见图5-12，我们定义

$$\alpha = \frac{(\omega_N + \omega_\alpha) - \omega_N}{\omega_N} = \frac{(f_N + f_\alpha) - f_N}{f_N} \tag{5-9}$$

为滚降系数（式中$f_N + f_\alpha$表示滚降低通的截止频率，即滚降低通网络的带宽）。α不同，可有不同的滚降特性。满足奇对称滚降条件时的f_α的最大值等于f_N，由式（5-9）可看出，这时的$\alpha=100\%$，这样的滚降特性称为滚降系数为100%的滚降特性。如果取$f_\alpha = \frac{1}{2}f_N$，则构成滚降系数为50%的滚降特性。而当$\alpha=0$时，滚降低通转化为理想低通。实质上理想低通是滚降低通的一个特例。

用滚降低通作为传输网络时，实际占用的频带展宽了，则传输效率有所下降，当$\alpha=100\%$时，传输效率只有1baud/Hz。

5.2.3 基带传输码型

5.1节介绍了二进制数字信号的几种表示形式及其功率谱。那么，什么样的码型适合于基带传输呢？不同的码型具有不同的功率谱结构，码型的功率谱结构应适合于给定信道的传输特性和对定时时钟提取的要求等。

数字信号基带传输采用的线路码型为基带传输码型，而且在进入频带传输系统之前的接口处，信道一般采用电缆（此处相当于是基带传输），接口码型的选择要求与基带传输时对码型的要求类似，所以这里要研究基带传输码型。

1. 对基带传输码型的要求

适合于基带传输的传输码型应满足以下几个要求。

（1）传输码型的功率谱中应不含直流分量，同时低频分量要尽量少

满足这种要求的原因是PCM端机、再生中继器与电缆线路相互连接时，需要安装变量

器，以便实现远端供电以及平衡电路与不平衡电路的连接。由于变量器的接入，使信道具有低频截止特性，如果传输信码流中存在直流和低频成分，则无法通过变量器从而引起波形失真。

（2）传输码型的功率谱中高频分量应尽量少

这是因为一条电缆中包含有许多线对，线对间由于电磁感应会引起串话，且这种串话随频率的升高而加剧。为尽量减少由于电磁感应引起的串音干扰，所以要求传输码型的功率谱中高频分量尽量少。

（3）便于定时时钟的提取

传输码型功率谱中应含有定时钟信息，以便再生中继器或接收端能提取必需的定时钟信息。

（4）传输码型应具有一定的检测误码能力

数字信号在信道中传输时，由于各种因素的影响，有可能产生误码。若传输码型有一定的规律性，那么就可根据这一规律性来检测是否有误码，即做到自动监测，以保证传输质量。

（5）对信源统计依赖性最小

信道上传输的基带传输码型应具有对信源统计依赖最小的特性，即对经信源编码后直接转换的数字信号（由信源直接转换的数字信号）的类型不应有任何限制（例如"1"和"0"出现的概率及连"0"多少等）。这种与信源的统计特性无关的特性称为对信源具有透明性。

（6）要求码型变换设备简单、易于实现

由信源直接转换的数字信号不适合于在电缆信道中传输（原因见后），需经码型变换设备转换成适合于传输的码型，要求码型变换设备要简单、易于实现。

2．常见的传输码型

（1）单极性不归零码（即 NRZ 码）

编码器直接编成这种最原始的码型输出。单极性不归零码（全占空 $\tau=T_{\rm B}$）的码型及其功率谱如图 5-13 所示。

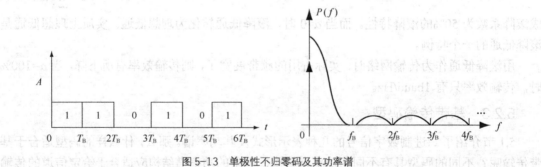

图 5-13　单极性不归零码及其功率谱

由图 5-13 可见，单极性不归零码有如下缺点。

① 有直流成分，且信号能量大部分集中在低频部分（占空比越大，信号能量越集中在低频部分）。

② 提取时钟 $f_{\rm B}$ 困难，因无 $f_{\rm B}$ 定时钟频率成分。

③ 无检测误码能力，因传输码型无规律。

另外，这种由语声通过 A/D 变换的数字码均是一些随机的码型，码序列中"1"和"0"出现的概率是随机的。数字码流中"0"码出现的多少与信息源关系十分密切，完全取决于信息源幅度的变化规律。因此，长串"0"的出现是不可避免的，这种码不能直接用于传输（不利于定时钟提取）。用于信道上传输的基带传输码型应具有对信源统计依赖最小的特性。

综上所述，NRZ 码不符合要求，它不适合在电缆信道中传输。

（2）单极性归零码（即 RZ 码）

单极性归零码（$\tau = T_B/2$）的码型及其功率谱如图 5-14 所示。

RZ 码与 NRZ 码相比，f_B 成分不为零，其他缺点仍然存在，所以单极性归零码也不适合在电缆信道中传输。但设备内部传输常采用单极性归零码（码间干扰比 NRZ 码小）。

（3）传号交替反转码（AMI 码）

传号交替反转码的码型及其功率谱如图 5-15 所示。由于传号码（我们称"1"码为传号码，"0"码为空号码）的极性是交替反转的，所以称为传号交替反转码，简称 AMI 码（这是一种伪三进码）。AMI 码与二进码序列（指编码器输出的单极性二进码序列）的关系是：二进码序列中的"0"码仍编为"0"码，而二进码序列中的"1"码则交替地变为"+1"及"−1"码。

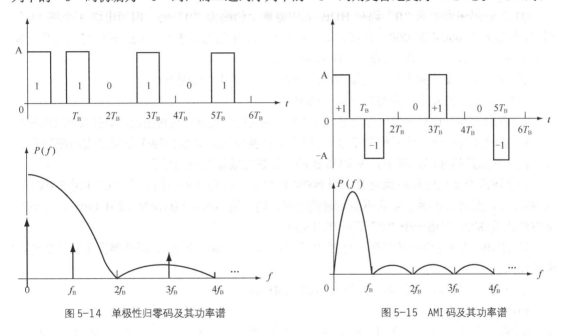

图 5-14 单极性归零码及其功率谱   图 5-15 AMI 码及其功率谱

例如：

二进码序列： 1 1 0 1 0 0 1 0 0 0 0 1 1

AMI 码序列：+1 −1 0 +1 0 0 −1 0 0 0 0 +1 −1

从 AMI 码的功率谱中可以看出它有以下优点。

① 无直流成分，低频成分也少（由于 AMI 码的传号码极性交替反转），有利于采用变量器进行远供电源的隔离，而且对变量器的要求（如体积）也可以降低。

② 高频成分少。这不仅可节省传输频带、提高信道利用率，同时也可以减少电磁感应引起的串话。

③ 码型功率谱中虽无 f_B 定时钟频率成分，但经全波整流，可将 AMI 码变换成单极性半占空码，就会含有定时钟 f_B 成分（见图 5-14），便可从中提取定时钟成分。

④ AMI 码具有一定的检错能力。因为传号码的极性是交替反转的，如果收端发现传号码的极性不是交替反转的，就一定是出现了误码，因而可以检出单个误码。

由于上述优点，AMI 码广泛用于 PCM 基带传输系统中，它是 ITU-T 建议采用的传输码型之一。

但 AMI 码的缺点是二进码序列中的"0"码变换后仍然是"0"码，如果原二进码序列中连"0"码过多，AMI 码中便会出现长连"0"，这就不利于定时钟信息的提取。为了克服这一缺点，引出了 HDB₃ 码。

（4）三阶高密度双极性码（HDB₃ 码）

HDB₃ 码是三阶高密度双极性码的简称。HDB₃ 码保留了 AMI 码所有优点，还可将连"0"码限制在 3 个以内，即克服了 AMI 码如果连"0"过多对提取定时钟不利的缺点。HDB₃ 码的功率谱基本上与 AMI 码类似。

如何由二进码转换成 HDB₃ 码呢？

HDB₃ 码编码规则如下。

① 二进码序列中的"0"码在 HDB₃ 码中原则上仍编为"0"码，但当出现 4 个连"0"码时，用取代节 000V 或 B00V 代替。取代节中 V 码、B 码均代表"1"码，它们可正可负（即 V+代表+1，V-代表-1，B+代表+1，B-代表-1）。

② 取代节的安排顺序是：先用 000V，当它不能用时，再用 B00V。

000V 取代节的安排要满足以下两个要求。

- 各取代节中的 V 码要极性交替出现（为了保证传号码极性交替出现，不引入直流成分）。

- V 码要与前一个传号码的极性相同（为了在接收端能识别出哪个是原二进码序列中的"1"码——原始传号码，哪个是 V 码和 B 码，以恢复成原二进码序列）。

当上述两个要求能同时满足时，用 000V 代替原二进码序列中的 4 个"0"（用 000V+或 000V-）；而当上述两个要求不能同时满足时，则改用 B00V（B+00V+或 B-00V-，实质上是将取代节 000V 中第一个"0"码改成 B 码）。

③ HDB₃ 码序列中的传号码（包括"1"码、V 码和 B 码）除 V 码外要满足极性交替出现的原则。

下面举例具体说明如何将二进码转换成 HDB₃ 码。

例：

```
二进码序列： | 1 0 0 0 0 1 0 1 0 0 0 0 0 0 1 1 1 0 0 0 0 0 0 0 0 0 0 1
HDB₃ 码：V+ | -1 0 0 0 V- +1 0 -1 B+ 0 0 V+ 0 -1 +1 -1 0 0 0 V- B+ 0 0 V+ 0 -1
```

从上例可以看出以下两点。

- 当两个取代节之间原始传号码的个数为奇数时，后边取代节用 000V；当两个取代节之间原始传号码的个数为偶数时，后边取代节用 B00V。

- V 码破坏了传号码极性交替出现的原则，所以叫破坏点；而 B 码未破坏传号码极性交替出现的原则，叫非破坏点。

接收端收到 HDB₃ 码后，应对 HDB₃ 码解码还原成二进码（即进行码型反变换）。根据 HDB₃ 码的特点，HDB₃ 码解码主要分成三步进行：首先检出极性破坏点，即找出四连"0"码中添加的 V 码的位置（破坏点的位置），其次去掉添加的 V 码，最后去掉四连"0"码中第一位添加的 B 码，还原成单极性不归零码。

具体地说，码型反变换的原则是：接收端当遇到连着 3 个"0"前后"1"码极性相同时，后边的"1"码（实际是 V 码）还原成"0"；当遇到连着 2 个"0"前、后"1"码极性相同时，前、后 2 个 "1"（前边的 "1" 是 B 码，后边的 "1" 是 V 码）均还原成 "0"。另外，其他的±1 一律还原为+1，其他的 "0" 不变。

（5）传号反转码（CMI 码）

CMI 码是一种二电平不归零码，属于 1B2B 码（即将 1 位二元码编成 2 位二元码）。表 5-1 示出了其变换规则。

表 5-1　　　　　　　　　　　　　　CMI 码变换规则

输入二元码	CMI 码
0	01
1	00 与 11 交替出现

CMI 码将原来二进码的 "0" 编为 "01"，将 "1" 编为 "00" 或 "11"，若前次 "1" 编为 "00"，则后次 "1" 编为 "11"，否则相反，即 "00" 和 "11" 是交替出现的，从而使码流中的 "0" 与 "1" 出现的概率均等。"10" 作为禁用字不准出现。收方码流中一旦出现 "10" 则判为误码，借此监测误码。

图 5-16（a）示出 CMI 码波形例子，CMI 码的功率谱如图 5-16（b）所示。

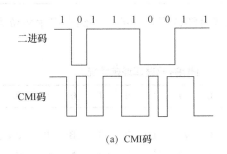

(a) CMI码

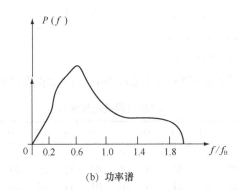

(b) 功率谱

图 5-16　CMI 码及功率谱

由图 5-16 可见，CMI 码在有效频带范围内低频分量和高频分量均较小，且具有一定的检测误码能力，另外，CMI 码 "0" 和 "1" 等概出现，即不会有长连 "0" 现象，所以有利于定时钟提取。但 CMI 码含有直流分量。

3. 传输码型的误码增殖

数字信号在线路中传输时，由于信道不理想和噪声干扰，接收端会出现误码。当线路传输码中出现 n 个数字码错误时，在码型反变换后的数字码中出现 n 个以上的数字码错误的现象称为误码增殖。误码增殖是由各码元的相关性引起的。误码增殖现象可用误码增殖比（ε）来表示，定义为

$$\varepsilon = 反变换后误码个数/线路误码个数 \tag{5-10}$$

下面举例说明误码增殖情况。

先分析 AMI 码的误码增殖情况，表 5-2 打*号者为信道误码位。在收端把 AMI 码恢复成二进码时，只要把 AMI 码中"+1"与"−1"码变为"1"码，"0"码仍然为"0"码即可。由于各码元之间互不关联，AMI 码中的一位误码对应着二进码的一位误码（见表 5-2），即无误码增殖，故误码增殖比 $\varepsilon = 1$。

表 5-2   AMI 码误码增殖情况

原来的二进码	1	0	0	0	0	1	0	1	0	0	0	0	1
		*						*					
正确的 AMI 码	+1	0	0	0	0	−1	0	+1	0	0	0	0	−1
错误的 AMI 码	+1	−1	0	0	0	−1	0	+1	0	+1	0	0	−1
恢复的二进码	1	1	0	0	0	1	0	1	0	1	0	0	1
		*						*					

但在 HDB_3 码中的一位误码就可能使得相应的二进码中产生多位误码（见表 5-3，打*号者为误码位）。

表 5-3 HDB_3 码误码增殖情况

原来的二进码	1	0	0	0	0	1	0	1	0	0	0	0	1
			*						*				
正确的 HDB_3 码	1	0	0	0	V+	−1	0	+1	B−	0	0	V−	+1
错误的 HDB_3 码	+1	0	−1	0	V+	−1	0	+1	B−	+1	0	V−	+1
恢复的二进码	1	0	1	0	1	1	0	1	1	1	0	1	1
			*		*				*	*		*	

可见，HDB_3 码有误码增殖，$\varepsilon > 1$。

接着分析 CMI 码的误码增殖情况（见表 5-4，打*号者为误码位）。

表 5-4   CMI 码误码增殖情况

原来的二进码	1	0	0	0	0	1	0	1	0	0	0	0	1
		*					*						
正确的 CMI 码	11	01	01	01	01	00	01	11	01	01	01	01	00
错误的 CMI 码	11	11	01	01	01	00	11	11	01	01	01	01	00
恢复的二进码	1	1	0	0	0	0	0	1	0	0	0	0	1
		*					*						

显然 CMI 码没有误码增殖，$\varepsilon = 1$。

4．传输码型特性的分析比较

以上介绍了几种传输码型，下面主要将 AMI 码、HDB_3 码和 CMI 码的性能作一分析比较。

（1）最大连"0"数及定时钟提取

最大连"0"数及定时钟提取见表 5-5。

表 5-5　　　　　　　　　　几种传输码型的最大连"0"数及定时钟提取

	AMI 码	HDB$_3$ 码	CMI 码
最大连"0"数	未限	3 个	3 个
定时钟提取	不利	有利	有利

（2）检测误码能力

AMI 码、HDB$_3$ 码和 CMI 码均具有一定的检测误码能力。

（3）误码增殖

由前面分析可见，AMI 码和 CMI 码无误码增殖，而 HDB$_3$ 码有误码增殖。

（4）电路实现

AMI 码和 CMI 码的实现电路（即码型变换电路）简单，HDB$_3$ 码实现电路复杂一些，也可以实现。

由以上分析可见，AMI 码、HDB$_3$ 码和 CMI 码各有利弊。综合考虑，选择 HDB$_3$ 码作为基带传输的主要码型（主要从对定时钟提取有利方面考虑），当然 AMI 码也是 ITU-T 建议采用的基带传输码型。

另外，HDB$_3$ 码作为 PCM 一、二和三次群的接口码型，而 CMI 码则作为 PCM 四次群的接口码型。

5.2.4　再生中继传输

1. 基带传输信道特性

信道是指信号的传输通道，目前有两种定义方法。

狭义信道是指信号的传输媒介，其范围是从发送设备到接收设备之间的媒质。如电缆、光缆以及传输电磁波的自由空间等。

广义信道指消息的传输媒介。除包括上述信号的传输媒介外，还包括各种信号的转换设备，如发送、接收设备，调制、解调设备等（图 5-4 中的基带传输系统中发送滤波器、信道、接收滤波器合起来，实际上就是广义信道）。

这里研究的是狭义信道。传输信道是通信系统必不可少的组成部分，而信道中又不可避免地存在噪声干扰，因此 PCM 信号在信道中传输时将受到衰减和噪声干扰的影响。随着信道长度的增加，接收信噪比将下降，误码增加，通信质量下降。所以，研究信道特性及噪声干扰特性是通信系统设计的重要问题。

数字信号通过信道传输会产生失真，下面就来分析信道传输特性对信号的影响，即经信道传输后，数字信号波形会产生什么样的失真。

如果把信道特性等效成一个传输网络，则信号通过信道的传输可用如图 5-17 所示模型来表示。

图 5-17　信道等效模型

其数学表示式为

$$e_o(t) = e_i(t) * h(t) + n(t) \tag{5-11}$$

式中，$e_i(t)$ 为信道输入信号；$e_o(t)$ 为信道输出信号；$n(t)$ 为信道引入的加性干扰噪声；$h(t)$ 为以冲激响应表示的信道特性；*为卷积符号。

式（5-11）是传输响应的一般表示式。如果信道特性 $h(t)$ 和噪声特性 $n(t)$ 是已知的，在给定某一发送信号条件下，就可以求得经过信道传输后的接收信号。

由传输线基本理论可知，传输线衰减频率特性的基本关系是与 $\sqrt{f}$ 成比例变化的（f 是指传输信号频率）。图 5-18 表示出 3 种不同电缆的传输衰减特性。

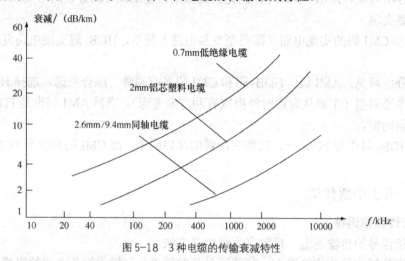

图 5-18　3 种电缆的传输衰减特性

由图 5-18 可见，衰减是与频率有关的，那么当具有较宽频谱的数字信号通过电缆传输后会改变信号频谱幅度的比例关系。

一个脉宽为 0.4μs、幅度为 1V 的矩形脉冲（实际上它代表 1 个"1"码）通过不同长度的电缆传输后的波形如图 5-19 所示（没考虑噪声干扰）。

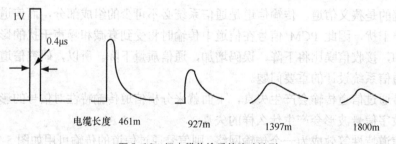

图 5-19　经电缆传输后的脉冲波形

由图 5-19 可见，这种矩形脉冲信号经信道传输后，波形产生失真，其失真主要反映在以下几个方面。

① 接收到的信号波形幅度变小。这是由于传输线存在着衰减造成的，传输距离越长，衰减越大，幅度降低越明显。

② 波峰延后。这反映了传输线的延迟特性。

③ 脉冲宽度大大增加。这是由于传输线有频率特性，使波形产生严重的失真而造成的。

波形失真最严重的后果是产生拖尾，这种拖尾失真将会造成数字信号序列的码间干扰。

图 5-19 是只考虑信道本身的衰减特性时，"1"码的矩形脉冲通过信道传输产生的波形失真。若再考虑噪声干扰，图 5-19 的失真波形会变得更乱。

数字信号序列经过电缆信道传输后会产生波形失真，而且传输距离越长，波形失真越严重。当传输距离增加到某一长度时，接收到的信号将很难识别。为此，PCM 信号传输距离将受到限制。为了延长通信距离，在传输通路的适当距离应设置再生中继装置，即每隔一定的距离加一个再生中继器，使已失真的信号经过整形后再向更远的距离传送。下面就来看看再生中继系统的有关问题。

2．再生中继系统

（1）再生中继系统的构成

再生中继系统的构成框图如图 5-20 所示。再生中继的目的是：当信噪比下降得不太大、波形失真还不很严重时，对失真的波形及时识别判决（识别出是"1"码还是"0"码），只要不误判，经过再生中继后的输出脉冲会完全恢复为原数字信号序列。

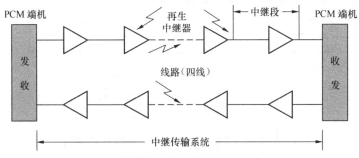

图 5-20 基带传输的再生中继系统

（2）再生中继系统的特点

再生中继系统中，由于每隔一定的距离加一再生中继器，所以它有以下两个特点。

① 无噪声积累

数字信号在传输过程中会受到噪声的影响，噪声主要会导致信号幅度的失真。虽然模拟信号传送一定的距离后也要用增音设备对衰减失真的信号加以放大，但噪声也会被放大，噪声的干扰无法去掉，因此随着通信距离的增加，噪声会积累。而在数字通信的再生中继系统中，由于噪声干扰可以通过对信号的均衡放大、再生判决后去掉，所以理想的再生中继系统是不存在噪声积累的。

但是对再生中继系统来说会出现另一种积累，这就是下面的第二个特点。

② 有误码率的积累

所谓误码，就是指信息码在中继器再生判决过程中因存在各种干扰（码间干扰、噪声干扰等），会导致判决电路的错误判决，即"1"码误判成"0"码，或"0"码误判成"1"码。这种误码现象无法消除，反而随通信距离增长而积累。因为各个再生中继器都有可能出现误码，通信距离越长，中继站也就越多，误码积累也越多。

（3）再生中继器

再生中继系统中的重要组成部分是再生中继器，其构成框图如图 5-21 所示。

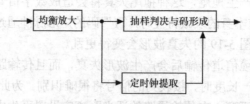

图 5-21 再生中继器构成框图

再生中继器由三大部分组成，即均衡放大、定时钟提取和抽样判决与码形成（即判决再生）。它们的主要功能如下。

- 均衡放大。将接收的失真信号均衡放大成易于抽样判决的波形（均衡波形）。
- 定时钟提取。从接收信码流中提取定时钟频率成分，以获得再生判决电路的定时脉冲。
- 抽样判决与码形成（判决再生）。对均衡波形进行抽样判决，并进行脉冲整形，形成与发端一样的脉冲形状。

再生中继器完整的构成框图，如图 5-22 所示。

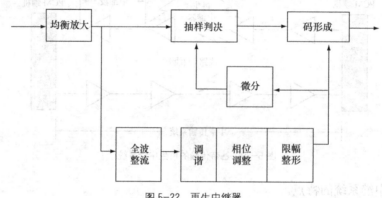

图 5-22 再生中继器

图 5-22 中假设发送信码经信道传输后波形产生失真。由均衡放大器将其失真波形均衡放大成均衡波形 $R(t)$。对 $R(t)$ 进行全波整流后，其频谱中含有丰富的 f_B 成分，经调谐电路（谐振频率为 f_B）只选出 f_B 成分，所以调谐电路输出频率为 f_B 的正弦信号，由相位调整电路对其进行相位调整（目的是使抽样判决脉冲对准各"1"码所对应的均衡波形的波峰，以便正确抽样判决），再通过限幅整形电路将正弦波转换成矩形波（频率为 f_B =2048kHz，周期为 T_B =0.488μs，也就是 1bit），此周期性矩形脉冲信号即为定时钟信号。定时钟信号经微分后便得到抽样判决脉冲（抽样判决与码形成电路只需正的抽样判决脉冲）。在抽样判决与码形成电路中，对均衡波形进行抽样判决并恢复成原脉冲信号序列。

3. 再生中继系统的误码性能

（1）误码率及误码率的累积

PCM 系统中的误码（"1"码误判为"0"码或"0"码误判为"1"码）主要发生在传输信道（包括再生中继器）中。产生误码的原因是多方面的，如噪声、串音以及码间干扰等。当总干扰幅度超过再生中继器的判决门限电平，将会产生误判而出现误码。误码被解码后形成"喀呖"噪声，影响通信质量。衡量误码多少的指标是信道误码率，简称误码率。

① 误码率。

在第 1 章已经介绍过误码率的定义，为方便现重写于下。

误码率的定义为：在传输过程中发生误码的码元个数与传输的总码元之比，即

$$P_\mathrm{e} = \lim_{N \to \infty} \frac{\text{发生误码个数}(n)}{\text{传输总码元}(N)} \tag{5-12}$$

② 误码率的累积。

在实际 PCM 系统中包含着很多个再生中继段，而上述的误码率是指一个再生中继段的误码率。PCM 通信系统要求总误码率在 10^{-6} 以下，因此要分析一下总误码率 P_E 与每一个再生中继段的误码率 P_{ei} 的关系。

一般而言，当误码率 P_{ei} 很小时，在前一个再生中继段所产生的误码传输到后一个再生中继段时，因后一个再生中继段的误判，而将前一个再生中继段的误码纠正过来的概率是非常小的。所以，可近似认为各再生中继段的误码是互不相关的，这样具有 m 个再生中继段的误码率 P_E 为

$$P_\mathrm{E} \approx \sum_{i=1}^{m} P_{ei} \tag{5-13}$$

式中，P_{ei} 为第 i 个再生中继段的误码率。

当每个再生中继段的误码率均相同为 P_e 时，则全程总误码率为

$$P_\mathrm{E} \approx m P_\mathrm{e} \tag{5-14}$$

上式表明，全程总误码率 P_E 是按再生中继段数目成线性关系累积的。

例如，某一 PCM 通信系统共有 $m=100$ 个再生中继段，要求总误码率 $P_\mathrm{E} = 10^{-6}$，根据式（5-14）可算得每一个再生中继段的误码率 P_e 应小于 10^{-8}。

另外再看一例。一个 PCM 通信系统共 100 个再生中继段，其中 99 个再生中继段的信噪比为 22dB，1 个再生中继段的信噪比为 20dB（只恶化 2dB）。可以计算出，信噪比为 22dB 时，$P_\mathrm{e} = 2.3667 \times 10^{-10}$，信噪比为 20dB 时，$P_\mathrm{e} = 4.4602 \times 10^{-7}$，则

$$P_\mathrm{E} = 99 \times 2.3667 \times 10^{-10} + 4.4602 \times 10^{-7} = 4.6945 \times 10^{-7}$$

由此可看出，误码率主要由信噪比最差的再生中继段所决定。哪怕 100 个中继段中 99 个中继段的误码率都很小达 10^{-10} 量级，只有一个中继段的误码率较大为 10^{-7} 量级，那么总的误码率就由信噪比最差的中继段确定为 10^{-7} 量级。

（2）误码信噪比

具有误码的码字被解码后将产生幅值失真，这种失真引起的噪声称为误码噪声。这种误码噪声除与误码率有关外，还与编码律以及误码所在的段落等有关。这里主要分析 A 律 13 折线的误码信噪比。

假设 A 律 13 折线编码中"1"码和"0"码出现的概率相同，各位码元误码的机会相同，同时是相互独立的。另外，由于误码率 P_e 很小，故对每一个码字（8 位码）只考虑误一位码（这样考虑是符合实际情况的）。

一个码字包括极性码、段落码和段内码，所误的一位码在极性码、段落码和段内码内都可能出现，它们的误码影响是不同的。设其误码噪声功率（均方值）分别为 σ_p^2、σ_s^2 和 σ_1^2，经过推导，总误码噪声功率 σ_e^2 为

$$\sigma_e^2 = \sigma_p^2 + \sigma_s^2 + \sigma_1^2 \approx 2881101 P_e \Delta^2 \qquad (5\text{-}15)$$

由于 $\Delta = U/2048$，故

$$\sigma_e^2 \approx 0.686 P_e U^2$$

如令信号功率为 u_e^2，并令 $U = u_e \cdot c$，则上式变为

$$\sigma_e^2 \approx 0.686 P_e \cdot u_e^2 \cdot c^2$$

则误码信噪比为

$$(S/N_e) = \frac{u_e^2}{\sigma_e^2} = \frac{1}{0.686 P_e \cdot c^2}$$

以分贝表示，应为

$$(S/N_e)_{dB} = 10\lg \frac{1}{0.686 P_e \cdot c^2} = 20\lg \frac{1}{c} + 10\lg \frac{1}{P_e} + 1.6 \qquad (5\text{-}16)$$

对于语音信号来说，为了降低过载量化噪声，音量应适当，当 $u_e/U = 1/10$，$(u_e/U)_{dB} = 20\lg$ （u_e/U）$= -20dB$ 时，根据式（5-16）画出的误码信噪比曲线，如图 5-23 所示。

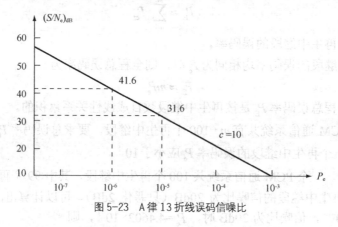

图 5-23　A 律 13 折线误码信噪比

前面提到过，PCM 通信系统要求总误码率要低于 10^{-6}，为什么呢？

由图 5-23 可看出，当 $P_e = 10^{-6}$ 时，误码信噪比 $(S/N_e)_{dB} = 41.6dB$。但若信道误码率高于 10^{-6}，例如 $P_e = 10^{-5}$，则 $(S/N_e)_{dB} = 31.6dB$（P_e 增加一个数量级，误码信噪比下降 10dB），它低于 A 律压缩特性的最大量化信噪比（38dB）。所以为了保证总的信噪比不因误码噪声而显著下降，信道误码率 P_e 应低于 10^{-6}。

5.3　数字信号的频带传输

所谓数字信号的频带传输是对基带数字信号进行调制，将其频带搬移到光波频段或微波频段上，利用光纤、微波、卫星等信道传输数字信号。相应地，数字信号的频带传输系统主要有光纤数字传输系统、数字微波传输系统和数字卫星传输系统。

本节首先简单介绍频带传输系统的基本构成，然后讨论几种基本的调制技术，最后介绍几种具体的频带传输系统。

5.3.1　频带传输系统的基本结构

图 5-24 给出了频带传输系统的两种基本结构。

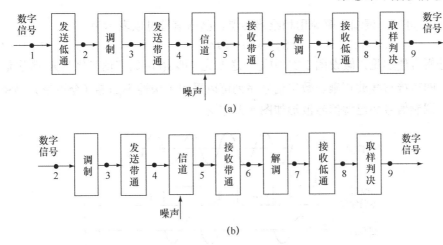

图 5-24 频带传输系统的基本结构

如图 5-24（a）所示，各部分的作用如下。

- 发送低通——对数字信号进行频带限制，数字信号经发送低通基本上形成所需要的基带信号（2 点的信号叫基带信号 $s(t)$）。
- 调制——经过调制将基带信号的频带搬到载频（载波频率）附近的上下边带，实现双边带调制。
- 发送带通——形成信道可传输的信号频谱，送入信道。
- 接收带通——除去信道中的带外噪声。
- 解调——是调制的反过程，解调后的信号中有基带信号和高次产物（2 倍载频成分）。
- 接收低通——除去解调中出现的高次产物，恢复基带信号。
- 取样判决——对恢复的基带信号取样判决还原为数字信号序列。

图 5-24（b）中没有发送低通，是直接以数字信号进行调制，但是在具体实现上是把发送低通的形成特性放在发送带通中一起实现。即把发送低通的特性合在发送带通特性中，最终实现的结果是送入信道，即图 5-24（b）中的 4 点所对应的信号和频谱特性与图 5-24（a）是完全一样的。

5.3.2 数字调制

数字调制的具体实现是利用基带数字信号控制载波（正弦波）的幅度、相位、频率变化，因此，有 3 种基本数字调制方法：数字调幅（ASK，也称幅移键控）、数字调相（PSK，也称相移键控）、数字调频（FSK，也称频移键控）。下面分别加以介绍。

1．数字调幅

（1）ASK 信号的波形及功率谱

数字调幅系统构成框图如图 5-25 所示。

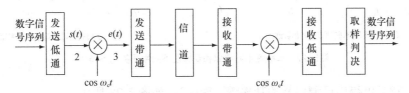

图 5-25 数字调幅系统构成框图

由图 5-25 可见，调制、解调用相乘器实现。已调信号可以表示为

$$e(t) = s(t) \cdot \cos \omega_c t \qquad (5-17)$$

为了分析方便起见，假设图 5-25 中无发送低通（即 $s(t)$ =数字信号序列），数字信号序列直接调制，即直接与载波相乘。数字信号序列可以采用单极性不归零（全占空）码和双极性不归零码，调制信号和已调信号波形如图 5-26 所示。

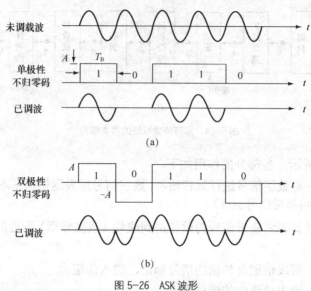

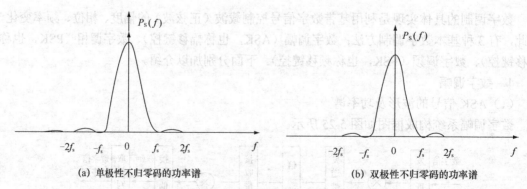

图 5-26 ASK 波形

若设 $s(t)$ 的功率谱（密度）为 $P_S(f)$，则已调信号 $e(t)$ 的功率谱 $P_E(f)$ 可以表示为

$$P_E(f) = \frac{1}{4}\left[P_S(f+f_c) + P_S(f-f_c)\right] \qquad (5-18)$$

式中，f_c 为载波频率。

由式（5-18）可见，如果 $P_S(f)$ 确定，则 $P_E(f)$ 也可确定。单极性不归零（全占空）码和双极性不归零码，其功率谱如图 5-3 所示，现重画如图 5-27 所示。（注：图中 f_s 为符号速率，我们一般分析二进制的数字信号，二进制时符号速率 f_s =传信率 f_B。）

(a) 单极性不归零码的功率谱   (b) 双极性不归零码的功率谱

图 5-27 单极性不归零码和双极性不归零码的功率谱

由式（5-18）可得出已调信号的功率谱（密度），如图 5-28 所示。

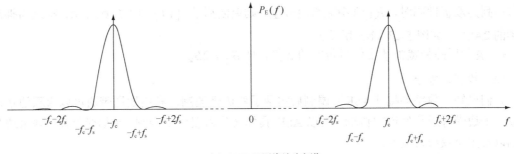

(a) 2ASK已调信号功率谱

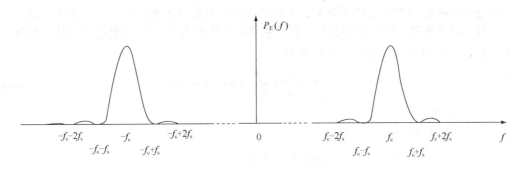

(b) 抑制载频的2ASK已调信号功率谱

图 5-28　已调信号的功率谱（双边功率谱）

如果只画出正频谱，图 5-27 和图 5-28 改画成图 5-29。

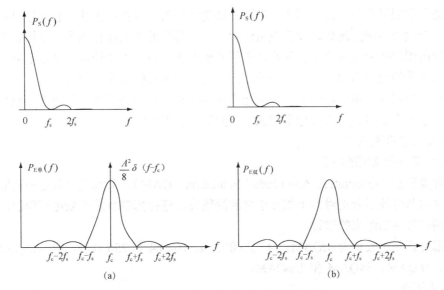

图 5-29　已调信号的功率谱（单边功率谱）

由图 5-29 可得出以下结论。

- 调制后实现了双边带调制，即将基带信号的功率谱搬到载频 f_c 附近的上、下边带。
- 当数字信号序列是单极性码时，$P_s(f)$ 中有直流分量，所以调制后双边带功率谱 $P_E(f)$

中就有载频分量，称之为不抑制载频的 2ASK（简称 2ASK，如图 5-28（a）所示）；当数字信号序列是双极性码时，$P_s(f)$ 中无直流分量，则调制后的 $P_E(f)$ 中无载频分量，称之为抑制载频的 2ASK（如图 5-28（b）所示）。

- 调制后的带宽为基带信号带宽的 2 倍，即 $B_{调} = 2B_{基}$。

（2）数字调幅分类

我们已知，数字调幅（ASK）调制后实现了双边带调制，利用发送带通可以取双边带或只取一个边带等送往信道中传输。所以 ASK 具体又分为双边带调制、单边带调制、残余边带调制以及正交双边带调制。

① 双边带调制

双边带调制是利用发送带通取上、下双边带送往信道中传输。此时，信道带宽等于双边带的带宽，即为基带信号带宽的 2 倍。假设基带信号带宽为 f_m，二进制的数字信号的符号速率 $f_s = f_B$，则双边带调制的频带利用率为

$$\eta = \frac{f_B}{B} = \frac{f_s}{2f_m}(\text{bit}/(\text{s}\cdot\text{Hz})) \tag{5-19}$$

② 单边带调制

单边带调制是利用发送带通取一个边带（上或下边带）送往信道中传输。可见单边带调制的信道带宽等于基带信号带宽，其频带利用率为

$$\eta = \frac{f_B}{B} = \frac{f_s}{f_m}(\text{bit}/(\text{s}\cdot\text{Hz})) \tag{5-20}$$

单边带调制的频带利用率是双边带调制的频带利用率的 2 倍，但实现复杂。

③ 残余边带调制

残余边带调制是介于双边带调制和单边带调制之间的一种调制方法，它是使已调双边带信号通过一个残余边带滤波器，使其双边带中的一个边带的绝大部分和另一个边带的小部分通过，形成所谓的残余边带信号。残余边带信号所占的频带大于单边带，又小于双边带，所以残余边带系统的频带利用率也是小于单边带、大于双边带的频带利用率。

由于双边带调制、单边带调制、残余边带调制分别存在一些问题，目前应用较少。数字调幅中应用最为广泛的是正交双边带调制，下面重点加以介绍。

④ 正交双边带调制

- 正交双边带调制的概念

正交幅度调制（Quadrature Amplitude Modulation，QAM），又称正交双边带调制。它是将两路独立的基带波形分别对两个相互正交的同频载波进行抑制载波的双边带调制，所得到的两路已调信号叠加起来的过程。

正交幅度调制一般记为 MQAM，M 的取值有 4、16、64 和 256 几种，所以正交幅度调制有 4QAM、16QAM、64QAM 和 256QAM。

- 基本原理

正交幅度调制（MQAM）信号产生和解调原理如图 5-30 所示。

MQAM 信号的产生过程如图 5-30（a）所示，输入的二进制序列（总传信速率为 f_B）经串/并变换得到两路信号，每路的信息速率为总传信速率的 1/2，即 $f_B/2$。因为要分别对同频正交载波进行调制，所以分别称它们为同步路和正交路。接下来两路信号分别进行 2/L 电平

变换，每路的电平数 $L = \sqrt{M}$ 。两路 L 电平信号通过发送低通，产生 $s_I(t)$ 和 $s_Q(t)$ 两路独立的基带信号，它们都是不含直流分量的双极性基带信号。

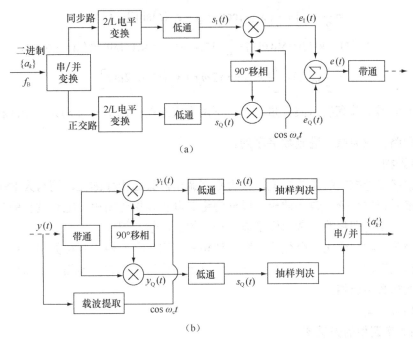

(a)

(b)

图 5-30 MQAM 调制和解调原理图

同步路的基带信号 $s_I(t)$ 与载波 $\cos\omega_c t$ 相乘，形成抑制载频的双边带调制信号 $e_I(t)$ ，即
$$e_I(t) = s_I(t)\cos\omega_c t \tag{5-21}$$

正交路的基带信号 $s_Q(t)$ 与载波 $\cos\left(\omega_c t + \dfrac{\pi}{2}\right) = -\sin\omega_c t$ 相乘，形成另外一路载频的双边带调制信号 $e_Q(t)$ ，即
$$e_Q(t) = s_Q(t)\cos\left(\omega_c t + \frac{\pi}{2}\right) = -s_Q(t)\sin\omega_c t \tag{5-22}$$

两路信号合成后即得 MQAM 信号
$$e(t) = e_I(t) + e_Q(t) = s_I(t)\cos\omega_c t - s_Q(t)\sin\omega_c t \tag{5-23}$$

由于同步路的调制载波与正交路的调制载波相位相差 $\pi/2$ ，所以形成两路正交的功率频谱，4QAM 信号的功率谱如图 5-31 所示，两路都是双边带调制，而且两路信号同处于一个频段之中，可同时传输两路信号，故频带利用率是双边带调制的两倍（如果采用 16QAM、64QAM 和 256QAM，频带利用率将更高）。

正交幅度调制信号的解调采用相干解调方法，其原理如图 5-30（b）所示。假定相干载波与已调信号载波完全同频同相，且假设信道无失真、带宽不限、

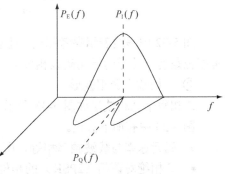

图 5-31 正交幅度调制信号（4QAM）的功率谱

无噪声，即 $y(t)=e(t)$，则两个解调乘法器的输出分别为

$$y_I(t) = y(t)\cos\omega_c t = \left[s_I(t)\cos\omega_c t - s_Q(t)\sin\omega_c t\right]\cos\omega_c t$$

$$= \frac{1}{2}s_I(t) + \frac{1}{2}\left[s_I(t)\cos 2\omega_c t - s_Q(t)\sin 2\omega_c t\right] \tag{5-24}$$

$$y_Q(t) = y(t)(-\sin\omega_c t) = \left[s_I(t)\cos\omega_c t - s_Q(t)\sin\omega_c t\right](-\sin\omega_c t)$$

$$= \frac{1}{2}s_Q(t) - \frac{1}{2}\left[s_I(t)\sin 2\omega_c t + s_Q(t)\cos 2\omega_c t\right] \tag{5-25}$$

经低通滤波器滤除高次谐波分量，上、下两个支路的输出信号分别为 $\frac{1}{2}s_I(t)$ 和 $\frac{1}{2}s_Q(t)$，经判决后，两路合成为原二进制数字序列。

2. 数字调相

以基带数字信号控制载波的相位，称为数字调相，又称相移键控，简写为 PSK。

若按照参考相位来分，数字调相可以分为绝对调相和相对调相。绝对调相的参考相位是未调载波相位；相对调相的参考相位是前一符号的已调载波相位。

如果按照载波相位变化的个数分，数字调相有二相数字调相、四相数字调相、八相数字调相和十六相数字调相。其中，四相数字调相以上的称为多相数字调相。下面重点介绍二相数字调相和四相数字调相。

（1）二相数字调相

① 二相数字调相的矢量图

根据 ITU-T 的建议，二进制数字调相有 A、B 两种相位变化方式，用矢量图表示如图 5-32 所示。

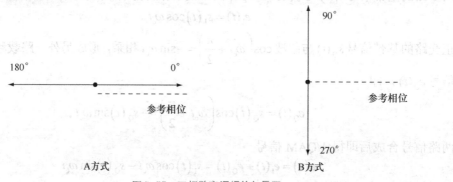

图 5-32　二相数字调相的矢量图

图 5-32 中虚线表示参考相位（注意绝对调相的参考相位是未调载波相位，相对调相的参考相位是前一符号的已调载波相位），矢量图反映了与参考相位相比的相位改变量。

② 二相数字调相波形

二相数字调相波形如图 5-33 所示。

图 5-33 中有如下假设。

● 码元速率与载波频率相等，所以一个符号间隔对应一个载波周期。

● 二相绝对调相（2PSK）的相位变化规则为："1" 与未调载波（$\cos\omega_c t$）相比，相位改变 0，"0" 与未调载波（$\cos\omega_c t$）相比，相位改变 π。

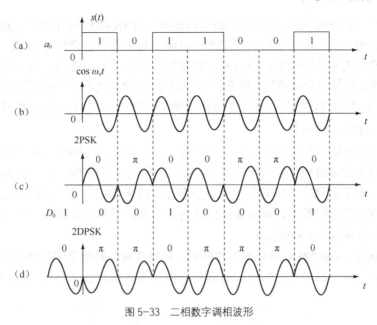

图 5-33　二相数字调相波形

- 二相相对调相（2DPSK）的相位变化规则为："1"与前一符号的已调波相比，相位改变 π，"0"与前一符号的已调波相比，相位改变 0。（上述相位变化规则也可以相反。）

设原数字信号序列为 a_n（数字调相系统构成中没有发送低通，所以基带信号 $s(t)$ 等于数字信号序列 a_n），经过码变换后变为 D_n，D_n 与 a_n 的关系为：$D_n = a_n \oplus D_{n-1}$。

以图 5-33 为例，已知 a_n，求出 D_n（设 D_n 的参考点为 0）：

$$a_n \quad\bigm|\quad 1\ 0\ 1\ 1\ 0\ 0\ 1$$
$$D_n \quad 0\bigm|\ 1\ 1\ 0\ 1\ 1\ 1\ 0$$

经过观察 D_n 与图 5-33 中已调波的关系发现，a_n 的相对调相就是 D_n 的绝对调相，由此得出结论：相对调相的本质就是相对码变换后的数字序列的绝对调相。

③ 2PSK 信号的产生和解调

图 5-34（a）给出的是一种用相位选择法产生 2PSK 信号的原理框图。

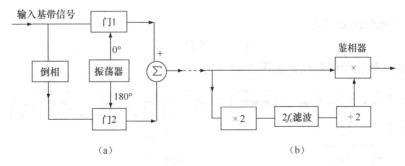

图 5-34　2PSK 信号的产生和解调

如图 5-34（a）所示，振荡器产生 0°、180° 两种不同相位的载波，如输入基带信号为单极性脉冲，当输入高电位"1"码时，门电路 1 开通，输出 0° 相位载波；当输入为低电位时，经倒相电路可以使门电路 2 开通，输出 180° 相位载波，经合成电路输出即为 2PSK 信号。

图 5-34（b）为 2PSK 信号的解调电路原理框图。2PSK 信号的解调与 4QAM 方式一样，需要用相干解调的方式，即需要恢复相干载波以用于与接收的已调信号相乘。由于 2PSK 信号中无载频分量，无法从接收的已调信号中直接提取相干载波，所以一般采用倍频/分频法。首先将输入 2PSK 信号作全波整流，使整流后的信号中含有 $2f_c$ 频率的周期波，然后利用窄带滤波器取出 $2f_c$ 频率的周期信号，再经 2 分频电路得到相干载波 $2f_c$。最后经过相乘电路进行相干解调即可得输出基带信号。

但是，这种 2PSK 信号的解调存在一个问题，即 2 分频器电路输出存在相位不定性（即 2 分频器电路输出的载波相位随机地取 0° 或 180°），称为相位模糊。当二分频器电路输出的相位为 180° 时，相干解调的输出基带信号就会存在 0 或 1 倒相现象，这就是二进制绝对调相方式不能直接应用的原因所在。解决这一问题的方法就是采用相对调相，即 2DPSK 方式。

④ 2DPSK 信号的产生和解调

根据 2DPSK 信号和 2PSK 信号的内在联系，只要将输入的数字序列变换成相对序列，即差分码序列，然后用相对序列去进行绝对调相，便可得到 2DPSK 信号，如图 5-35 所示。

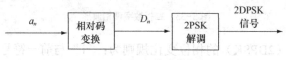

图 5-35　2DPSK 信号的产生

设 a_n、D_n 分别表示绝对码序列和相对（差分）码序列，它们的转换关系为

$$D_n = a_n \oplus D_{n-1} \qquad\qquad (5-26)$$

2DPSK 的解调有两种方法：极性比较法和相位比较法。其中，极性比较法是比较常用的方法，如图 5-36 所示，它首先对 2DPSK 信号进行 2PSK 解调，然后用码反变换器将差分码变为绝对码。

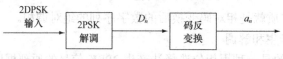

图 5-36　2DPSK 的极性比较法解调

由 D_n 到 a_n 的变换公式为

$$a_n = D_n \oplus D_{n-1} \qquad\qquad (5-27)$$

2DPSK 的相位比较法解调，如图 5-37 所示。

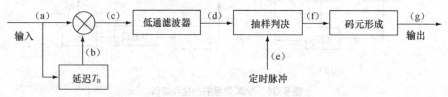

图 5-37　2DPSK 的相位比较法解调

2DPSK 相位比较法解调的波形变换过程如图 5-38 所示。

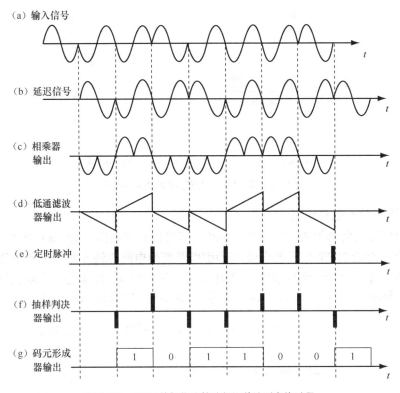

（a）输入信号

（b）延迟信号

（c）相乘器
　　输出

（d）低通滤波
　　器输出

（e）定时脉冲

（f）抽样判决
　　器输出

（g）码元形成
　　器输出

| 1 | 0 | 1 | 1 | 0 | 0 | 1 |

图 5-38　2DPSK 的相位比较法解调的波形变换过程

⑤ 二相数字调相的频带利用率

经过推导可以得出结论：二相调相（包括 2PSK 和 2DPSK）的频带利用率与抑制载频的 2ASK 的频带利用率相同。

（2）四相数字调相

① 四相调相的矢量图

四进制数字调相（QPSK），简称四相调相，是用载波的四种不同相位来表征传送的数字信息。在 QPSK 调制中，首先对输入的二进制数字信号进行分组，将二位编成一组，即构成双比特码元。对于 $k=2$，则 $M = 2^2 = 4$，对应 4 种不同的相位或相位差。

我们把组成双比特码元的前一信息比特用 A 代表，后一信息比特用 B 代表，并按格雷码排列，以便提高传输的可靠性。按国际统一标准规定，双比特码元与载波相位的对应关系有两种，称为 A 方式和 B 方式，它们的对应关系如表 5-6 所示，其矢量表示如图 5-39 所示。

表 5-6　　　　　　　　　　双比特码元与载波相位对应关系

双比特码元		载波相位	
A	B	A 方式	B 方式
0	0	0	$5\pi/4$
1	0	$\pi/2$	$7\pi/4$
1	1	π	$\pi/4$
0	1	$3\pi/2$	$3\pi/4$

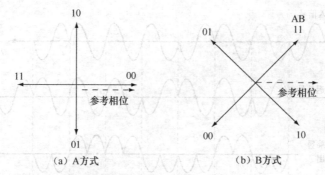

图 5-39 双比特码元与载波相位的对应关系

② 四相调相的产生与解调

QPSK 信号可采用调相法产生，产生 QPSK 信号的原理如图 5-40（a）所示。QPSK 信号可以看作两个正交的 2PSK 信号的合成，可用串/并变换电路将输入的二进制序列依次分为两个并行的序列。设二进制数字分别以 A 和 B 表示，每一对 A、B 称为一个双比特码元。双极性 A 和 B 数据脉冲分别经过平衡调制器，对 0° 相位载波 $\cos \omega_c t$ 和与之正交的载波 $\cos\left(\omega_c t + \dfrac{\pi}{2}\right)$ 进行二相调相，得到如图 5-40（b）所示四相信号的矢量表示图。

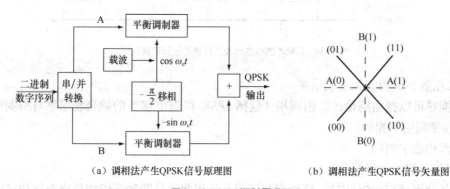

（a）调相法产生QPSK信号原理图   （b）调相法产生QPSK信号矢量图

图 5-40 QPSK 调制原理图

QPSK 信号可用两路相干解调器分别解调，而后再进行并/串变换，变为串行码元序列，QPSK 解调原理如图 5-41 所示。图中，上、下两个支路分别是 2PSK 信号解调器，它们分别用来检测双比特码元中的 A 和 B 码元，然后通过并/串变换电路还原为串行二进制序列。

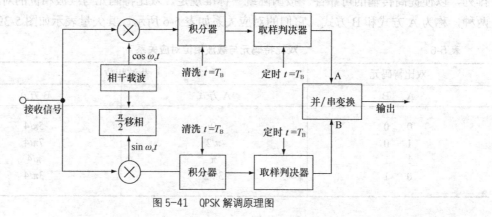

图 5-41 QPSK 解调原理图

图 5-40、图 5-41 分别是 QPSK 信号的产生和解调原理图，如在图 5-40 的串/并变换之前加入一个码变换器，即把输入数字信号序列变换为差分码序列，则即为 4DPSK 信号产生的原理图；相应地在图 5-41 的并/串变换之后再加入一个码反变换器，即把差分码序列变换为绝对码序列，则即为 4DPSK 信号的解调原理框图。

③ 四相调相的频带利用率

经过推导可以得出结论：四相调相的频带利用率与 4QAM 的频带利用率相同。

3. 数字调频

用基带数字信号控制载波的频率，称为数字调频，又称频移键控（FSK）。下面以 2FSK 为例，介绍其基本原理。

（1）2FSK 信号波形

二进制频移键控（2FSK）就是用二进制数字信号控制载波频率，当传送"1"码时输出频率 f_1；当传送"0"码时输出频率 f_0。根据前后码元载波相位是否连续，可分为相位不连续的频移键控和相位连续的频移键控，如图 5-42 所示。

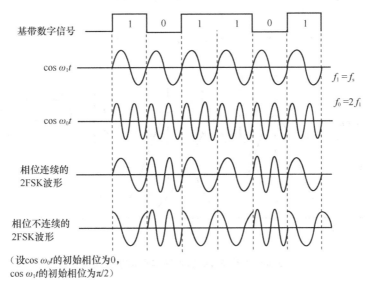

图 5-42　2FSK 信号波形

图 5-43 给出了一个典型的相位不连续的 2FSK 信号波形，它可以看作是载波频率 f_1 和 f_0 的两个非抑制载波的 2ASK 信号的合成。相位不连续的 2FSK 信号的功率谱密度，可利用 2ASK 信号的功率谱密度求得。

（2）2FSK 信号功率谱密度

如前所述，相位不连续的 2FSK 信号是由两个不抑制载频的 2ASK 信号合成，故其功率谱密度也是两个不抑制载频的 2ASK 信号的功率谱密度的合成，如图 5-44 所示（假设无发送低通，其作用由发送带通完成，且仅是简单的频带限制）。

其中，曲线 a 所示功率谱密度曲线为两个载波频率之差满足 $f_0 - f_1 = 2f_s$ 的情形，此时两个 2ASK 信号的功率谱密度曲线的连续谱部分刚好在 f_c 相接，即若 $f_0 - f_1 > 2f_s$，则两个 2ASK 信号的功率谱密度曲线之间有一段间隔，且 2FSK 信号功率谱的连续谱呈现双峰；曲线 b 所示功率谱密度曲线为两个载波频率之差满足 $f_0 - f_1 = 0.8f_s$ 的情形，此时 2FSK 信号功率谱的连续谱呈现单峰。

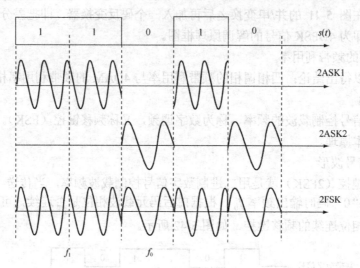

图 5-43　相位不连续的 2FSK 信号波形

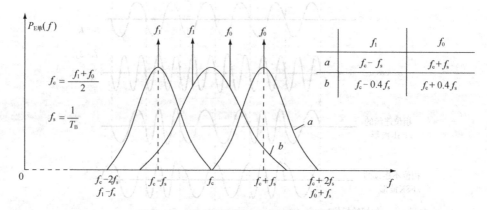

图 5-44　相位不连续的 2FSK 信号的功率谱密度

由图 5-44 可以看出以下两点。

① 相位不连续的 2FSK 信号的功率谱密度是由连续谱和离散谱组成。

- 连续谱由两个双边带谱叠加而成；
- 离散谱出现在 f_1 和 f_0 的两个载波频率的位置上。

② 若两个载波频率之差较小，连续谱呈现单峰；如两个载波频率之差较大，连续谱呈现双峰。

对 2FSK 信号的带宽，通常是作如下考虑的：若调制信号的码速率以 f_s 表示，载波频率 f_1 的 2ASK 信号的大部分功率是位于 $f_1 - f_s$ 和 $f_1 + f_s$ 的频带内，而载波 f_0 的 2ASK 信号的大部分功率是位于 $f_0 - f_s$ 和 $f_0 + f_s$ 的频带内。因此，相位不连续的 2FSK 的带宽约为

$$B = 2f_s + |f_1 - f_0| = (2 + h)f_s \tag{5-28}$$

其中，$h = \dfrac{|f_1 - f_0|}{f_s}$ 称为频移指数。

由于采用二电平传输，即 $f_B = f_s$，则频带利用率为

$$\eta = \frac{f_B}{B} = \frac{f_s}{(2+h)f_s} = \frac{1}{2+h}(\text{bit}/(\text{s}\cdot\text{Hz})) \tag{5-29}$$

（3）2FSK 信号的产生

前述已说明，2FSK 信号是两个数字调幅信号之和，故此，2FSK 信号可用两个数字调幅信号相加的办法产生。图 5-45 所示是 2FSK 信号产生的原理图。

图 5-45（a）为相位不连续的 2FSK 信号产生的原理，利用数字信号的"1"和"0"分别选通门电路 1 和 2，以分别控制两个独立的振荡源 f_1 和 f_0，并求和即可得到相位不连续的 2FSK 信号。

图 5-45（b）为相位连续的 2FSK 信号产生的原理图，利用数字信号的"1"和"0"的电压的不同控制一个可变频率的电压控制振荡器，以产生两个不同频率的信号 f_1 和 f_0，这样两个频率变化时相位就是连续的。

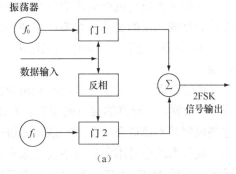

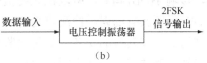

图 5-45　2FSK 信号的产生

注： 由于篇幅所限，在此只简单介绍最基本的数字调制方法，除此之外，还有偏移（交错）正交相移调制（OQPSK）、最小频移键控调制等高效带宽调制方法，读者可参阅《数据通信原理》等相关书籍。

5.3.3　数字信号的频带传输系统

数字信号的频带传输系统主要有光纤数字传输系统、数字微波传输系统和数字卫星传输系统，下面分别加以介绍。

1．光纤数字传输系统

光纤通信是利用光导纤维传输光波信号的通信方式。光纤数字传输系统是对数字信号进行光调制（"1"码发光，"0"码不发光），将其转换为光信号，然后在光纤中传输的系统。其构成框图如图 5-46 所示。

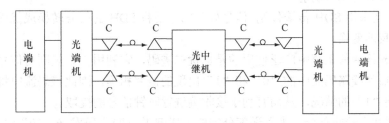

图 5-46　光纤数字传输系统

光纤数字传输系统由电端机、光端机、光中继机、光纤线路和光活动连接器等组成，各部分的作用如下。

（1）电端机

电端机的作用是为光端机提供各种标准速率等级的数字信号源和接口。电端机输出的可

以是 PCM 各次群（一、二、三、四次群等，利用光纤传输的一般是四次群），也可以是经 SDH 复用器输出的 SDH 同步传递模块。

（2）光端机

光端机把电端机送来的数字信号进行适当处理后变成光脉冲送入光纤线路进行传输，接收端则完成相反的变换。光端机主要由信号处理、光发送和光接收及辅助电路构成。

① 信号处理部分。对电端机送来的数字信号进行适当处理，如码型变换等，以适应光的传输。

通过前面的学习，我们已经知道 PCM 通信系统的接口码型分别是 HDB₃ 码（PCM 一次群、二次群、三次群的接口码型）和 CMI 码（四次群的接口码型）。但是 PCM 通信系统中的这些码型并不都适合于在光纤通信系统中传输，例如 HDB₃ 码有+1、−1 和 0 三种状态，而在光纤通信系统中是用发光和不发光来表示 "1" 和 "0" 两种状态的，因此在光纤通信系统中是无法传输 HDB₃ 码的，所以在光端机中必须进行码型变换。可是在进行码型变换后将失去原 HDB₃ 码所具有的误码检测等功能。另外，在光纤通信系统中，除了需要传输主信号外，还需要增加一些其他的功能，如传输监控信号、区间通信信号、公务通信信号和数据通信信号，当然也需要有不间断进行误码检测功能等。为此需要在原来码速率基础上，提高一点码速率以增加一些冗余量。

- 若光纤上采用 PDH 传输体制，信号处理部分要将电端机输出的 PCM 各次群的码型转换成分组码或插入比特码，接收端完成相反的变换。

分组码也称为 $mBnB$ 码，它把输入码流中 m 比特分为一组，然后插入冗余比特，使之变为 n 比特。分组码常见的有 5B6B 码、3B4B 码等。

插入比特码是在每 m 比特为一组的基础上，在这一组的末尾一位后边插入一个比特。根据所插入比特的功能不同，插入比特码可分为奇偶校验码 $mB1P$ 码、反码 $mB1C$ 码和混合码 $mB1H$ 码。$mB1P$ 码是在每 m 比特后插入一个奇偶校验码，称为 P 码。奇校验码时 P 码的作用是保证每个码组内 1 码的个数为奇数，偶校验码时 P 码的作用是保证每个码组内 1 码的个数为偶数。$mB1C$ 码则在每 m 比特后插入一个反码，称为 C 码。C 码的作用是如果第 m 比特为 1 时，C 码为 0，反之为 1。$mB1H$ 码是在每 m 比特后插入一个混合码，称为 H 码。H 码除了可以具有 $mB1P$ 码或 $mB1C$ 码的功能外，还可以同时用来完成几路区间通信、公务联络、数据传输以及误码检测等功能。

- 若光纤上采用 SDH 传输体制，信号处理部分要将 SDH 的信号转换成扰码的 NRZ 码，接收端完成相反的变换。

在 SDH 光纤通信系统中广泛使用的是加扰二进码，它利用一定规则对信号码流进行扰码，经过扰码后使线路码流中的 "0" 和 "1" 出现的概率相等，因此该码流中将不会出现长连 "0" 和长连 "1" 的情况，从而有利于接收端进行时钟信号的提取。

② 光发送和光接收部分。光发送部分完成电/光变换（"1" 码发光，"0" 码不发光），即进行光调制；光接收部分完成光/电变换。

③ 辅助电路。辅助电路包括告警、公务、监控、区间通信等便于操作、维护及组网等方面功能的部分。

需要说明的是，目前在光纤数字传输系统中一般传输的是 SDH 同步传递模块，此时电端机主要包括 SDH 终端复用器（TM）等设备，而且光端机的功能往往内置在 TM 中。

（3）光中继机

光中继机的作用是将光纤长距离传输后受到较大衰减及色散畸变的光脉冲信号转换成电信号后进行放大整形、再定时，再生为规划的电脉冲信号，再调制光源变换为光脉冲信号送入光纤继续传输，以延长传输距离。

（4）光纤线路和光活动连接器

系统中信号的传输媒介是光纤。每个系统使用两根，发信、收信各用一根光纤。光端机和光中继机的发送和接收光信号均通过光活动连接器与光纤线路连接。

2．数字微波传输系统

数字微波通信是以微波作为载体传送数字信号的一种通信手段。数字微波传输系统的构成框图如图 5-47 所示。

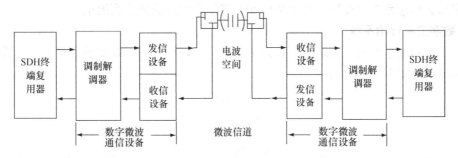

图 5-47　数字微波传输系统

图 5-47 中显示的是 SDH 数字微波传输系统，它由 SDH 终端复用器、调制解调器、微波收发信设备及微波信道等组成，下面分别加以介绍。

（1）SDH 终端复用器

发端的 SDH 终端复用器将各支路信号复用成为 STM-N 电信号，再转换成 STM-N 光信号输出。接收端完成相反的变换。

（2）调制解调器

调制解调器具体包括光接口设备、数字处理器（DSP）和中频调制解调器。

① 光接口设备。发端的光接口设备首先将来自 SDH 终端复用器的 STM-N 光信号转换为电信号，然后形成特定的微波传输所用的帧结构。接收端光接口设备则完成相反的变换。

② 数字处理器（DSP）。数字处理器负责完成 SDH 微波传输中所要求的信号处理功能，主要包括插入微波辅助开销 RFCOH（用于微波信道的操作、维护和管理）等形成完整的微波帧、扰码、纠错编码等。

③ 中频调制解调器。数字微波传输系统中的调制是分两步进行的，第一步先将基带信号调制到中频（70MHz 或 140MHz）上，然后利用射频载波（频率为几千 MHz）将其混频到微波射频（在长途微波接力信道上，工作频率一般在 2～20GHz）上。

（3）微波收发信设备

微波发信设备完成射频混频和放大等功能，然后由微波馈线、天线发射到空间传输；收端完成相反的变换。如果收、发共用同一天线、馈线系统，则收、发使用不同的微波射频频率，若采用收、发频率分开的两个天线、馈线系统，则收、发可采用相同的射频频率，但要采用不同的极化方式。

（4）微波信道

微波信道包括电磁波传播的空间及一些微波站。微波站主要有中继站、分路站和枢纽站。

① 中继站。中继站是位于线路中间、不上下话路的站。其作用是对收到的已调信号进行解调、判决和再生处理，以消除传输中引入的噪声干扰和失真。这种设备中不需配置倒换设备，但应有站间公务联络和无人职守功能。

② 分路站。分路站也位于线路中间的站，它既可以上下某收、发信道的部分支路，也可以沟通干线上两个方向之间的通信，完成再生功能。分路站是为了适应一些地方的小容量的信息交换而设置。

③ 枢纽站。枢纽站处在微波通信线路的中间，它也可以上下话路，对二条以上微波通信线路进行汇接，它一般设在省会以上大城市。

数字微波传输系统主要用于长途通信和地形复杂地区的短距离通信。

3. 数字卫星传输系统

数字卫星传输系统利用人造卫星作为中继站，在地球上的无线电通信站之间传送数字信号。其构成框图如图 5-48 所示。

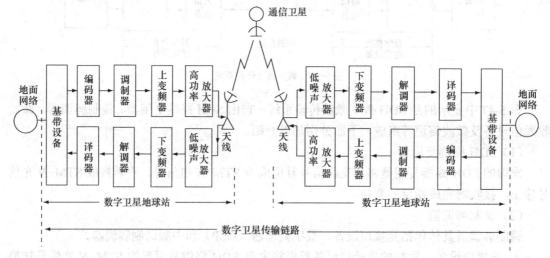

图 5-48 数字卫星传输系统

用户发出的基带信号经过地面通信网络送到数字地球站，地面网络可能是一个电话交换网，或是连到地球站的专用线路。来自地面网络的数字信号进入数字地球站的基带设备，在此除了进行数字信号的复用外还要进行其他处理，以适合卫星通信传输的要求。编码器完成纠错编码的功能，将附加数字码插入到基带设备输出的码流中，然后经过中频调制后，在上变频器中将已调中频载波混频到卫星上行频谱的射频上，最后经放大后由天线发射到卫星上。

在地球站的接收端，天线接收到的信号首先经低噪声放大器放大，然后经下变频器将射频混频到中频，再经中频解调和译码后恢复信息码流，最后经基带设备处理后传送到地面网络。

数字卫星通信可提供电话、电视、音乐广播、数据传输和电报等各种业务。随着各种新技术的不断发展，容量越来越大。如国际卫星通信组织的 INTELSAT-V（简记为 IS-V）的容量可达 12000 路双向电话再加两路彩电，美国的 COMSTAR 达到 14400 路双向电话。

小 结

1. 数字信号的传输方式分为基带传输和频带传输。基带传输就是编码处理后的数字信号（此信号叫基带数字信号）直接在信道中传输，基带传输的信道是电缆信道；频带传输是将基带数字信号的频带搬到适合于光纤、无线信道传输的频带上再进行传输。

2. 基带传输系统的基本构成主要包括发送滤波器、信道、接收滤波器及抽样判决器。其中发送滤波器、信道、接收滤波器可等效为一个传输网络。此传输网络若为理想低通滤波器或是以 $C(f_N, 1/2)$ 点呈奇对称滚降的低通滤波器，又当数字信号的符号速率为 $2f_N$ 时，则传输网络输出端信号 $R(t)$ 波形在抽样判决点无码间干扰。无码间干扰的条件为

$$R(kT_B) = \begin{cases} 1 （归一化值） & k=0 （本码判决点） \\ 0 & k \neq 0 的整数 （非本码判决点） \end{cases}$$

3. 对基带传输码型的要求主要有：传输码型的功率谱中不含直流分量，低频分量、高频分量要尽量少，便于定时钟提取，具有一定的检测误码能力，对信源统计依赖性最小，另外码型变换设备简单、易于实现。

常见的传输码型有 NRZ 码、RZ 码、AMI 码、HDB$_3$ 码及 CMI 码，其中符合要求最适合基带传输的码型是 HDB$_3$ 码。另外，AMI 码也是 ITU-T 建议采用的基带传输码型，但其缺点是当连 "0" 过多时对定时钟提取不利。CMI 码一般作为四次群的接口码型。

4. 数字信号序列经过电缆信道传输后会产生波形失真，而且传输距离越长，波形失真越严重。为了消除波形失真、延长通信距离，PCM 通信系统每隔一定的距离加一个再生中继器。再生中继的目的是：当信噪比下降得不太大的时候，对失真的波形及时识别判决恢复为原数字信号序列。

再生中继系统的特点是：无噪声积累，但有误码率的积累。

再生中继器由三大部分组成：均衡放大——将接收的失真信号均衡放大成易于抽样判决的波形（均衡波形）；定时钟提取——从接收信码流中提取定时钟频率成分，以获得再生判决电路的定时脉冲；抽样判决与码形成（判决再生）——对均衡波形进行抽样判决，并进行脉冲整形，形成与发端一样的脉冲形状。

噪声、串音以及码间干扰等严重时会造成误码，衡量误码多少的指标是误码率。误码率的定义为：在传输过程中发生误码的码元个数与传输的总码元之比。m 个再生中继段的误码率是累积的：$P_E \approx \sum\limits_{i=1}^{m} P_{ei}$。

具有误码的码字被解码后将产生幅值失真，这种失真引起的噪声称为误码噪声。这种误码噪声除与误码率有关外，还与编码律以及误码所在的段落等有关。A 律 13 折线的误码信噪比为 $(S/N_e)_{dB} = 20\lg\dfrac{1}{c} + 10\lg\dfrac{1}{P_e} + 1.6$。

5. 频带传输系统的基本结构参见图 5-24。

数字调制有三种基本方法：数字调幅（ASK）、数字调相（PSK）及数字调频（FSK）。

数字调幅（ASK）是利用基带数字信号控制载波幅度变化。ASK 具体又分为双边带调制、

单边带调制、残余边带调制以及正交双边带调制。其中，正交双边带调制在实际中应用较为广泛，常见的有 4QAM、16QAM、64QAM 和 256QAM。

数字调相（PSK）是指载波的相位受数字信号的控制作不连续的、有限取值的变化的一种调制方式。根据载波相位变化的参考相位不同，数字调相可以分为绝对调相（PSK）和相对调相（DPSK），绝对调相的参考相位是未调载波相位，相对调相的参考相位是前一码元的已调载波相位；根据载波相位变化个数不同，数字调相又可以分为二相数字调相、四相数字调相、八相数字调相、十六相数字调相等。四相以上的数字调相统称为多相数字调相。

数字调频（FSK）是用基带数字信号控制载波频率，最常见的是二元频移键控（2FSK）。所谓 2FSK 是当传送"1"码时送出一个频率为 f_1 的载波信号，当传送"0"码时送出另一个频率为 f_0 的载波信号。根据前后码元的载波相位是否连续，分为相位不连续的 2FSK 和相位连续的 2FSK。

6. 数字信号的频带传输系统主要有光纤数字传输系统、数字微波传输系统和数字卫星传输系统。

光纤数字传输系统由电端机、光端机、光中继机、光纤线路和光活动连接器等组成。

SDH 数字微波传输系统由 SDH 终端复用器、调制解调器、微波收发信设备及微波信道等组成。

数字卫星传输系统利用人造卫星作为中继站，在地球上的无线电通信站之间传送数字信号。

习 题

5-1　以理想低通网络传输 PCM30/32 路系统信号时，所需传输通路的带宽为何值？如以滚降系数 $\alpha=0.5$ 的滚降低通网络传输时，带宽为何值？

5-2　设基带传输系统等效为理想低通，截止频率为 1000kHz，数字信号采用二进制传输，数码率为 2048kbit/s，问取样判决点是否无符号间干扰？

5-3　设数字信号序列为 101101011101，试将其编成下列码型，并画出相应的波形。

（1）单极性归零码；

（2）AMI 码；

（3）HDB$_3$ 码。

5-4　AMI 码的缺点是什么？

5-5　某 CMI 码为 11000101110100，试将其还原为二进码（即 NRZ 码）。

5-6　什么叫传输码型的误码增殖？

5-7　频带传输系统有哪几种？

5-8　数字调制有哪几种基本方法？

第 **6** 章 SDH 网络技术与应用

4.2 节介绍了同步数字体系（SDH）的基本概念及复用映射结构等。目前，许多通信网交换局之间都采用 SDH 网作为传输网，它为交换局之间提供高速高质量的数字传送能力。

本章介绍有关 SDH 传输网的网络技术与应用，主要包括 SDH 传输网结构、SDH 传输网的网络保护、SDH 传输网的网同步、基于 SDH 的 MSTP 技术，以及 SDH 和 MSTP 技术的应用。

6.1 SDH 传输网结构

6.1.1 SDH 传输网的拓扑结构

网络的物理拓扑泛指网络的形状，即网络节点和传输线路的几何排列，它反映了物理上的连接性。网络的效能、可靠性和经济性在很大程度上均与具体物理拓扑有关。

当通信只涉及两点时，即点到点拓扑，常规的 PDH 系统和初期应用的 SDH 系统都是基于这种物理拓扑的，除这种简单情况外，SDH 网还有 5 种基本拓扑结构，如图 6-1 所示。

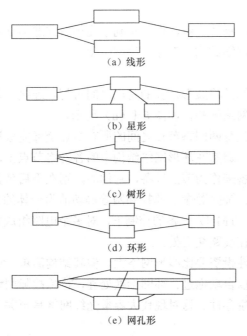

(a) 线形

(b) 星形

(c) 树形

(d) 环形

(e) 网孔形

图 6-1　SDH 网基本物理拓扑类型

1. 线形拓扑结构

将通信网络中的所有点一一串联，而使首尾两点开放，这就形成了线形拓扑结构，有时也称为链形拓扑结构，如图 6-1（a）所示。

线形拓扑结构的网络的两端节点上配备有终端复用器（TM），而在中间节点上配备有分插复用器（ADM），为了延长距离，节点间可以加中继器（REG）。

这种网络结构简单，便于采用线路保护方式进行业务保护，但当光缆完全中断时，此种保护功能失效。另外这种网络的一次性投资小，容量大，具有良好的经济效益，因此很多地区采用此种结构来建立 SDH 网络。

2. 星形拓扑结构

星形拓扑结构是通信网络中某一特殊节点（即枢纽点）与其他各节点直接相连，而其他各节点间不能直接连接，如图 6-1（b）所示。

在这种拓扑结构中，特殊节点之外两节点间通信都必须通过此枢纽点才能进行，特殊节点为经过的信息流进行路由选择并完成连接功能。一般在特殊节点配置数字交叉连接设备（DXC）以提供多方向的连接，而在其他节点上配置终端复用器（TM）。

星形拓扑结构的优点是可以将多个光纤终端统一成一个终端，并利于分配带宽，节约投资和运营成本。但也存在着特殊点的安全保障问题和潜在瓶颈问题，在枢纽节点上业务过分集中，并且只允许采用线路保护方式，因此系统的可靠性能不高，故仅在初期的 SDH 网络建设中出现，目前多使用在业务集中的接入网中。

3. 树形拓扑结构

树形拓扑结构可以看成是线形拓扑和星形拓扑的结合，即将通信网络的末端点连接到几个特殊节点，如图 6-1（c）所示。

通常在这种网络结构中，连接 3 个以上方向的节点应设置 DXC，其他节点可设置 TM 或 ADM。

树形拓扑结构可用于广播式业务，但它不利于提供双向通信业务，同时还存在瓶颈问题和光功率限制问题。这种网络结构一般在长途网中使用。

4. 环形拓扑结构

环形拓扑结构实际上就是将线形拓扑的首尾之间再相互连接，从而任何一点都不对外开放，构成一个封闭环路的网络结构，如图 6-1（d）所示。

在环形网络中，只有任意两网络节点之间的所有节点全部完成连接之后，任意两个非相邻网络节点才能进行通信。通常在环形网络结构中的各网络节点上，可选用分插复用器，也可以选用数字交叉连接设备来作为节点设备，它们的区别在于后者具有交叉连接功能，它是一种集复用、自动化配线、保护/恢复、监控和网管等功能为一体的传输设备，可以在外接的操作系统或电信管理网络（TMN）设备的控制下，对多个电路组成的电路群进行交换，因此其成本很高，故通常使用在线路交汇处。

环形网络结构的一次性投资要比线形网络大，但其结构简单，而且在系统出现故障时，具有自愈功能，即系统可以自动地进行环回倒换处理，排除故障网元，而无须人为的干涉就可恢复业务，具有很强的生存性。这对现代大容量光纤网络是至关重要的，因而环形网络结构受到人们广泛关注。

5. 网孔形拓扑结构

当涉及通信的许多点直接互相连接时就形成了网孔形拓扑结构，若所有的点都彼此连接即称为理想的网孔形拓扑（网形网），如图 6-1（e）所示。

通常在业务密度较大的网络中的每个网络节点上均需设置一个 DXC，可为任意两节点间提供两条以上的路由。这样一旦网络出现某种故障，则可通过 DXC 的交叉连接功能，对受故障影响的业务进行迂回处理，以保证通信的正常进行。

由此可见，这种网络结构的可靠性高，但由于目前 DXC 设备价格昂贵，如果网络中采用此设备进行高度互联，则会使光缆线路的投资成本增大，从而一次性投资大大增加，故这种网络结构一般在 SDH 技术相对成熟、设备成本进一步降低、业务量大且密度相对集中时采用。

从以上可看出，各种拓扑结构各有其优缺点。在具体选择时，应综合考虑网络的生存性、网络配置的容易性，同时网络结构应当适于新业务的引进等多种实际因素和具体情况。一般来说，用户接入网适于星形拓扑和环形拓扑，有时也可用线形拓扑；中继网适于环形和线形拓扑；长途网则适于树形和网孔形的结合。

6.1.2　SDH 传输网的分层结构

1. SDH 的组网原则

在进行 SDH 传输网组网时，应该参照原邮电部 1994 年制定的《光同步传输技术体制》的相关标准和有关规定，并结合具体情况，确定网络拓扑结构、设备选型等内容。在此过程中还应注意以下问题。

① SDH 传输网络的建设应有计划地分步骤实施。一个实用 SDH 网络结构相当复杂，它与经济、环境以及当前业务量发展状况有关，因而必须进行统一规划。在国家一级干线中，一般可先建立环形网络，然后再逐步过渡到网孔形网络。这样在保证网络的生存性的同时，可利用 SDH 技术实现大容量、机动灵活的话路业务的上下，而在省、市二级干线一般可先建立线形和环形混合结构。当资金、业务量和技术等条件均成熟之后，再逐步向更为完善的网络结构过渡。

② 由于在全国范围内都在不断地扩大各自本地电话网的范围，因而 SDH 网络规划应与之协调，省内传输网络建设一般应覆盖所有长途传输中心所在的城市。

③ 我国的长途传输网目前是由省际网（一级干线网）和省内网（二级干线网）两个层面组成的，SDH 网络规划应考虑两个层的合理衔接。

④ 早期的 PDH 网络是为点对点的话路业务而设计的网络，而目前业务种类很多，因此在建立 SDH 干线传输网时，除考虑电话业务之外，还应兼顾如数据、图文、视频、多媒体、租用线路等业务的传输要求。另外还应从网络功能划分方面考虑到支撑网，如信令网、电信管理网和同步网对传输的要求，同时还要充分考虑网络安全性问题，以此根据网络拓扑和设备配置情况，确定网络冗余度、网络保护和通道调度方式。

⑤ 我国采用的是 PCM30/32 路为一次群的 PDH 体制，共存在 4 种速率系统，但我国的 SDH 复用映射结构中，仅对 PDH 2Mbit/s、34Mbit/s、140Mbit/s3 种支路信号提供了映射路径，又由于 34Mbit/s 信号的频带利用率最低，故而建议使用 2Mbit/s、140Mbit/s 接口，如需要可经主管部门批准后，为 34Mbit/s 支路信号提供接口。

⑥ 新建立的 SDH 网络是叠加在现有的 PDH 网络之上，两种网络之间的互连可通过边界上的标准接口来实现，但应尽量减少互连的次数以避免抖动的影响。

2. 我国的 SDH 传输网分层结构

我国的 SDH 传输网根据网络的运营、管理和地理区域等因素分为 4 个层面，如图 6-2 所示。

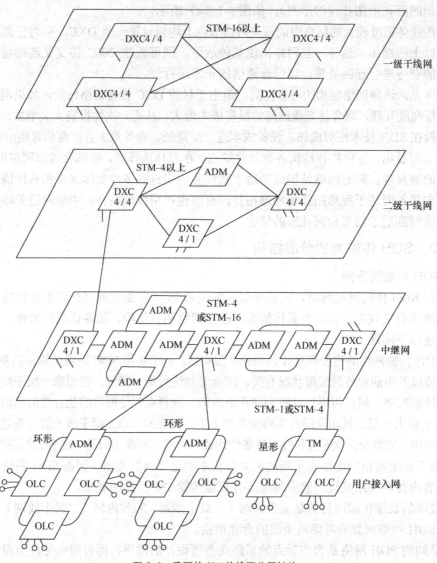

图 6-2 我国的 SDH 传输网分层结构

最高层面为长途一级干线网，主要省会城市及业务量较大的汇接节点城市装有 DXC4/4，其间由高速光纤链路 STM-16 或 STM-64 组成，形成了一个大容量、高可靠的网孔形国家骨干网结构，并辅以少量其他拓扑结构。由于 DXC4/4 也具有 PDH 体系的 140Mbit/s 接口，因而原有的 PDH 的 140Mbit/s 和 565Mbit/s 系统也能纳入由 DXC4/4 统一管理的长途一级干线网中。另外，该层面采用 DXC 选路加系统保护的恢复方式。

第二层面为二级干线网，主要汇接节点装有 DXC4/4 或 DXC4/1，其间由 STM-4 或 STM-16 组成，形成省内网状或环形骨干网结构，并辅以少量线形网结构。由于 DXC4/1 有 2Mbit/s、34Mbit/s 或 140Mbit/s 接口，因而原来 PDH 系统也能纳入统一管理的二级干线网，并具有灵活调度电路的能力。该层面采用 DXC 选路、自愈环及系统保护的恢复方式。

第三层面为中继网（即长途端局与市局之间以及市话局之间的部分），可以按区域划分为若干个环，由 ADM 组成速率为 STM-4 或 STM-16 的自愈环，也可以是路由备用方式的两节点环。这些环具有很高的生存性，又具有业务量疏导功能。环形网中主要采用复用段倒换环方式，但究竟是四纤还是二纤取决于业务量和经济的比较。环间由 DXC4/1 沟通，完成业务量疏导和其他管理功能。同时也可以作为长途网与中继网之间以及中继网和用户接入网之间的网关或接口，最后还可以作为 PDH 与 SDH 之间的网关。该层面采用自愈环或 DXC 选路（必要时）的恢复方式。

最低层面为用户接入网。由于处于网络的边界处，业务容量要求低，且大部分业务量汇集于一个节点（端局）上，因而采用环形网和星形网（或链形）都十分适合于该应用环境，所需设备除 ADM 外，还有光用户环路载波系统（OLC）。速率为 STM-1 或 STM-4，接口可以为 STM-1 光/电接口，PDH 体系的 2Mbit/s、34Mbit/s 或 140Mbit/s 接口，普通电话用户接口，小交换机接口以及城域网接口等。该层面一般采用通道倒换环的自愈方式或无保护方式（为了节省投资，许多地方的链形网不采用保护方式，详见后面的线路保护倒换）。

综上所述，我国的 SDH 传输网结构具有以下几个特点。

① 具有四个相对独立而又综合一体的层面。

② 简化了网络规划设计。

③ 适应现行行政管理体制。

④ 各个层面可独立实现最佳化。

⑤ 具有体制和规划的统一性、完整性和先进性。

另外需要说明的是，今后我国的 SDH 传输网结构有可能将 4 个层面逐渐简化为两个层面，即一级和二级干线网融为一体，组成长途网；中继网和接入网融为一体，组成本地网。

6.2　SDH 传输网的网络保护

SDH 传输网的一个突出优势是具有自愈功能，利用其可以进行网络保护。所谓自愈就是无须人为干预，网络就能在极短时间内从失效故障中自动恢复所携带的业务，使用户感觉不到网络已出了故障。其基本原理就是使网络具备备用（替代）路由，并重新确立通信能力。自愈的概念只涉及重新确立通信，而不管具体失效元部件的修复与更换，而后者仍需人工干预才能完成。

SDH 传输网目前主要采用的网络保护方式有线路保护倒换、环形网保护和子网连接保护等，下面分别加以介绍。

6.2.1　线路保护倒换

线路保护倒换是最简单的自愈形式，一般用于链形网。其基本原理是当出现故障时，由工作通道（主用）倒换到保护通道（备用），用户业务得以继续传送。

1. 线路保护倒换方式

线路保护倒换有两种方式。

（1）1+1 方式

1+1 方式采用并发优收，即工作段和保护段在发送端永久地连在一起（桥接），信号同时发往工作段（主用）和保护段（备用），在接收端择优选择接收性能良好的信号。

（2）1：n 方式

所谓1：n 方式是保护段由 n 个工作段共用，正常情况下，信号只发往工作段，保护段空闲，当其中任意一个工作段出现故障时，信号均可倒换至保护段（一般 n 的取值范围为 1～14）。1：1 方式是 1：n 方式的一个特例。

2．线路保护倒换的特点

归纳起来，线路保护倒换的主要特点如下。

① 业务恢复时间很快，可短于 50ms。

② 若工作段和保护段属同缆复用（即主用和备用光纤在同一缆芯内），则有可能导致工作段（主用）和保护段（备用）同时因意外故障而被切断，此时这种保护方式就失去作用了。解决的办法是采用地理上的路由备用，当主用光缆被切断时，备用路由上的光缆不受影响，仍能将信号安全地传输到对端。但该方案至少需要双份的光缆和设备，成本较高，所以为了节省投资，许多地方的链形网不采用保护方式（无保护方式）。

6.2.2 环形网保护

当把网络节点连成一个环形时，可以进一步改善网络的生存性和成本，这是 SDH 网的一种典型拓扑结构。环形网的节点一般用 ADM（也可以用 DXC），而利用 ADM 的分插能力和智能构成的自愈环是 SDH 的特色之一，也是目前研究和应用比较活跃的领域。

采用环形网实现自愈的方式称为自愈环。

目前自愈环的结构种类很多，按环中每个节点插入支路信号在环中流动的方向来分，可以分为单向环和双向环；按保换倒换的层次来分，可以分为通道倒换环和复用段倒换环；按环中每一对节点间所用光纤的最小数量来分，可以分为二纤环和四纤环。下面分析几种常用的自愈环。

1．二纤单向通道倒换环

二纤单向通道倒换环如图 6-3（a）所示。

二纤单向通道倒换环由两根光纤实现，其中一根用于传业务信号，称 S1 光纤，另一根用于保护，称 P1 光纤。基本原理采用 1+1 保护方式，即利用 S1 光纤和 P1 光纤同时携带业务信号并分别沿两个方向传输，但接收端只择优选择其中的一路。

例如，节点 A 至节点 C 进行通信（AC），将业务信号同时馈入 S1 和 P1，S1 沿顺时针将信号送到 C，而 P1 则沿逆时针将信号也送到 C。接收端分路节点 C 同时收到两个方向来的支路信号，按照分路通道信号的优劣决定选哪一路作为分路信号。正常情况下，以 S1 光纤送来信号为主信号，因此节点 C 接收来自 S1 光纤的信号。节点 C 至节点 A 的通信（CA）同理。

当 BC 节点间光缆被切断时，两根光纤同时被切断，如图 6-3（b）所示。

在节点 C，由于 S1 光纤传输的信号 AC 丢失，则按通道选优准则，倒换开关由 S1 光纤转至 P1 光纤，使通信得以维持。一旦排除故障，开关再返回原来位置，而 C 到 A 的信号 CA 仍经主光纤到达，不受影响。

2．二纤双向通道倒换环

二纤双向通道倒换环的保护方式有两种：1+1 方式和 1：1 方式。

1+1 方式的二纤双向通道倒换环如图 6-4（a）所示。

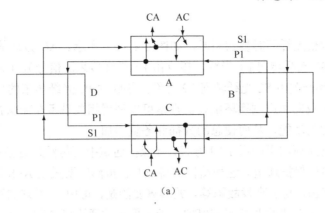

（a）

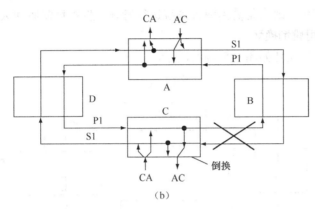

（b）

图 6-3 二纤单向通道倒换环

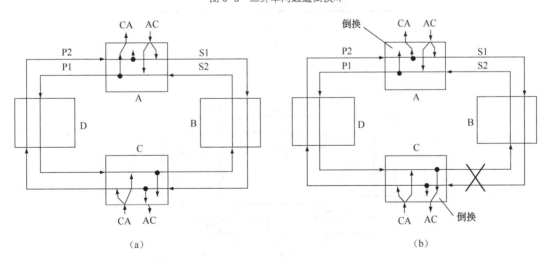

（a） （b）

图 6-4 二纤双向通道倒换环

1＋1 方式的二纤双向通道倒换环的原理与单向通道倒换环的基本相同，也是采用"并发优收"，即往主用光纤和备用光纤同时发信号，收端择优选取，唯一不同的是返回信号沿相反方向（这正是双向的含义）。例如，节点 A 至节点 C（AC）的通信，主用光纤 S1 沿顺时针方向传信号，备用光纤 P1 沿逆时针方向传信号；而节点 C 至节点 A（CA）的通信，主用光纤 S2 沿逆时针方向（与 S1 方向相反）传信号，备用光纤 P2 沿顺时针方向传信号（与 P1 方向相反)。

当 BC 节点间两根光纤同时被切断时,如图 6-4 (b) 所示。AC 方向的信号在节点 C 倒换(即倒换开关由 S1 光纤转向 P1 光纤,接收由 P1 光纤传来的信号),CA 方向的信号在节点 A 也倒换(即倒换开关由 S2 光纤转向 P2 光纤,接收由 P2 光纤传来的信号)。

这种 1+1 方式的双向通道倒换环主要优点是可以利用相关设备在无保护环或线性应用场合下具有通道再利用的功能,从而使总的分插业务量增加。

二纤双向通道倒换环如果采用 1:1 方式,在保护通道中可传额外业务量,只在故障出现时,才从工作通道转向保护通道。这种结构的特点是:虽然需要采用 APS 协议,但可传额外业务量,可选较短路由,易于查找故障等。尤其重要的是,可由 1:1 方式进一步演变成 $M:N$ 方式,由用户决定只对哪些业务实施保护,无须保护的通道可在节点间重新启用,从而大大提高了可用业务容量。缺点是需由网管系统进行管理,保护恢复时间大大增加。

3. 二纤单向复用段倒换环

二纤单向复用段倒换环如图 6-5 (a) 所示。

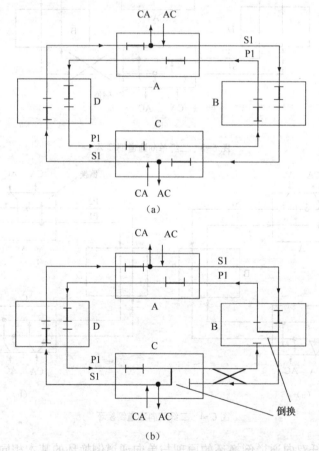

图 6-5 二纤单向复用段倒换环

它的每一个节点在支路信号分插功能前的每一高速线路上都有一保护倒换。正常情况下,信号仅仅在 S1 光纤中传输,而 P1 光纤是空闲的。例如,从 A 到 C 信号经 S1 过 B 到 C,而从 C 到 A 的信号 CA 也经 S1 过 D 到达 A。

当 BC 节点间光缆被切断时，如图 6-5（b）所示，则与光缆切断点相连的 B、C 两个节点利用 APS 协议执行环回功能。此时，从 A 到 C 的信号 AC 则先经 S1 到 B，在 B 节点经倒换开关倒换到 P1，再经 P1 过 A、D 到达 C，并经 C 节点倒换开关环回到 S1 光纤后落地分路。而信号 CA 则仍经 S1 传输。这种环回倒换功能能保证在故障情况下，仍维持环的连续性，使传输的业务信号不会中断。故障排除后，倒换开关再返回原来位置。

4．四纤双向复用段倒换环

四纤双向复用段倒换环如图 6-6（a）所示。

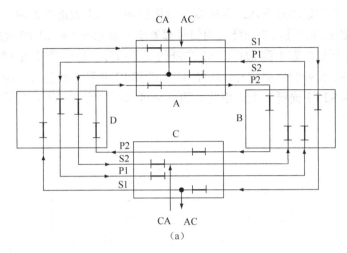

（a）

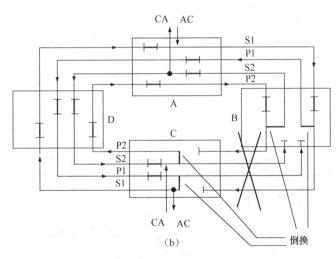

（b）

图 6-6　四纤双向复用段倒换环

它有两根业务光纤 S1、S2 和两根保护光纤 P1、P2。S1 形成一顺时针业务信号环，P1 则为 S1 反方向的保护信号环；S2 是逆时针业务信号环，P2 则是 S2 反方向的保护信号环。四根光纤上都有一个倒换开关，起保护倒换作用。

正常情况下，从 A 节点进入到 C 的低速支路信号沿 S1 传输，而从节点 C 进入到 A 的信号沿 S2 传输，P1、P2 此时空闲。

当 BC 之间四根光纤被切断，利用 APS 协议在 B 和 C 节点中各有两个执行环回功能，从而保护环的信号传输。如图 6-6（b）所示，在 B 节点，S1 和 P1 连通，S2 和 P2 连通。C 节点也同样完成这个功能。这样，由 A 到 C 的信号沿 S1 到达 B 节点，在 B 节点经倒换开关倒换到 P1，再经 P1 过 A、D 到达 C，经 C 节点倒换开关环回到 S1 光纤并落地分路。而由 C 至 A 的信号先在 C 节点经倒换开关由 S2 倒换到 P2，经 P2 过 D、A 到达 B，在 B 节点经倒换开关倒换到 S2，再经 S2 传输到 A 节点。等 BC 恢复业务通信后，倒换开关再返回原来位置。

5. 二纤双向复用段倒换环

二纤双向复用段倒换环是在四纤双向复用段倒换环基础上改进得来的。它采用了时隙交换（TSI）技术，使 S1 光纤和 P2 光纤上的信号都置于一根光纤（称 S1/P2 光纤），利用 S1/P2 光纤的一半时隙（例如时隙 1 到 M）传 S1 光纤的业务信号，另一半时隙（时隙 $M+1$ 到 N，其中 $M \leqslant N/2$）传 P2 光纤的保护信号。同样 S2 光纤和 P1 光纤上的信号也利用时隙交换技术置于一根光纤（称 S2/P1 光纤）上。由此，四纤环可以简化为二纤环。二纤双向复用段倒换环如图 6-7（a）所示。

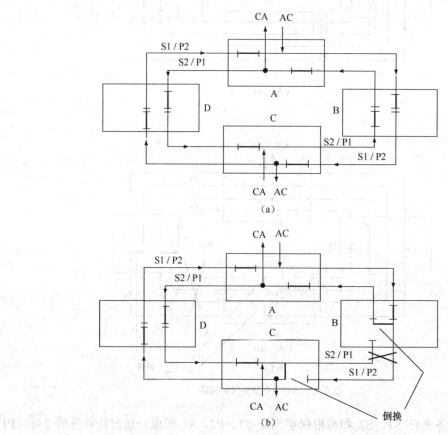

图 6-7 二纤双向复用段倒换环

当 BC 节点间光缆被切断，与切断点相邻的 B 节点和 C 节点中的倒换开关将 S1/P2 光纤与 S2/P1 光纤沟通，如图 6-7（b）所示。利用时隙交换技术，通过节点 B 的倒换，将 S1/P2 光纤上的业务信号时隙（1 到 M）移到 S2/P1 光纤上的保护信号时隙（$M+1$ 到 N）；通过节点 C 的倒换，将 S2/P1 光纤上的业务信号时隙（1 至 *M*）移到 S1/P2 光纤上的保护信号时隙（*M*+1 到 *N*）。当故障排除后，倒换开关将返回到原来的位置。

由于一根光纤同时支持业务信号和保护信号，所以二纤双向复用段倒换环的容量仅为四纤双向复用段倒换环的一半。

6. 几种自愈环的比较

以上介绍了 5 种自愈环，下面将 4 种主要的自愈环特性做一比较，如表 6-1 所示。

表 6-1　　　　　　　　　　　　　　主要自愈环特性的比较

项目	二纤单向通道倒换环（1+1）	二纤双向通道倒换环（1:1）	四纤双向复用段倒换环	二纤双向复用段倒换环
节点数	*k*	*k*	*k*	*k*
保护容量（相邻业务量）	1	1	*k*	0.5*k*
保护容量（均匀业务量）	1	1	3～3.8	1.5～1.9
保护容量（集中业务量）	1	1	1	1
基本容量单位	VC-12/3/4	VC-12/3/4	VC-4	VC-4
保护时间/ms	30	50	50	50～200
初始成本	低	低	高	中
成本（集中业务量）	低	低	高	中
成本（均匀业务量）	高	高	中	中
APS	无	有	有	有
抗多点失效能力	无	无	有	无
错连问题	无	无	需压制功能	需压制功能
端到端保护	有	有	无	无
应用场合	接入网、中继网	接入网、中继网、长途网	中继网、长途网	中继网、长途网

这里有几个问题需要说明。

① 表 6-1 中所列的容量与业务量分布有关。3 种典型的业务量分布如下。

- 相邻业务量——业务量主要分布在相邻节点之间。
- 均匀业务量——业务量分布比较均匀。
- 集中业务量——业务量分布比较集中。

② 错连问题指的是在保护倒换时业务信号的走向出现错误，导致错连。解决的办法可采用压制功能，即丢掉错连的业务量。

6.2.3　子网连接保护

子网连接保护（SNCP）倒换机理类似于通道倒换，如图 6-8 所示。SNCP 采用"并发选收"的保护倒换规则，业务在工作和保护子网连接上同时传送。当工作子网连接失效或性能劣化到某一规定的水平时，子网连接的接收端依据优选准则选择保护子网连接上的信号。倒换时一般采取单向倒换方式，因而不需要 APS 协议。

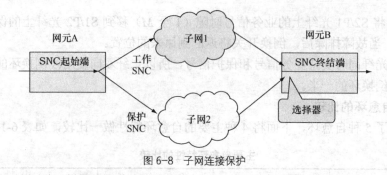

图 6-8　子网连接保护

子网连接保护（SNCP）具有以下特点。

① 可适用于各种网络拓扑，倒换速度快。

② SNCP 在配置方面具有很大的灵活性，特别适用于不断变化、对未来传输需求不能预测的、根据需要可以灵活增加连接的网络。

③ SNCP 能支持不同厂家的设备混合组网。

④ 子网连接保护需要判断整个工作通道的故障与否，对设备的性能要求很高。

6.3　SDH 传输网的网同步

6.3.1　网同步概述

1．网同步的概念

所有数字网都要实现网同步。所谓网同步是使网中所有交换节点的时钟频率和相位保持一致（或者说所有交换节点的时钟频率和相位都控制在预先确定的容差范围内），以便使网内各交换节点的全部数字流实现正确有效的交换。

2．网同步的必要性

为了说明网同步的必要性，可引用图 6-9 所示的数字网示意图。

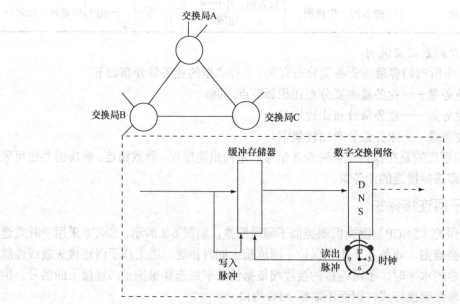

图 6-9　数字网示意图

图 6-9 中各交换局都装有数字交换机，该图是将其中一个加以放大来说明其内部简要结构的。每个数字交换机都以等间隔数字比特流将信号送入传输系统，通过传输链路传入另一个数字交换机（经转接后再送给被叫用户）。

以交换局 C 为例，其输入数字流的速率与上一节点（假设为 A 局）的时钟频率一致，输入数字流在写入脉冲（从输入数字流中提取）的控制下逐比特写入（即输入）到缓冲存储器中，而在读出脉冲（本局时钟）控制下从缓冲存储器中读出（即输出）。显然，缓冲存储器的写入速率（等于上一节点的时钟频率）与读出速率（等于本节点的时钟频率）必须相同，否则，将会发生以下两种信息差错的情况。

① 写入速率大于读出速率，将会造成存储器溢出，致使输入信息比特丢失（即漏读）。

② 写入速率小于读出速率，可能会造成某些比特被读出两次，即重复读出（重读）。

产生以上两种情况都会造成帧错位，这种帧错位的产生就会使接收的信息流出现滑动。滑动将使所传输的信号受到损伤，影响通信质量，若速率相差过大，还可能使信号产生严重误码，直至通信中断。

由此可见，在数字网中为了防止滑动，必须使全网各节点的时钟频率保持一致。

3．网同步的方式

网同步的方式有好几种，目前各国公用网中交换节点时钟的同步主要采用主从同步方式。

所谓主从同步方式是在网内某一主交换局设置高精度高稳定度的时钟源（称为基准主时钟或基准时钟），并以其为基准时钟通过树状结构的时钟分配网传送到（分配给）网内其他各交换局，各交换局采用锁相技术将本局时钟频率和相位锁定在基准主时钟上，使全网各交换节点时钟都与基准主时钟同步。

主从同步方式如图 6-10 所示。

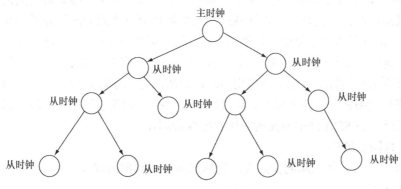

图 6-10 主从同步方式示意图

主从同步方式一般采用等级制，目前 ITU-T 将时钟划分为四级。

① 一级时钟——基准主时钟，由 G.811 建议规范；

② 二级时钟——转接局从时钟，由 G.812 建议规范；

③ 三级时钟——端局从时钟，也由 G.812 建议规范；

④ 四级时钟——数字小交换机（PBX）、远端模块或 SDH 网络单元从时钟，由 G.813 建议规范。

主从同步方式的主要优点是网络稳定性较好，组网灵活，适于树形结构和星形结构，对从节点时钟的频率精度要求较低，控制简单，网络的滑动性能也较好。主要缺点是对基准主时钟和同步分配链路的故障很敏感，一旦基准主时钟发生故障，会造成全网的问题。为此，基准主时钟应采用多重备份以提高可靠性，同步分配链路也尽可能有备用。

4．从时钟工作模式

在主从同步方式中，节点从时钟有 3 种工作模式。

（1）正常工作模式

正常工作模式指在实际业务条件下的工作，此时，时钟同步于输入的基准时钟信号。影响时钟精度的主要因素有基准时钟信号的固有相位噪声和从时钟锁相环的相位噪声。

（2）保持模式

当所有定时基准丢失后，从时钟可以进入保持模式。此时，从时钟利用定时基准信号丢失之前所存储的频率信息（定时基准记忆）作为其定时基准而工作。这种方式可以应对长达数天的外定时中断故障。

（3）自由运行模式

当从时钟不仅丢失所有外部定时基准，而且也失去了定时基准记忆或者根本没有保持模式，从时钟内部振荡器工作于自由振荡方式，这种方式称为自由运行模式。

6.3.2　SDH 的网同步

1．SDH 网同步的特点

如果数字网交换节点之间采用 SDH 作为传输手段，此时不仅是各交换节点的时钟要同基准主时钟保持同步，而且 SDH 网内各网元（如终端复用器、分插复用器、数字交叉连接设备及再生中继器）也应与基准主时钟保持同步。

在 SDH 网中，各网元如终端复用器、分插复用器及数字交叉连接设备之间的频率差是靠调节指针值来修正的。也就是使用指针调整技术来解决节点之间的时钟差异带来的问题。由于在 SDH 网中是以字节为单位进行复接的，所以指针调整也是以字节为单位进行的（TU-12 和 TU-3 的调整单位为 1 个字节；AU-4 的调整单位为 3 个字节）。指针调整会引起相位抖动，一次指针调整所引起的抖动可能不会超出网络接口所规定的指标，但当指针的调整速率不能受到控制而使抖动频繁地出现和积累并超过网络接口抖动的规定指标时，将引起信息净负荷出现差错。因此，在 SDH 网中网元内时钟也应保持同步。

2．SDH 网同步结构

SDH 网同步通常采用主从同步方式，包括局间同步和局内同步。

（1）局间同步

局间同步时钟分配采用树形结构，使 SDH 网内所有节点都能同步，各级时钟间关系如图 6-11 所示。

局间同步需要注意以下几点。

① 低等级的时钟只能接收更高等级或同一等级时钟的定时，这样做的目的是防止形成定时环路（所谓定时环路是指传送时钟的路径——包括主用和备用路径形成一个首尾相连的环路，其后果是使环中各节点的时钟一个个互相控制以脱离基准时钟，而且容易产生自激），造成同步不稳定。

② 由于 TU 指针调整引起的相位变化会影响时钟的定时性能，因而通常不提倡采用在 SDH

TU 内传送的一次群信号（2.048Mbit/s）作为局间同步分配，而直接采用高比特率的 STM-*N* 信号传送同步信息。即不宜采用从 STM-*N* 信号中分解（解复用）出 2.048Mbit/s 信号作为基准定时信号，因为在分解的过程中要进行指针调整，而指针调整会引起相位抖动，继而影响时钟的定时性能。所以一般采用频率综合的办法直接从 STM-*N* 信号中提取 2.048Mbit/s 信号作为基准定时信号。

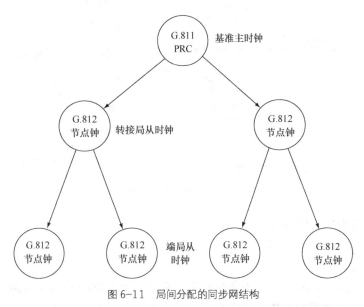

图 6-11　局间分配的同步网结构

③ 为了能够自动进行捕捉并锁定于输入基准定时信号，设计较低等级时钟时还应有足够宽的捕捉范围。

（2）局内同步

局内同步分配一般采用逻辑上的星形拓扑。所有网元时钟都直接从本局内最高质量的时钟——综合定时供给系统（BITS）获取。

综合定时供给系统（BITS）也称通信楼综合定时供给系统，是属于受控时钟源。在重要的同步节点或通信设备较多以及通信网的重要枢纽都需要设置综合定时供给系统，以起到承上启下、沟通整个同步网的作用。BITS 是整个通信楼内或通信区域内的专用定时钟供给系统，它从来自别的交换节点的同步分配链路中提取定时，并能一直跟踪至全网的基准时钟，向楼内或区域内所有被同步的数字设备提供各种定时时钟信号。BITS 是专门设置的定时时钟供给系统，从而能在各通信楼或通信区域内用一个时钟统一控制各种网的定时时钟，如数字交换设备、分组交换网、数字数据网、N.7 信令网、SDH 设备以及宽带网等，故而解决了各种专业业务网和传输网的网同步的问题，同时也有利于同步网的监测、维护和管理。

SDH 网中采用 BITS 可以减少外部定时链路的数量，允许局内不同业务的通信共享定时设备，局间不同业务的通信使用单一的局间同步链路，还能支持 64kbit/s 速率的互连，因而是局内同步的理想结构。这里有以下几点需要说明。

① 带有 BITS 的节点时钟一般至少为三级或二级时钟。

② 局内通过 BITS 分配定时时，应采用 2Mbit/s 或 2MHz 专线。由于 2Mbit/s 信号具有传输距离长等优点，因而应优选 2Mbit/s 信号。

③ 定时信号再由该局内的 SDH 网元经 SDH 传输链路送往其他局的 SDH 网元。局内时钟间关系如图 6-12 所示。

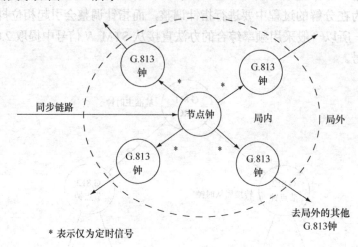

* 表示仅为定时信号

图 6-12　局内分配的同步网结构

3. SDH 网同步的工作方式

SDH 网同步有 4 种工作方式。

（1）同步方式

同步方式指在网中的所有时钟都能最终跟踪到同一个网络的基准主时钟。在同步分配过程中，如果由于噪声使得同步信号间产生相位差，由指针调整进行相位校准。同步方式是单一网络范围内的正常工作方式。

（2）伪同步方式

伪同步方式是在网中有几个都遵守 G.811 建议要求的基准主时钟，它们具有相同的标称频率，但实际频率仍略有差别。这样，网中的从时钟可能跟踪于不同的基准主时钟，形成几个不同的同步网。因为各个基准主时钟的频率之间有微小的差异，所以在不同的同步网边界的网元中会出现频率或相位差异，这种差异仍由指针调整来校准。伪同步方式是在不同网络边界以及国际网接口处的正常工作方式。

（3）准同步方式

准同步方式是同步网中有一个或多个时钟的同步路径或替代路径出现故障时，失去所有外同步链路的节点时钟，进入保持模式或自由运行模式工作。该节点时钟频率和相位与基准主时钟的差异由指针调整校准。但指针调整会引起定时抖动，一次指针调整引起的抖动可能不会超出规定的指标。可当准同步方式时，持续的指针调整可能会使抖动累积到超过规定的指标，而恶化同步性能，同时将引起信息净负荷出现差错。

（4）异步方式

异步方式是网络中出现很大的频率偏差（即异步的含义），当时钟精度达不到 ITU-T G.813 所规定的数值时，SDH 网不再维持业务而将发送 AIS 告警信号。异步方式工作时，指针调整用于频率跟踪校准。

4. 同步网定时基准传输链（同步链）

SDH 同步网定时基准传输链如图 6-13 所示。

基准主时钟（G.811 时钟）下面接 K 个转接局从时钟（G.812 时钟）或端局从时钟（G.812 时钟），各节点（转接局或端局）时钟要经过 N 个 SDH 网元互连，其中每个网元都配备有一个符合 ITU-T G.813 建议要求的时钟，从而形成一个同步网定时基准传输链。

5. 对 SDH 同步网的要求

对 SDH 同步网的要求主要体现在以下几个方面。

① 同步网定时基准传输链（同步链）尽量短。随着同步链路数的增加，同步分配过程的噪声和温度变化所引起的漂移都会使定时基准信号的质量逐渐恶化。实际系统测试结果也表明，当网元数较多时，指针调整事件的数目会迅速上升。因此同步网定时基准传输链的长度要受限。节点间允许的 SDH 网元数最终受限于定时基准传输链最后一个网元的定时质量。

一般规定，最长的基准传输链所包含的 G.812 从时钟数不超过 K 个。通常可大致认为最大值为 $K=10$，$N=20$，G.813 时钟的数目最多不超过 60 个。

SDH 网中采用分布式定时，可使同步链尽量短。所谓分布式定时是在网内主要节点上均安装具有一级时钟质量（例如受控铷钟）的本地基准主时钟源（LPR），就近为网元提供高质量的定时源。这就避免了经过长距离同步链路提供定时的问题。

② 所有节点时钟的 NE 时钟都至少可以从两条同步路径获取定时（即应配置传送时钟的备用路径）。这样，原有路径出故障时，从时钟可重新配置从备用路径获取定时。

③ 不同的同步路径最好由不同的路由提供。

④ 一定要避免形成定时环路。

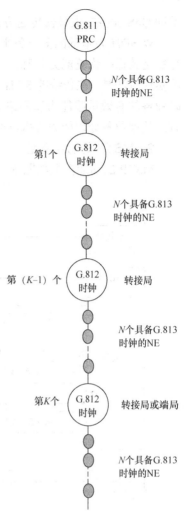

图 6-13　同步网定时基准传输链

6.4　基于 SDH 的 MSTP 技术

传统的 SDH 网络是主要针对语音通信而设计的，提供的接口主要是 PDH 接口形式，而且缺乏带宽资源的动态调度和适应能力，新业务的提供难以迅速开展。为了满足不断增长的 IP 数据、语音、图像等多种业务的传送需求，MSTP（多业务传送平台）技术应运而生，为网络和业务的发展提供了有效的解决方案。

6.4.1　多业务传送平台（MSTP）基本概念

1. MSTP 的概念

MSTP（Multi-Service Transport Platform）是指基于 SDH，同时实现 TDM、ATM、以太网等业务接入、处理和传送，提供统一网管的多业务传送平台。它将 SDH 的高可靠性、严格 QoS 和 ATM 的统计复用以及 IP 网络的带宽共享、统计时分复用等特征集于一身，可以针对不同 QoS 业务提供最佳传送方式。

以 SDH 为基础的多业务平台方案的出发点是充分利用大家所熟悉和信任的 SDH 技术，特别是其保护恢复能力和确保的延时性能，加以改造以适应多业务应用。基于 SDH 的 MSTP 的实现方法是，在传统的 SDH 传输平台上集成二层以太网、ATM 等处理能力，将 SDH 对实时业务的有效承载能力和网络二层（如以太网、ATM、弹性分组环等）、乃至三层技术所具有的数据业务处理能力有机结合起来，以增强传送节点对多类型业务的综合承载能力。

2. MSTP 的功能模型

MSTP 的功能模型如图 6-14 所示。

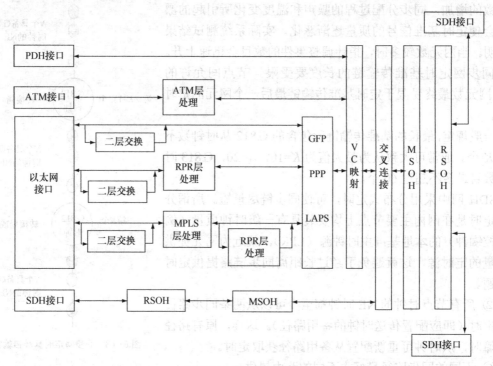

图 6-14　MSTP 的功能模型

图 6-14 是 MSTP 的功能模型，它包括了 MSTP 全部的功能模块。实际网络中，根据需要对若干功能模块进行组合，MSTP 设备可以配置成 SDH 的任何一种网元。

（1）MSTP 的接口类型

基于 SDH 技术的 MSTP 所能提供的接口类型如下。

- 电接口类型——PDH 的 2Mbit/s、34Mbit/s、140Mbit/s 等速率类型；155Mbit/s 的 STM-1 电接口；ATM 电接口；10/100Mbit/s 以太网电接口等。
- 光接口类型——STM-N 速率光接口，吉比特以太网光接口等。

（2）MSTP 支持的业务

基于 SDH 的 MSTP 设备具有标准的 SDH 功能、ATM 处理功能、IP/以太网处理功能等。支持的业务有以下几类。

① TDM 业务

MSTP 节点应能够满足 SDH 节点的基本功能，可实现 SDH 与 PDH 信号（TDM 业务）

的映射、复用，同时又能够满足级联、虚级联的业务要求，并提供级联条件下的 VC 通道的交叉处理能力。

② ATM 业务

MSTP 设备中具有 ATM 的用户接口，增加了 ATM 层处理模块。ATM 层处理模块的作用有两个。

- 由于数据业务具有突发性的特点，因此业务流量是不确定的，如果为其固定分配一定的带宽，势必会造成网络带宽的巨大浪费。ATM 层处理模块用于对接入业务进行汇聚和收敛，这样汇聚和收敛后的业务，再利用 SDH 网络进行传送。

- 尽管采用汇聚和收敛方案后大大提高了传输频带的利用率，但仍未达到最佳化的情况。这是因为由 ATM 模块接入的业务在 SDH 网络中所占据的带宽是固定的，因此当与之相连的 ATM 终端无业务信息需要传送时，这部分时隙处于空闲状态，从而造成另一类的带宽浪费。ATM 层处理功能模块可以利用 ATM 业务共享带宽（如 155Mbit/s）特性，通过 SDH 交叉连接模块，将共享 ATM 业务的带宽调度到 ATM 模块进行处理，将本地的 ATM 信元与 SDH 交叉连接模块送来的来自其他站点的 ATM 信元进行汇聚，共享 155Mbit/s 的带宽，其输出送往下一个站点。

③ 以太网业务

MSTP 设备中存在两种以太网业务的适配方式，即透传方式和采用二层交换功能的以太网业务适配方式。

- 透传方式。以太网业务透传方式是指以太网接口的数据帧不经过二层交换，直接进行协议封装，映射到相应的 VC 中，然后通过 SDH 网络实现点到点的信息传输。

- 采用二层交换功能。采用二层交换功能是指在将以太网业务映射进 VC 虚容器之前，先进行以太网二层交换处理，这样可以把多个以太网业务流复用到同一以太网传输链路中，从而节约了局端端口和网络带宽资源。

3. MSTP 的特点

MSTP 具有以下几个特点。

（1）继承了 SDH 技术的诸多优点

如良好的网络保护倒换性能、对 TDM 业务较好的支持能力等。

（2）支持多种物理接口

由于 MSTP 设备负责多种业务的接入、汇聚和传输，所以 MSTP 必须支持多种物理接口。

（3）支持多种协议

MSTP 对多种业务的支持要求其必须具有对多种协议的支持能力。

（4）提供集成的数字交叉连接功能

MSTP 可以在网络边缘完成大部分数字交叉连接功能，从而节省传输带宽以及省去核心层中昂贵的数字交叉连接系统端口。

（5）具有动态带宽分配和链路高效建立能力

在 MSTP 中可根据业务和用户的即时带宽需求，利用级联技术进行带宽分配和链路配置、维护与管理。

（6）能提供综合网络管理功能

MSTP 提供对不同协议层的综合管理，便于网络的维护和管理。

基于上述的诸多优点，MSTP 在当前的各种城域传送网技术中是一种比较好的选择。

6.4.2 VC 级联技术

1．级联的概念与分类

MSTP 为了有效承载数据业务，如以太网的 10Mbit/s、100Mbit/s 和 1 000Mbit/s（简称 GE）速率的宽带数据业务，需要采用 VC 级联的方式。ITU-T G.707 标准对 VC 级联进行了详细规范。

（1）级联的概念

级联是将多个虚容器组合起来，形成一个容量更大的组合容器的过程。在一定的机制下，组合容器（容量为单个 VC 容量的 X 倍的新容器）可以当作仍然保持比特序列完整性的单个容器使用，以满足大容量数据业务传输的要求。

（2）级联的分类

级联可以分为连续级联（相邻级联）和虚级联，其概念及表示如表 6-2 所示。

表 6-2 连续级联（相邻级联）和虚级联

分类	概念	表示
连续级联（相邻级联）	将同一 STM-N 帧中相邻的 VC 级联并作为一个整体在相同的路径上进行传送	VC-n-Xc
虚级联	使用多个独立的不一定相邻的 VC，不同的 VC 可以像未级联一样分别沿不同路径传输，最后在接收端重新组合成为连续的带宽	VC-n-Xv

其中，VC 表示虚容器；n 表示参与级联的 VC 的级别；X 表示参与级联的 VC 的数目；c 表示连续级联，v 表示虚级联。

2．连续级联与虚级联的实现

（1）连续级联的实现

以 VC-4-Xc 为例。利用同一 STM-N 帧中相邻的虚容器（VC-4）传送 X 个净荷容量 C-4。业务信息是以字节为单位按级联顺序分配到各个 C-4 中去的，分配过程如图 6-15 所示。

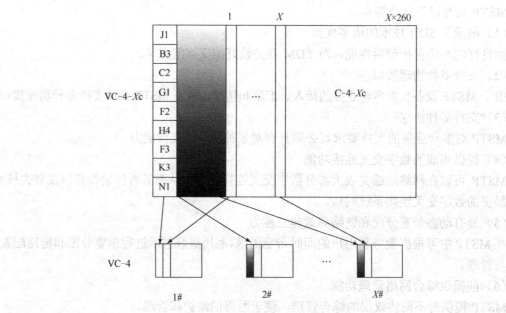

图 6-15 连续级联的实现示意图

图 6-15 中，实际上只有第一个 VC-4 具有真正的通道开销，而后续的（X-1）个 VC-4 的通道开销为空。接收端按照首位的 VC-4 的通道开销对所有参与级联的 VC-4 进行相同的处理，并将各个 C-4 的内容重新组成 C-4-Xc，还原出业务信息。

（2）虚级联的实现

以 VC-4-Xv 为例。虚级联 VC-4-Xv 利用几个不同的 STM-N 信号帧中的 VC-4 传送 X 个净荷容量 C-4，如图 6-16 所示。

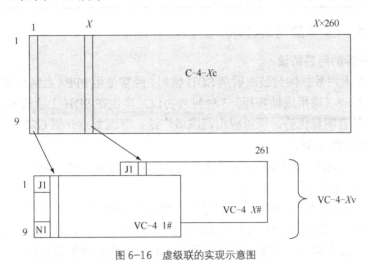

图 6-16　虚级联的实现示意图

图 6-16 中每个 VC-4 均具有各自的 POH，其定义与一般的 POH 开销规定相同，但这里的 H4 字节是作为虚级联标识用的。

H4 由序列号（SQ）和复帧指示符（MFI）两部分组成。

① 复帧指示字节占据 H4（$b_5 \sim b_8$），可见复帧指示序号范围为 0～15，16 个 VC-4 帧构成一个复帧（2ms）。并且 MFI 存在于 VC-4-Xv 的所有 VC-4 中。每当出现一个新的基本帧时，MFI 便自动加 1。终端利用 MFI 值可以判断出所接收到的信息是否来自同一个信源。若来自同一个信源，则可以依据序列号进行数据重组。

② VC-4-Xv 虚级联中的每一个 VC-4 都有一个序列号（SQ），其编号范围为 0～X-1（X=256），可见 SQ 需占用 8bit。通常用复帧中的第 14 帧的 H4 字节（$b_1 \sim b_4$）来传送序列号的高 4 位，用复帧中的第 15 帧的 H4 字节（$b_1 \sim b_4$）来传送序列号的低 4 位。而复帧中的其他帧的 H4 字节（$b_1 \sim b_4$）均未使用，并全置为"0"。

3. 连续级联与虚级联的比较

连续级联与虚级联的比较如表 6-3 所示。

表 6-3　　　　　　　　　　　　连续级联与虚级联的比较

	优点	缺点
连续级联	• 通过容器组合提供新的带宽，提高了带宽利用率。 • 所有 VC 都经过相同的传输路径，相应数据的各个部分不存在时延差，进而降低了接收侧信号处理的复杂度，提高了信号传输质量	• 信道要求难以满足，即便很多 VC 空闲，但没有足够的相邻 VC 就不能进行相邻级联。 • 相邻级联对虚容器"时隙上连续相邻"的特点，使网络通道利用率降低

续表

	优点	缺点
虚级联	• 不苛求时隙相邻的传送带宽，能够更为有效地利用网络中零散可用的带宽。对于基于统计时分复用、具有突发性的数据业务有很好的适应性。 • 虚级联组中的单个 VC 可沿不同的路由独立进行传送，提高了多条路径上的资源利用率，带宽利用率高	• 虚级联由于单个 VC 的传输路径可能不同，导致链路之间出现传输时延差。 • 实现难度大于连续级联

6.4.3 以太网业务的封装技术

1. 以太网业务的封装协议

MSTP 中将以太网数据帧封装映射到 SDH 帧时，经常使用 PPP（点到点协议）、LAPS（链路接入规程）和 GFP（通用成帧规程）3 种封装协议，实现在 SDH 上承载 IP 业务。

其中，GFP 具有明显优势，所以应用范围最广泛，下面重点介绍 GFP。

2. 通用成帧规程（GFP）

通用成帧规程（GFP）是由朗讯公司提出的、由简单数据链路（SDL）协议演化而来，ITU-T G.7041 对 GFP 进行了详细规范。

GFP 提供了一种通用的将高层客户信号适配到字节同步物理传输网络的方法，是一种先进的数据信号适配、映射技术，可以透明地将上层的各种数据信号封装为可以在 SDH 网络中有效传输的信号。它不但可以在字节同步的链路中传送可变长度的数据包，而且可以传送固定长度的数据块。

（1）GFP 帧的分类

GFP 帧分为客户帧（业务帧）和控制帧两类，客户帧包括客户数据帧和客户（信号）管理帧，控制帧包括空闲帧和 OAM 帧。各类帧的作用如表 6-4 所示。

表 6-4   GFP 帧的分类及作用

GFP 帧	分类	作用
客户帧（业务帧）	客户数据帧	用于承载业务净荷
	客户（信号）管理帧	用来装载 GFP 连接起始点的管理信息
控制帧（不带净荷区的 GFP 帧）	OAM 帧	用于控制 GFP 的连接
	空闲帧	用于空闲插入

下面主要介绍 GFP 客户帧（业务帧）的结构。

（2）GFP 客户帧（业务帧）结构

GFP 客户帧（业务帧）结构如图 6-17 所示。

各字段的作用如下。

① GFP 帧头

GFP 帧头用于支持 GFP 帧定界过程，长 4 个字节，包含 PLI 和 cHEC 两个字段。

• PLI：PDU 长度指示符字段，用于指示 GFP 帧的净荷区字节数。当 PLI 取值 0～3 时，用于 GFP 控制帧，其他则为 GFP 业务帧。

• cHEC：帧头部冗余校验字段，包含一个 CRC-16 校验序列，以保证帧头部的完整性。

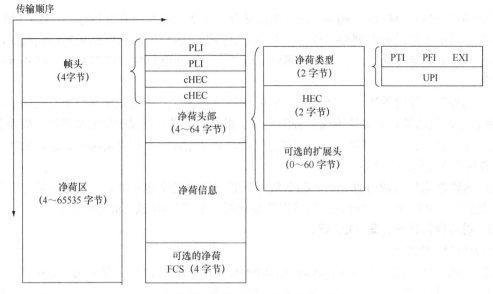

图 6-17　GFP 客户帧（业务帧）结构

② GFP 净荷区

净荷区长度可在 4～65535 字节之间变化，净荷区用来传递客户层特定协议的信息。净荷区由净荷头部、净荷信息区域和可选的净荷 FCS 校验字段 3 个部分构成。

• 净荷头部：长度可在 4～64 字节之间变化，用来支持上层协议对数据链路的一些管理功能。净荷头部又包括类型字段及其 HEC 检验字节和可选的 GFP 扩展信头。类型字段又包含净荷类型标识符 PTI、净荷 FCS 指示符 PFI、扩展信头标识符 EXI 和用户净荷标识符 UPI，用来提供 GFP 帧的格式、在多业务环境中的区分以及扩展帧头的类型。

• 净荷信息区域：它包含成帧的 PDU（协议数据单元），长度可变。业务用户/控制 PDU 总是转变为按字节排列的分组数据流传送到 GFP 净荷信息区。

• 净荷 FCS 检验字段（可选）：通常 4 个字节长，包含一个 CRC-32 检验序列，以保护 GFP 净荷信息区的内容。

（3）透明映射和帧映射

GFP 可映射多种数据类型，即可以将多种数据帧（例如以太网 MAC 帧、PPP 帧等）映射进 GFP 帧。

GFP 定义了两种映射模式：透明映射和帧映射。透明映射模式有固定的帧长度或固定比特率，可及时处理接收到的业务流量，而不用等待整个帧都收到，适合处理实时业务；帧映射模式没有固定的帧长，通常接收到完整的一帧后再进行处理，适合处理 IP/PPP 帧或以太网 MAC 帧。

透明映射 GFP 和帧映射 GFP 的帧结构完全相同，所不同的是帧映射的净荷区长度可变，最小为 4 字节，最大为 65 535 字节；而透明映射 GFP 的帧为固定长度。

（4）GFP 的特点

与 PPP 和 LAPS 相比，GFP 具有以下优点。

① 帧定位效果更好。由于 GFP 是基于帧头中的帧长度指示符采用 CRC 捕获的方法来实现的，试验结果显示，GFP 的帧失步率（PLF）和伪帧同步率（PFF）均优于 PPP 等协议，

但平均帧同步时间（MTTF）稍差一点。因此这种方法要比用专门的定界符定界效果更好。

② 适用于不同结构的网络。净荷头部中可以提供与客户信息和网络拓扑结构相关的各种信息，使 GFP 能够运用于各种应用网络环境之中，如 PPP 网络、环形网络、RPR 网络和 OTN 等。

③ 功能强、使用灵活、可靠性高。GFP 支持来自多客户信号或多客户类型的帧的统计复用和流量汇聚功能，并允许不同业务类型共享相同的信道。通过扩展帧头可以提供净荷类型信息，因而无须真正打开净荷，只要通过查看净荷类型便可获得净荷类型信息。GFP 中具有 FCS 域以保证信息传送的完整性。

④ 传输性能与传输内容无关。GFP 对用户数据信号是全透明的，上层用户信号可以是 PDU 类型的，如 IP over Ethernet，也可以是块状码，如 FICON 或 ESCON 信号。

3．链路容量调整方案（LCAS）

（1）LCAS 的作用

链路容量调整方案（Link Capacity Adjustment Scheme，LCAS），就是利用虚级联 VC 中某些开销字节传递控制信息，在源端与宿端之间提供一种无损伤、动态调整线路容量的控制机制。

高阶 VC 虚级联利用 H4 字节，低阶 VC 虚级联时利用 K4 字节来承载链路控制信息，源端和宿端之间通过握手操作，完成带宽的增加与减少，成员的屏蔽、恢复等操作。归纳起来，LCAS 的作用主要有两点。

① 可以自动删除虚级联中失效的 VC 或把正常的 VC 添加到虚级联之中。即当虚级联中的某个成员出现连接失效时，LCAS 可以自动将失效 VC 从虚级联中删除，并对其他正常 VC 进行相应调整，保证虚级联的正常传送；失效 VC 修复后也可以再添加到虚级联中。

② 根据实际应用中被映射业务流量大小和所需带宽来调整虚级联的容量。

（2）LCAS 的特点

① 可以不中断业务地自动调整和同步虚级联组大小，克服了 SDH 固定速率的缺点，根据用户的需求实现带宽动态可调。

② LCAS 具有一定的流量控制功能，无论是自动删除、添加 VC 还是自动调整虚级联容量，对承载的业务并不造成损伤。

③ 提供了一种容错机制，大大增强了 VC 虚级联的健壮性。

6.4.4　以太网业务在 MSTP 中的实现

1．以太网基本概念

为了帮助读者理解以太网业务在 MSTP 中的实现，下面首先简单介绍以太网的基本概念（有关以太网的详细内容，读者可参阅计算机网络或者 IP 网络相关书籍）。

（1）传统以太网

① 传统以太网的概念及种类

传统以太网（Ethernet）是总线形局域网的一种典型应用，具有以下典型的特征。

- 采用灵活的无连接的工作方式。
- 传统以太网属于共享式局域网，即传输介质作为各站点共享的资源。
- 共享式局域网要进行介质访问控制（将传输介质的频带有效地分配给网上各站点的用户

的方法称为介质访问控制），以太网的介质访问控制方式为载波监听和冲突检测（CSMA/CD）技术。

传统以太网包括 10 BASE 5（粗缆以太网）、10 BASE 2（细缆以太网）、10 BASE-T（双绞线以太网）和 10 BASE-F（光缆以太网），目前 10 BASE-T 应用范围最广泛。

② 10 BASE-T（双绞线以太网）

10 BASE-T 以太网采用非屏蔽双绞线将站点以星形拓扑结构连到一个集线器上，如图 6-18 所示。

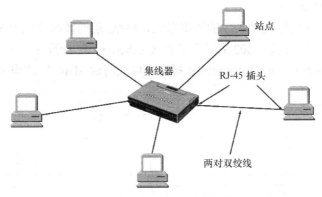

图 6-18　10 BASE-T 拓扑结构

图 6-18 中的集线器为一般集线器（简称集线器），它就像一个多端口转发器，每个端口都具有发送和接收数据的能力。但一个时间只允许接收来自一个端口的数据，可以向所有其他端口转发。当每个端口收到终端发来的数据时，就转发到所有其他端口，在转发数据之前，每个端口都对它进行再生、整形，并重新定时。

采用一般集线器的 10 BASE-T 物理上是星形拓扑结构，但从逻辑上看是一个总线网，仍是共享式网络，也采用 CSMA/CD 规则竞争发送。若图 6-18 中的集线器改为交换集线器，此以太网则为交换式以太网。

（2）局域网参考模型

局域网参考模型如图 6-19 所示。

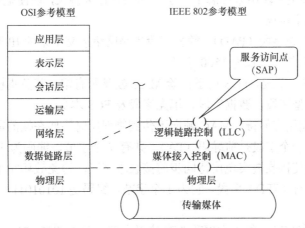

图 6-19　局域网参考模型

为了对照，图6-19中左边画出了OSI参考模型。OSI参考模型是将计算机之间进行数据通信全过程的所有功能逻辑上分成若干层，每一层对应有一些功能，完成每一层功能时应遵照相应的协议，所以OSI参考模型既是功能模型，也是协议模型。（有关OSI参考模型的基本概念请读者参阅《数据通信原理》相关书籍。）

局域网参考模型中只包括OSI参考模型的最低两层，即物理层和数据链路层，数据链路层又划分为两个子层，即介质访问控制或媒体接入控制（Medium Access Control，MAC）子层和逻辑链路控制（Logical Link Control，LLC）子层。

（3）以太网的MAC帧

数据信息在每一层均组装成相应的数据单元，MAC层的数据单元为MAC帧。

以太网有两种标准：IEEE 802.3标准和DIX Ethernet V2标准——不再设LLC子层（IP网环境一般采用此标准）。DIX Ethernet V2标准的以太网的MAC帧结构如图6-20所示。

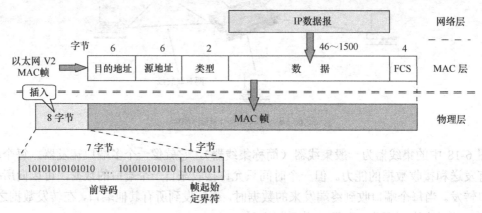

图6-20　以太网的MAC帧结构（DIX Ethernet V2标准）

各字段的作用如下。

① 地址字段。地址字段包括目的MAC地址字段和源MAC地址字段，都是6个字节。IEEE 802标准为局域网规定了一种48bit的全球地址，即MAC地址，它固化在网卡上，也叫硬件地址或物理地址。

② 类型字段。类型字段用来标志上一层使用的是什么协议，以便把收到的MAC帧的数据上交给上一层的这个协议。

③ 数据字段与填充字段（PAD）。数据字段就是网络层交下来的IP数据报，其长度是可变的，但最短为46字节，最长为1500字节。

④ 帧检验（FCS）字段。FCS用于检验MAC帧是否有错，其负责校验的字段包括：目的地址、源地址、类型字段、数据字段、填充字段及FCS本身。

⑤ 前导码与帧起始定界符。MAC帧向下传到物理层时还要在帧的前面插入8个字节，它包括两个字段。第一个字段是前导码（PA），共有7个字节，编码为1010……，即1和0交替出现，其作用是使接收端实现比特同步前接收本字段，避免破坏完整的MAC帧。第二个字段是帧起始定界符（SFD）字段，它为1个字节，编码是10101011，表示一个帧的开始。

（4）高速以太网

速率大于等于100Mbit/s的以太网称为高速以太网，常见的有100 BASE-T快速以太网、吉比特以太网和 10Gbit/s 以太网等。

需要说明的是：三种高速以太网均采用与 10 BASE-T 相同的 MAC 协议（MAC 帧格式相同），技术向后兼容；100 BASE-T 快速以太网和吉比特以太网可以采用共享式或交换式连接方式，10Gbit/s 以太网只能采用交换式连接。

（5）交换式以太网

① 交换式以太网的概念

交换式以太网是所有站点以星形方式都连接到一个以太网交换机上，如图 6-21 所示。

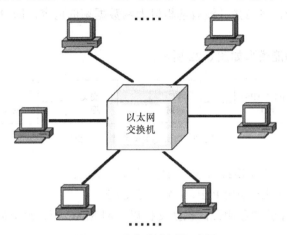

图 6-21　交换式以太网示意图

以太网交换机具有交换功能，它的特点是：所有端口平时都不连通，当工作站需要通信时，以太网交换机能同时连通许多对端口，使每一对端口都能像独占通信媒体那样无冲突地传输数据，通信完成后断开连接。由于消除了公共的通信媒体，每个站点独自使用一条链路，不存在冲突问题，因此可以提高用户的平均数据传输速率，即容量得以扩大。

未划分 VLAN 之前，交换机的所有端口在一个广播域范围内。

② 以太网交换机的分类

按所执行的功能不同，以太网交换机可以分成两种。

● 二层交换——如果交换机按网桥构造，执行桥接功能，由于网桥的功能属于 OSI 参考模型的第二层，所以此时的交换机属于二层交换。二层交换是根据 MAC 地址查 MAC 地址表转发数据，交换速度快，但控制功能弱，没有路由选择功能。

● 三层交换——如果交换机具备路由能力，而路由器的功能属于 OSI 参考模型的第三层，所以此时的交换机属于三层交换。三层交换是根据 IP 地址转发数据，它是二层交换与路由功能的有机组合。

（6）虚拟局域网（VLAN）

VLAN 大致等效于一个广播域，即 VLAN 模拟了一组终端设备，虽然它们位于不同的物理网段上，但是并不受物理位置的束缚，相互间通信就好像它们在同一个局域网中一样。VLAN 从传统 LAN 的概念上引出来，在功能和操作上与传统 LAN 基本相同，提供一定范围内终端系统的互连和数据传输。它与传统 LAN 的主要区别在于"虚拟"二字，即网络的构成与传统 LAN 不同，由此也导致了性能上的差异。VLAN 的标准为 IEEE 802.1Q。

这里有几点说明。

- 交换式局域网的发展是 VLAN 产生的基础。
- VLAN 是在逻辑上划分子网的。
- 由于 VLAN 可以分离广播域（防止广播风暴），所以有利于提高网络的整体性能。

2. 支持以太网透传的 MSTP

以太网透传功能是将来自以太网接口的信号不经过二层交换，直接进行协议封装和速率适配后映射到 SDH 的虚容器（VC）中，然后通过 SDH 网进行点到点传送。

在这种承载方式中，MSTP 并没有解析以太网数据帧的内容，即没有读取 MAC 地址以进行交换。

以太网透传方式功能模型如图 6-22 所示。

图 6-22　以太网透传方式功能模型

支持以太网透传功能的 MSTP 节点一般支持以下功能。

① 以太网数据帧的封装采用 PPP、LAPS 或 GFP。

② 能保证以太网业务的透明性，包括支持以太网 MAC 帧、虚拟局域网（VLAN）标记等的透明传输。

③ 传输链路带宽可配置。

④ 可采用 VC 通道的连续级联/虚级联映射数据帧，也可采用多链路点到点协议 ML-PPP 封装来保证数据帧在传输过程中的完整性。

⑤ 支持流量工程。

透传功能特别是采用 GFP 封装的透传能够满足一般情况下的以太网传送功能，处理简单透明。但由于 GFP 缺乏对以太网的二层处理能力，存在对以太网的数据没有二层的业务保护功能、汇聚节点的数目受到限制、组网灵活性不足等问题。

3. 支持以太网二层交换的 MSTP

基于二层交换功能的 MSTP 是指在一个或多个用户侧的以太网物理接口与多个独立的网络侧的 VC 通道之间，实现基于以太网链路层的数据帧交换。MSTP 融合以太网二层交换功能，可以有效地对多个以太网用户的接入进行本地汇聚，从而提高网络的带宽利用率和用户接入能力。

基于二层交换功能的 MSTP 功能模型如图 6-23 所示。

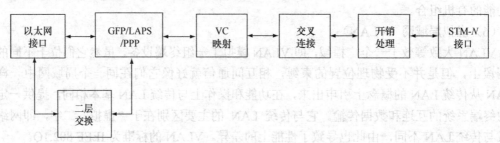

图 6-23　基于二层交换功能的 MSTP 功能模型

基于 SDH 的具有以太网二层交换功能的 MSTP 节点应具备以下功能。

① 传输链路带宽的可配置，支持多链路的聚合，可以灵活地提高带宽和实现链路冗余。

② 以太网的数据封装方式可采用 PPP、LAPS 和 GFP。

③ 能够保证包括以太网 MAC 帧、VLAN 标记等在内的以太网业务的透明传送。

④ 可利用 VC 相邻级联和虚级联技术来保证数据帧传输过程中的完整性。

⑤ 具有转发/过滤以太网数据帧的功能和用于转发/过滤以太网数据帧的信息维护功能。

⑥ 能够识别符合 IEEE 802.1Q 规定的数据帧，并根据 VLAN 信息进行数据帧的转发/过滤操作。

⑦ 支持 IEEE 802.1D 生成树协议 STP。

⑧ 支持以太网端口的流量控制。

⑨ 提供自学习和静态配置两种可选方式以维护 MAC 地址表。

另外，具备二层交换功能的 MSTP 还可以选择支持组播、基于用户的端口接入速率限制、业务分类等其他功能。

4．RPR 技术在 MSTP 中的应用

（1）弹性分组环（RPR）基本概念

弹性分组环（RPR）技术是一种基于分组交换的光纤传输技术（或者说基于以太网和 SDH 技术的分组交换机制），它采用环形组网方式、一种新的 MAC 层和共享接入方式，能够传送数据、语音、图像等多媒体业务，并能提供 QoS 分类、环网保护等功能。

由于 RPR 采用类似以太网的帧结构，可实现基于 MAC 地址的高速交换，因此使其具有以太网比较经济的特点，而且帧封装也比较简化和灵活。既可以支持传统的专线业务和具有突发性的 IP 业务，还可以支持 TDM 业务。RPR 的标准为 IEEE 802.17。

（2）RPR 技术原理

RPR 技术吸收了 SDH 技术自愈环的优点，采用环网结构。RPR 是一个双环结构，包括两个传输方向相反的单向环，RPR 的环网结构如图 6-24 所示。

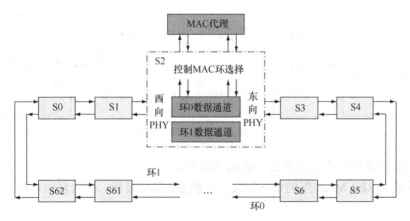

图 6-24　RPR 的环网结构

两个单向环共享相同的环路径，但传输信号的方向相反。这两个环分别称为环 0 和环 1。RPR 环内的所有链路都具有相同的数据速率，但其时延特性可能并不相同。

RPR 环中节点具有的功能为：将其他接口转发过来的数据包封装成 RPR 帧（接收端完

成相反的变换），统计时分复用，空间复用（环网带宽可以被不同的节点分段使用，整个环网的累积带宽大于单个链路的带宽容量），服务等级分类，自动保护倒换，自动拓扑发现，服务质量保证，较好的带宽公平机制和拥塞控制机制等。

RPR 节点可以完成如下数据操作。

① 插入：将其他接口转发过来的数据包插入 RPR 环。

② 前传：将途经本节点的 RPR 帧简单转发到下一个节点。

③ 接收：接收从环上来的 RPR 帧，送往 Host/L3 处理。

④ 剥离：将 RPR 帧从环上剥离。

（3）RPR 技术特点

归纳起来，RPR 技术具有以下特点。

① 提供 50ms 的快速业务恢复和可管理能力。

② RPR 简化了数据包处理过程，不必像以太网那样让业务流在网络中的每一个节点进行 IP 包的拆分重组，实施排队、整形和处理，而可以将非落地 IP 包直接前传，明显提高了交换处理能力，较适合分组业务。

③ RPR 环能够根据不同的业务需求提供不同种类和不同等级的服务，可提供 QoS 保障。

④ RPR 具有自动拓扑发现能力，可以自动识别任何拓扑变化，增强了自愈能力，支持即插即用，避免了人工配置带来的耗时费力易出错的毛病。

⑤ RPR 支持流量控制，具有较好的带宽公平机制和拥塞控制机制。

⑥ 支持空间复用和统计复用技术，使网络带宽利用率大大提高。

（4）内嵌 RPR 的 MSTP

内嵌 RPR 的 MSTP 是指基于 SDH 传输平台，内嵌 RPR 功能，而且提供统一网管的多业务传送节点，将 RPR 技术内嵌入 MSTP 的主要目的在于提高承载以太网业务的业务性能及其联网能力。

内嵌 RPR 的 MSTP 功能模型如图 6-25 所示。

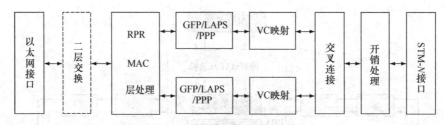

图 6-25　内嵌 RPR 的 MSTP 功能模型

RPR MAC 层处理模块所提供的功能概括如下。

① 提供基于 RPR MAC 层的业务等级分类服务、统计复用、空间复用功能，实现网络资源共享。

② 提供接入控制功能。RPR 带宽公平算法是解决争用方式共享网络资源的有效方法。

③ 具有拓扑发现、快速保护倒换（小于 50ms）功能。

④ 具有按服务等级的调度能力等。

内嵌 RPR 功能的 MSTP 设备既能在基于 SDH 的平台上保证目前大量的 TDM 业务对传

输特性的实时性要求, 同时由于采用了 RPR 技术, 又能对以太网数据业务提供高效、动态的处理能力。

5. MPLS 技术在 MSTP 中的应用

（1）MPLS 的概念

MPLS 是一种在开放的通信网上利用标签引导数据高速、高效传输的新技术, 它把数据链路层交换的性能特点与网络层的路由选择功能结合在一起。MPLS 不仅能够支持多种网络层层面上的协议, 如 IPv4、IPv6 等, 而且还可以兼容多种链路层技术。它吸收了 ATM 高速交换的优点, 并引入面向连接的控制技术, 在网络边缘处首先实现第三层路由功能, 而在 MPLS 核心网中则采用第二层交换。

具体地说, MPLS 给每个 IP 数据报打上固定长度的"标签", 然后对打上标签的 IP 数据报在第二层用硬件进行转发（称为标签交换）, 使 IP 数据报转发过程中省去了每到达一个节点都要查找路由表的过程, 因而 IP 数据报转发的速率大大加快。

（2）MPLS 网的组成及作用

在 MPLS 网络中, 节点设备分为两类: 构成 MPLS 网的接入部分的边缘标签路由器（LER）和构成 MPLS 网的核心部分的标签交换路由器（LSR）。MPLS 路由器之间的物理连接可以采用 SDH 网、以太网等。

① 边缘标签路由器（LER）的作用。

LER 包括入口 LER 和出口 LER。

入口 LER 的作用如下。

• 为每个 IP 数据报打上固定长度的"标签", 打标签后的 IP 数据报称为 MPLS 数据报。

• 在标签分发协议（LDP）的控制下, 建立标签交换通道（LSP）连接, 在 MPLS 网络中的路由器之间, MPLS 数据报按标签交换通道转发。

• 根据 LSP 构造转发表。

• 对 IP 数据报进行分类。

出口 LER 的作用如下。

• 终止 LSP。

• 将 MPLS 数据报中的标签去除, 还原为无标签 IP 数据报并转发给 MPLS 域外的一般路由器。

② 标签交换路由器（LSR）的作用。

• 根据 LSP 构造转发表。

• 根据转发表完成数据报的高速转发功能, 并替换标签（标签只具有本地意义, 经过 LSR 标签的值要改变）。

（3）MPLS 的原理

MPLS 网络对标签的处理过程如图 6-26 所示（为了简单, 图中 LSR 之间、LER 与 LSR 之间的网络用链路表示）。

具体操作过程如下。

① 来自 MPLS 域外一般路由器的无标签 IP 数据报, 到达 MPLS 网络。在 MPLS 网的入口处的边缘标签交换路由器 LER A 给每个 IP 数据报打上固定长度的"标签"（假设标签的值为 1）, 并建立标签交换通道 LSP（图 6-26 中的路径 A–B–C–D–E）, 然后把 MPLS 数据报转

发到下一跳的 LSR B 中去。（注：路由器之间实际传输的是物理帧（如以太网帧），为了介绍简便，我们说成是数据报。）

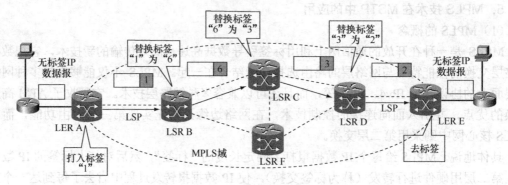

图 6-26　MPLS 网络对标签的处理过程

② LSR B 查转发表，将 MPLS 数据报中的标签值替换为 6，并将其转发到 LSR C。

③ LSR C 查转发表，将 MPLS 数据报中的标签值替换为 3，并将其转发到 LSR D。

④ LSR D 查转发表，将 MPLS 数据报中的标签值替换为 2，并将其转发到出口 LER E。

⑤ 出口 LER E 将 MPLS 数据报中的标签去除，还原为无标签 IP 数据报，并传送给 MPLS 域外的一般路由器。

MPLS 的实质就是将路由功能移到网络边缘，将快速简单的交换功能（标签交换）置于网络中心，对一个连接请求实现一次路由、多次交换，由此提高网络的性能。

（4）MPLS 的技术特点及优势

MPLS 技术是下一代最具竞争力的通信网络技术，具有以下技术特点及优势。

① MPLS 具有高的传输效率和灵活的路由技术。

② MPLS 将数据传输和路由计算分开，是一种面向连接的传输技术，能够提供有效的 QoS 保证。

③ MPLS 支持大规模层次化的网络结构，支持层次化网络拓扑设计，具有良好的网络扩展性。

④ MPLS 支持流量工程和虚拟专网（VPN）。

⑤ MPLS 作为网络层和数据链路层的中间层，不仅能够支持多种网络层技术，而且可应用于多种链路层技术，具有对下和对上的多协议支持能力。

（5）内嵌 MPLS 技术的 MSTP

基于 SDH 的、内嵌 MPLS 功能的 MSTP 是指基于 SDH 平台、内部使用 MPLS 技术，可使以太网业务直接或经过以太网二层交换后适配到 MPLS 层，然后通过 GFP/LAPS/PPP 封装、映射到 SDH 通道中；同样也可以使以太网业务适配到 MPLS 层后，然后映射到 RPR 层，再映射到 SDH 通道中进行传送。

将 MPLS 技术内嵌入 MSTP 中是为了提高 MSTP 承载以太网业务的灵活性和带宽使用效率的同时，更有效地保证各类业务所需的 QoS，并进一步扩展 MSTP 的连网能力和适用范围。

内嵌 MPLS 的 MSTP 功能框图如图 6-27 所示。

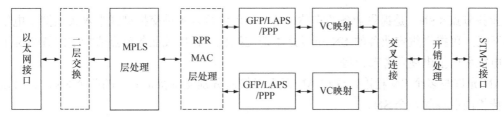

图 6-27　内嵌 MPLS 的 MSTP 功能框图

MPLS 层处理模块是由数据接收、数据发送、标签适配、标签交换、操作维护管理（OAM）、LSP 保护、MPLS 信令、L2VPN、流量工程和 QoS 功能块组成。

6.5　SDH 和 MSTP 技术的应用

早期电话网交换机之间的传输网采用的是 PDH 网。由于 SDH 的优势，目前许多城市电话网交换机之间的传输网基本上都采用 SDH 传输网，这是 SDH 传输网最早、最广泛的应用。除此之外，SDH 传输网在光纤接入网、ATM 网及 IP 网中均有应用。

MSTP 吸收了以太网、ATM、MPLS、RPR 等技术的优点，在 SDH 技术基础上，对业务接口进行了丰富，并且在其业务接口板中增加了以太网、ATM、MPLS、RPR 等处理功能，使之能够基于 SDH 网络支持多种数据业务的传送，所以 MSTP 在 IP 网中获得了广泛的应用。

6.5.1　SDH 技术在光纤接入网中的应用

1. 光纤接入网基本概念

（1）光纤接入网的定义

光纤接入网（Optical Access Network，OAN）是指在接入网中用光纤作为主要传输媒介来实现信息传送的网络形式，或者说是本地交换机或远端模块与用户之间采用光纤通信或部分采用光纤通信的接入方式。

（2）光纤接入网的接口

光纤接入网有 3 种主要接口，即用户网络接口（UNI）、业务节点接口（SNI）和维护管理接口（Q3）。接入网所覆盖的范围就由这 3 种接口定界，如图 6-28 所示。

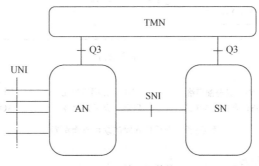

图 6-28　接入网的接口

① 用户网络接口（UNI）。用户网络接口是用户与接入网（AN）之间的接口，主要包括模拟 2 线音频接口、数字接口等。

② 业务节点接口（SNI）。业务节点接口是接入网（AN）和业务节点（SN）之间的接口。

业务节点（SN）是提供业务的实体，是一种可以接入各种交换型或半永久连接型电信业务的网元，可提供规定业务的 SN 可以是本地交换机、租用线业务节点或特定配置情况下的点播电视和广播电视业务节点等。

AN 允许与多个 SN 相连，这样 AN 既可以接入分别支持特定业务的单个 SN，又可以接入支持相同业务的多个 SN。

业务节点接口主要有两种。

- 模拟接口（即 Z 接口），它对应于 UNI 的模拟 2 线音频接口，提供普通电话业务或模似租用线业务。

- 数字接口，即 V5 接口，它又包含 V5.1 接口、V 5.2 接口和 V 5.3 接口，以及对节点机的各种数据接口或各种宽带业务口。

③ 维护管理接口（Q3）。维护管理接口是电信管理网（TMN）与电信网各部分的标准接口。接入网作为电信网的一部分也是通过 Q3 接口与 TMN 相连，便于 TMN 实施管理功能。

（3）光纤接入网的功能参考配置

ITU-T G.982 建议给出的光纤接入网（OAN）的功能参考配置如图 6-29 所示。

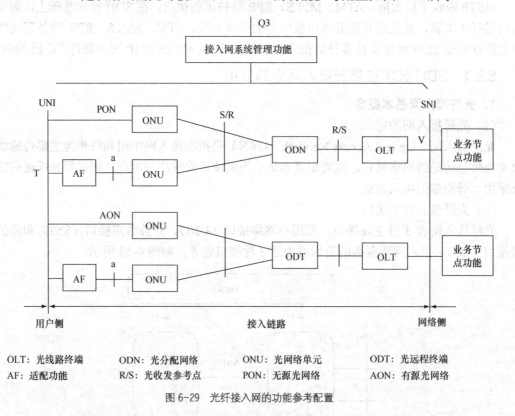

图 6-29　光纤接入网的功能参考配置

OAN 主要包含如下配置。

- 4 种基本功能模块：光线路终端（OLT），光分配网络（ODN）/光远程终端（ODT），光网络单元（ONU），接入网系统管理功能块。

- 5 个参考点：光发送参考点 S，光接收参考点 R，与业务节点间的参考点 V，与用户终端间的参考点 T，AF 与 ONU 间的参考点 a。

- 3 个接口：维护管理接口（Q3），用户网络接口（UNI），业务节点接口（SNI）。

各功能块的基本功能分述如下。

① 光线路终端（OLT）的功能。OLT（Optical Line Termination）的作用是为光接入网提供网络侧与本地交换机之间的接口，并经过一个或多个 ODN 与用户侧的 ONU 通信，OLT 与 ONU 的关系为主从通信关系。OLT 对来自 ONU 的信令和监控信息进行管理，从而为 ONU 和自身提供维护与供电功能。

具体来说，OLT 的主要功能有以下几个。

- 业务端口功能。
- 复用/解复用功能。
- 光/电、电/光变换等功能。

② 光网络单元（ONU）的功能。ONU 位于 ODN 和用户之间，ONU 的网络侧具有光接口，而用户侧为电接口，因此需要具有光/电和电/光变换功能，并能实现对各种电信号的处理与维护管理功能。ONU 的主要功能归纳如下。

- 用户端口功能（模/数、数/模转换等）。
- 复用/解复用功能。
- 光/电、电/光变换等功能。

③ ODN/ODT 的功能。ODN/ODT 为 ONU 和 OLT 提供光传输媒介。

根据传输设施中是否采用有源器件，光纤接入网分为有源光网络（AON）和无源光网络（PON）。

有源光网络（AON）指的是 OAN 的传输设施中含有源器件，即光远程终端（ODT）；而无源光网络（PON）指的是 OAN 中的传输设施全部由无源器件组成，即光分配网络（ODN）。

一般来说，AON 较 PON 传输距离长，传输容量大，业务配置灵活；不足之处是成本高、需要供电系统、维护复杂。而 PON 结构简单，易于扩容和维护，在光接入网中得到越来越广泛的应用。

④ 接入网系统管理功能块。接入网系统管理功能块是对光纤接入网进行维护管理的功能模块，其管理功能包括配置管理、性能管理、故障管理、安全管理及计费管理。

（4）光纤接入网的拓扑结构

无源光网络（PON）的拓扑结构一般采用星形、树形和总线形；有源光网络（AON）的拓扑结构一般采用双星形、链形和环形结构。由于 SDH 技术应用在有源光网络（AON）中，所以下面重点介绍有源光网络（AON）的拓扑结构。

① 有源双星形结构

有源双星形结构如图 6-30 所示。

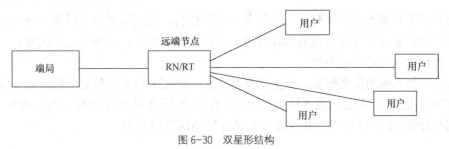

图 6-30 双星形结构

这种结构中引入了远端节点 RN/RT，它既继承了点到点星形结构的一些特点，诸如与原有网络和管道的兼容性、保密性、故障定位容易、用户设备较简单等，又通过向新设的 RN/RT 分配一些复用功能（有时还附加一些有限的交换功能）来减少馈线段光纤的数量，达到克服星形结构成本高缺点的目的。由于馈线段长度最长，由多个用户共享后使系统成本大大降低。因此双星形结构是一种经济的、演进的网络结构，很适于传输距离较远、用户密度较高的企事业用户和住宅居民用户区。特别是远端节点采用 SDH 复用器的双星形结构不仅覆盖距离远，而且容易升级至高带宽，利用 SDH 特点，可以灵活地向用户单元分配所需的任意带宽。

② 链形结构

当涉及通信的所有点串联起来并使首末两个点开放时就形成了链形结构（线形结构），如图 6-31 所示。图中的远端节点 RN 可以采用 SDH 分插复用器（ADM），ADM 具有十分经济灵活的上下低速业务的能力，可以节省光纤并简化设备（ADM 兼有 ONU 的功能）。

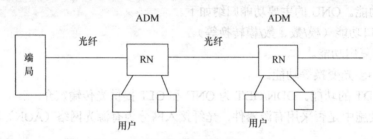

图 6-31 链形/线形结构

这种结构与星形结构正好相反，全部传输设备可以为用户共享，因此，只要总线带宽足够高，可以传送双向的低速通信业务及分配型的业务。

③ 环形结构

环形结构是指所有节点共用一条光纤链路，光纤链路首尾相接组成封闭回路的网络结构，如图 6-32 所示。

这种结构的突出优点是可实现自愈，即无须外界干预，网络就可在较短的时间内自动从失效故障中恢复所传业务。但缺点是单环所挂用户数量有限。

图 6-32 环形结构

以上介绍了有源光网络（AON）几种基本拓扑结构，在实际建设光纤接入网时，采用哪一种拓扑结构，要综合考虑当地的地理环境、用户群分布情况、经济情况等因素。

（5）光纤接入网的应用类型

按照光纤接入网的参考配置，根据光网络单元（ONU）设置的位置不同，光纤接入网可分成不同种应用类型，主要包括光纤到路边（FTTC）、光纤到大楼（FTTB）、光纤到家（FTTH）或光纤到办公室（FTTO）等。图 6-33 示出了 3 种不同应用类型。

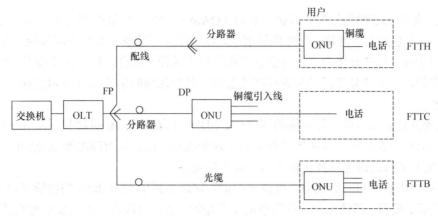

图 6-33　光纤接入网的 3 种应用类型

2. SDH 技术在光纤接入网中的应用

有源光网络（AON）属于点到多点光通信系统，通常用于电话接入网，其传输体制有 PDH 和 SDH，目前一般采用 SDH，网络结构大多为环形，ONU 兼有 SDH 环形网中设备 ADM 的功能。

（1）光纤接入网中的 SDH 技术特点

在有源光网络（AON）中采用的 SDH 技术具有以下几个特点。

① SDH 标准简化。在接入网中要采用 G.707 的简化帧结构或者非 G.707 标准的映射复用方法。采用非 G.707 标准的映射复用方法的目的：一是在目前的 STM-1 帧结构中多装数据，提高它的利用率，如在 STM-1 中可装入 4 个 34.368Mbit/s 的信号；二是简化 SDH 映射复用结构。

② 设立子速率。在 ITU-T 的 G.707 的附件中，纳入了低于 STM-1 的子速率——51.840Mbit/s（为 SONET 的基本模块信号 STS-1（Synchronous Transport Signal，同步传送信号）的速率）和 7.488Mbit/s。

③ SDH 设备简化。由于在接入网中对 SDH 低速率接口的需求及功能的简化，可以对 SDH 设备简化。通常是省去电源盘、交叉盘和连接盘，简化时钟盘等。

④ 组网方式简化。基于 SDH 的 AON 网络拓扑结构一般采用环形网，并配以一定的链形（线形）结构。可以把几个大的节点组成环，不能进入环的节点则采用链形或星形结构。

⑤ 网管系统简化。SDH 是分布式管理和远端管理。接入网范围小，无远端管理，管理功能不全，可在每种功能内部进行简化。

⑥ 其他方面的简化。

- 保护方式：采用最简单、最便宜的二纤单向通道保护方式。
- 指标方面：由于接入网信号传送范围小，故各种传输指标要求低于核心网。
- IP 业务的支持：SDH 设备配备 LAN 接口，提供灵活带宽。

（2）在接入网中应用 SDH 技术的主要优势

① 具有标准的速率接口。在 SDH 体系中，对各种速率等级的光接口都有详细的规范。这样使 SDH 网络具有统一的网络节点接口（NNI），从而简化了信号互通以及信号传输、复用、交叉连接等过程，使各厂家的设备都可以实现互连。

② 极大地增加了网络运行、维护、管理（OAM）功能。在 SDH 帧结构中定义了丰富的开销字节，其中包括网管通道、公务电话通道、通道跟踪字节及丰富的误码监视、告警指示、远端告警指示等。这些开销为维护与管理提供了巨大的便利条件，这样当出现故障时，就能够利用丰富的误码率计算等开销来进行在线监视，及时地判断出故障性质和位置，从而降低了维护成本。

③ 完善的自愈功能可增加网络的可靠性。SDH 具有指针调整机制和环路管理功能，可以组成完备的自愈保护环。这样当某处光缆出现断线故障时，具有高度智能化的网元（TM、ADM、DXC）能够迅速地找到代替路由，并恢复业务。

④ 具有网络扩展与升级能力。目前一般接入网最多采用 155Mbit/s 的传输速率，相信随着人们对电话、数据、图像各种业务需求的不断增加，由此对接入速率的要求也将随之提高。由于采用 SDH 标准体系结构，因而可以很方便地实现从 155Mbit/s 到 622Mbit/s，乃至 2.5Gbit/s 的升级。

为了能够更好地利用 SDH 的优势，同时也需要将 SDH 进一步延伸至窄带用户，这就要求其能够灵活地提供综合新老业务的 64kbit/s 级传输平台。

6.5.2　SDH 技术在 ATM 网中的应用

1．ATM 基本概念

（1）B-ISDN

B-ISDN（宽带综合业务数字网）中不论是交换节点之间的中继线，还是用户和交换机之间的用户环路，一律采用光纤传输。这种网络能够提供高于 PCM 一次群速率的传输信道，能够适应全部现有的和将来的可能的业务，从速率最低的遥控遥测（几个比特每秒）到高清晰度电视 HDTV（100~150Mbit/s），甚至最高速率可达几个吉比特每秒。

B-ISDN 支持的业务种类很多，这些业务的特性在比特率、突发性（突发性是指业务峰值比特速率与均值比特速率之比）和服务要求（是否面向连接、对差错是否敏感、对时延是否敏感）三个方面相差很大。

要支持如此众多且特性各异的业务，还要能支持目前尚未出现而将来会出现的未知业务，无疑对 B-ISDN 提出了非常高的要求。B-ISDN 必须具备以下条件。

① 具有提供高速传输业务的能力。为能传输高清晰度电视节目、高速数据等业务，要求 B-ISDN 的传输速率要高达几百 Mbit/s。

② 能在给定带宽内高效地传输任意速率的业务，以适应用户业务突发性的变化。

③ 网络设备与业务特性无关，以便 B-ISDN 能支持各种业务。

④ 信息的传递方式与业务种类无关，网络将信息统一地传输和交换，真正做到用统一的交换方式支持不同的业务。

除此之外，B-ISDN 还对信息传递方式提出了两个要求：保证语义透明性（差错率低）和时间透明性（时延和时延抖动尽量小）。

为了满足以上要求，B-ISDN 的信息传递方式采用异步转移模式（Asynchronous Transfer Mode，ATM）。

（注：人们习惯把电信网分为传输、复用、交换和终端等几个部分，其中除终端以外的传输、复用和交换合起来称为传递模式（也叫转移模式）。传递模式可分为同步传递模式（STM）

和异步传递模式（ATM）两种。）

（2）ATM 的概念

ATM 是一种转移模式（也叫传递方式），在这一模式中信息被组织成固定长度信元，来自某用户一段信息的各个信元并不需要周期性地出现。从这个意义上来看，这种转移模式是异步的（统计时分复用也叫异步时分复用）。

时分复用有两种：一般的时分复用（简称时分复用 TDM）和统计时分复用（STDM）。

时分复用是各路信号都按一定时间间隔周期性地出现，可根据时间（或者说靠位置）识别每路信号。例如 PCM30/32 路系统就是一般的时分复用。

统计时分复用是根据用户实际需要动态地分配线路资源（逻辑子信道）的方法。即当用户有数据要传输时才给他分配资源，当用户暂停发送数据时，不给他分配线路资源，线路的传输能力可用于为其他用户传输更多的数据。通俗地说，统计时分复用是各路信号在线路上的位置不是固定地、周期性地出现（动态地分配带宽），不能靠位置识别每一路信号，而是要靠标志识别每一路信号。统计时分复用的线路利用率高。

（3）ATM 的特点

ATM 具有以下特点。

① ATM 以面向连接的方式工作。为了保证业务质量，降低信元丢失率，ATM 以面向连接（虚连接）的方式工作，即终端在传递信息之前，先提出呼叫请求，网络根据现有的资源情况及用户的要求决定是否接受这个呼叫请求。如果网络接受这个呼叫请求，则保留必要的资源，即分配相应的带宽，并在交换机中设置相应的路由，建立起虚电路（虚连接）。

② ATM 采用统计时分复用。ATM 采用统计时分复用的优点是：一方面，使 ATM 具有很大的灵活性，网络资源得到最大限度的利用；另一方面，ATM 网络可以适用于任何业务，不论其特性如何，网络都按同样的模式来处理，真正做到了完全的业务综合。

③ ATM 网中没有逐段链路的差错控制和流量控制。由于 ATM 的所有线路均使用光纤，而光纤传输的可靠性很高，一般误码率（或者说误比特率）低于10^{-8}，没有必要逐段链路进行差错控制（即 ATM 交换机不用差错控制）。而网络中适当的资源分配和队列容量设计将会使导致信元丢失的队列溢出得到控制，所以也没有必要逐段链路地进行流量控制。为了简化网络的控制，ATM 将差错控制和流量控制都交给终端完成。

④ 信头的功能被简化。由于不需要逐段链路的差错控制、流量控制等，ATM 信元的信头功能十分简单，主要是标志虚电路和信头本身的差错校验，另外还有一些维护功能。所以信头处理速度很快，处理时延很小。

⑤ ATM 采用固定长度的信元，信息段的长度较小。为了降低交换节点内部缓冲区的容量，减小信息在缓冲区内的排队时延，ATM 信元长度比较小，有利于实时业务的传输。

⑥ 良好的服务质量（QoS）保证。ATM 网具有流量控制、带宽管理、拥塞控制功能以及故障恢复能力，可以提供良好的服务质量（QoS）保证。

（4）ATM 信元

ATM 信元具有固定的长度，从传输效率、时延及系统实现的复杂性考虑，ITU-T 规定 ATM 信元长度为 53 字节。ATM 信元结构如图 6-34 所示。

其中信头为 5 个字节，包含有各种控制信息。信息段占 48 字节，也叫信息净负荷，它承载来自各种不同业务的用户信息。

图 6-34 ATM 信元结构

ATM 信元的信头结构，如图 6-35 所示。图 6-35（a）是用户网络接口（UNI）上的信头结构，图 6-35（b）是网络节点接口（NNI）上的信头结构。

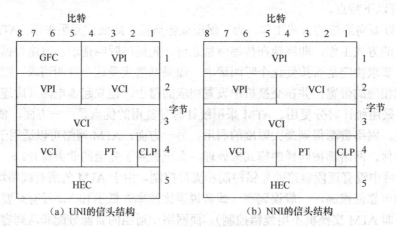

（a）UNI 的信头结构　　　　　　（b）NNI 的信头结构

图 6-35 ATM 信元的信头结构

- GFC——一般流量控制。它为 4 bit，用于控制用户向网上发送信息的流量，只用在 UNI（其终端不是一个用户，而是一个局域网），在 NNI 不用。
- VPI——虚通道标识符。UNI 上 VPI 为 8 bit，NNI 上 VPI 为 12 bit。
- VCI——虚通路标识符。UNI 和 NNI 上，VCI 均为 16 bit。VPI 和 VCI 合起来构成了一个信元的路由信息，即标识了一个虚电路，VPI/VCI 为虚电路标志。
- PT——净荷类型（3 bit）。它指出信头后面 48 字节信息域的信息类型。
- CLP——信元优先级比特（1 bit）。CLP 用来说明该信元是否可以丢弃。CLP=0，表示信元具有高优先级，不可以丢弃；CLP=1 的信元可以被丢弃。
- HEC——信头校验码（8bit）。采用循环冗余校验 CRC，用于信头差错控制，保证整个信头的正确传输。

在 ATM 网中，利用 AAL 协议将各种不同特性的业务都转化为相同格式的 ATM 信元进行传输和交换。

2．SDH 技术在 ATM 网中的应用

（1）ATM 网络结构

ATM 网络的组成部分包括 ATM 交换机、光纤传输线路及网管中心等。其网络结构如图 6-36 所示。

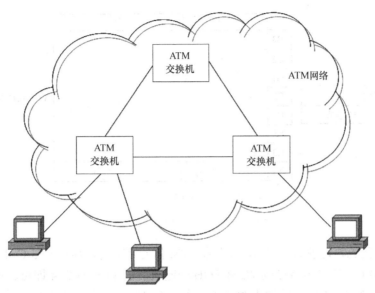

图 6-36　ATM 网络结构示意图

ATM 交换机之间信元的传输方式有 3 种。

- 基于信元（cell）——ATM 交换机之间直接传输 ATM 信元。
- 基于 SDH——利用同步数字体系 SDH 的帧结构来传送 ATM 信元。
- 基于 PDH——利用准同步数字体系 PDH 的帧结构来传送 ATM 信元。

实际 ATM 网内 ATM 交换机之间 ATM 信元的传输的主要手段之一就是基于 SDH，即利用 SDH 的帧结构传送 ATM 信元（话句话说，SDH 网作为 ATM 交换机之间的传输网）。显然，必须解决如何将 ATM 信元映射到 SDH 帧结构中的问题。

（2）ATM 信元的映射

本书第 4 章介绍了 SDH 映射的基本概念，在此基础上，我们来学习 ATM 信元的映射。

ATM 信元的映射是通过将每个信元的字节结构与所用虚容器字节结构（包括级联结构 VC-n-Xc，$X \geqslant 1$）进行定位对准的方法来完成的。由于 C-n 或 C-n-Xc 容量不一定是 ATM 信元长度（53 字节）的整数倍，因此允许信元跨过 C-X 或 C-n-Xc 的边界。

信元映射进虚容器后即可随其在网络中传送，当虚容器终结时信元也得到恢复。信头中含有信头误码控制（HEC）字段，为信元提供了较好的误码保护功能，使信元的错误传送概率减至最低。这种 HEC 方法利用受 HEC 保护的信头比特（32bit）与 HEC 控制比特之间的相关性来达到信元定界的目的，详细定界算法可参见 ITU-T 建议 I.432。

为了防止伪信元定界和信元信息字段重复 STM-N 帧定位码，在将 ATM 信元信息字段映射进 VC-n 或 VC-n-Xc 前，应先进行扰码处理。在逆过程中，当 VC-n 或 VC-n-Xc 信号终结后，也应先对 ATM 信元信息字段进行解扰处理后再传送给 ATM 层。要指出的是，扰码器只对信元信息字段进行扰码，对信头不进行扰码。

ATM 信元的映射过程如下。

① 将 ATM 信元映射进 VC-3/VC-4。

将 ATM 信元映射进 VC-3/VC-4 的过程如图 6-37 所示。

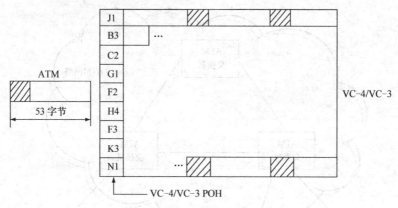

图 6-37　ATM 信元映射进 VC-3/VC-4

将 ATM 信元流映射进 C-3/C-4，只需将 ATM 信元字节的边界与 C-3/C-4 字节边界定位对准，然后再将 C-3/C-4 与 VC-3/VC-4 POH 一起映射进 VC-3/VC-4 即可。这样，ATM 信元边界就与 VC-3/VC-4 字节的边界对准了。由于 C-3/C-4 容量（756/2340 字节）不是信元长度（53 字节）的整数倍，因而允许信元跨越 C-3/C-4 边界。信元边界位置的确定只能利用 HEC 信元定界方法。

② 将 ATM 信元映射进 VC-12。

将 ATM 信元映射进 VC-12 的过程如图 6-38 所示。

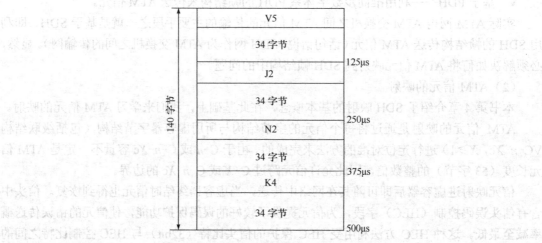

图 6-38　ATM 信元映射进 VC-12

具体过程为：VC-12 结构组织成由 4 帧构成的一个复帧（500μs），其中每 1 帧由 VC-12 POH 字节和 34 字节的净负荷区组成。将 ATM 信元装入 VC-12 净负荷区，只需将信元边界与任何 VC-12 字节边界对准即可。由于 VC-12 净负荷区规格与 ATM 信元长度无关，因而

ATM 信元边界与 VC-12 结构的对准对每一帧都不同，每 53 帧重复一次。信元同样允许跨越 VC-12 边界，信元边界的位置只能利用 HEC 信元定界方法来确定。

③ 将 ATM 信元映射进 VC-4-Xc。

VC-4-Xc 帧的第一列是 VC-4-Xc POH，第二至 X 列规定为固定塞入字节。

X 个 C-4 级联成的容器记为 C-4-Xc，可用于映射的容量是 C-4 的 X 倍。相应地，C-4-Xc 加上 VC-4-Xc POH 即构成 VC-4-Xc，如图 6-39 所示。

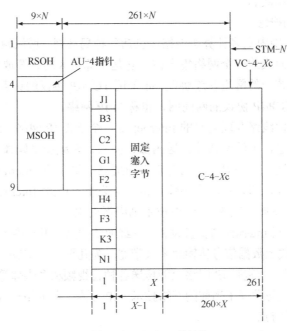

图 6-39 VC-4-Xc 的结构

将 ATM 信元映射进 VC-4-Xc 的过程如图 6-40 所示。

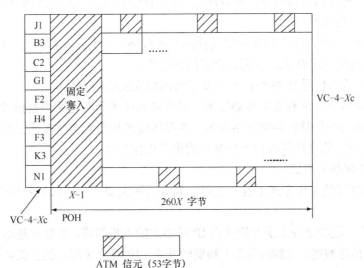

图 6-40 ATM 信元映射进 VC-4-Xc

将 ATM 信元映射进 C-4-Xc 只需将 ATM 信元字节的边界与 C-4-Xc 字节边界对准，然后再将 C-4-Xc 与 VC-4-Xc POH 和 (X-1) 列固定塞入字节一起映射进 VC-4-Xc 即可。这样，ATM 信元边界就与 VC-4-Xc 字节边界对准了。由于 C-4-Xc 容量（2340 字节乘以 X 倍）不是信元长度的整数倍，因而允许信元跨越 C-4-Xc 边界。

6.5.3 SDH 技术在宽带 IP 网络中的应用

1. 宽带 IP 网络基本概念

（1）宽带 IP 网络的概念

Internet 是由世界范围内众多计算机网络（包括各种局域网、城域网和广域网）通过路由器和通信线路连接汇合而成的一个网络集合体，它是全球最大的、开放的计算机互联网。互联网意味着全世界采用统一的网络互连协议，即采用 TCP/IP 协议的计算机都能互相通信，所以说，Internet 是基于 TCP/IP 协议的网间网，也称为 IP 网络。

由路由器和窄带通信线路互联起来的 Internet 是一个窄带 IP 网络，这样的网络只能传送一些文字和简单图形信息，无法有效地传送图像、视频、音频和多媒体等宽带业务。

随着信息技术的发展，人们对信息的需求不断提高，如今的 Internet 集图像、视频、声音、文字、动画等为一体，即以传输多媒体宽带业务为主，由此 Internet 的发展趋势便是宽带化——向宽带 IP 网络发展，宽带 IP 网络技术则应运而生。

所谓宽带 IP 网络是指 Internet 的交换设备、中继通信线路、用户接入设备和用户终端设备都是宽带的，通常中继线上数据信号传输速率（带宽）为几至几十 Gbit/s，接入速率（带宽）为 1～100Mbit/s。在这样一个宽带 IP 网络上能传送各种音视频和多媒体等宽带业务，同时支持当前的窄带业务，它集成与发展了当前的网络技术、IP 技术，并向下一代网络方向发展。

（2）宽带 IP 网络的特点

宽带 IP 网络具有以下几个特点。

① TCP/IP 协议是宽带 IP 网络的基础与核心。

② 通过最大程度的资源共享，可以满足不同用户的需要，IP 网络的每个参与者既是信息资源的创建者，也是使用者。

③ "开放"是 IP 网络建立和发展中执行的一贯策略，对于开发者和用户极少限制，使它不仅拥有极其庞大的用户队伍，也拥有众多的开发者。

④ 网络用户透明使用 IP 网络，不需要了解网络底层的物理结构。

⑤ IP 网络宽带化，具有宽带传输技术、宽带接入技术和高速路由器技术。

⑥ IP 网络将当今计算机领域网络技术、多媒体技术和超文本技术等三大技术融为一体，为用户提供极为丰富的信息资源和十分友好的用户操作界面。

（3）宽带 IP 网络的组成

从宽带 IP 网络的工作方式上看，它可以划分为两大块——边缘部分和核心部分，如图 6-41 所示。

① 边缘部分。边缘部分由所有连接在 IP 网络上的主机组成，这部分是用户直接使用的，用来进行通信（传送数据、音频或视频）和资源共享。IP 网边缘部分的主机可以组成局域网。

局域网（Local Area Network，LAN）是通过通信线路将较小地理区域范围内的各种计算机连接在一起的通信网络，它通常由一个部门或公司组建，作用范围一般为 0.1～10km。

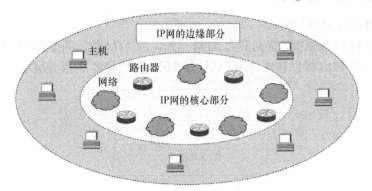

图 6-41　IP 网的边缘部分与核心部分

②　核心部分。核心部分由大量网络和连接这些网络的路由器组成,其作用是为边缘部分提供连通性和交换。核心部分的网络根据覆盖范围可分为广域网(WAN)和城域网(MAN)。

在广域网(Wide Area Network,WAN)内,通信的传输装置和媒介由电信部门提供,其作用范围通常为几十到几千千米,可遍布一个城市、一个国家乃至全世界。

城域网(Metropolitan Area Network,MAN)的作用范围在广域网和局域网之间(一般是一个城市),作用距离为 5~50km,传输速率在 1Mbit/s 以上。

2. SDH 技术在宽带 IP 网络中的应用

宽带 IP 网络核心部分路由器之间的传输技术,即路由器之间传输 IP 数据报的方式称为宽带 IP 网络的骨干传输技术,目前常用的有 IP over ATM、IP over SDH、IP over DWDM 等。其中,IP over ATM 和 IP over SDH 等都要用到 SDH 技术。

(1) IP over ATM

① IP over ATM 的概念。

IP over ATM(POA)是 IP 技术与 ATM 技术的结合,它是在 IP 网路由器之间采用 ATM 网进行传输。其网络结构如图 6-42 所示。

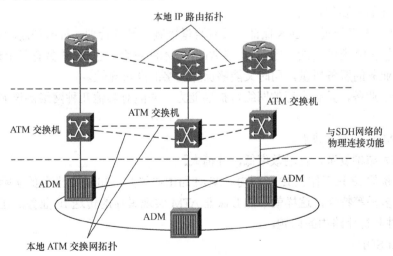

图 6-42　IP over ATM 的网络结构示意图

图 6-42 中 ATM 交换机之间利用 SDH 网(SDH 自愈环)传送 ATM 信元。

② IP over ATM 的分层结构。

IP over ATM 将 IP 数据报首先封装为 ATM 信元，以 ATM 信元的形式在信道中传输；或者将 ATM 信元映射进 SDH 帧结构中传输（这种方式采用的比较多），其分层结构如图 6-43 所示。

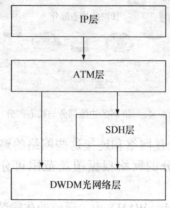

图 6-43　IP over ATM 的分层结构

各层功能如下。

- IP 层提供了简单的数据封装格式。
- ATM 层重点提供端到端的 QoS。
- SDH 层重点提供强大的网络管理和保护倒换功能。
- DWDM 光网络层主要实现波分复用，以及为上一层的呼叫选择路由和分配波长（若不进行波分复用则无 DWDM 光网络层）。

由于 IP 层、ATM 层、SDH 层等各层自成一体，都分别有各自的复用、保护和管理功能，且实现方式又大有区别，所以 IP over ATM 实现起来不但有功能重叠的问题，而且有功能兼容困难的问题。

③ IP over ATM 的优缺点。

IP over ATM 的主要优点如下。

- ATM 技术本身能提供 QoS 保证，具有流量控制、带宽管理、拥塞控制功能以及故障恢复能力，这些是 IP 所缺乏的，因而 IP 与 ATM 技术的融合，也使 IP 具有了上述功能。这样既提高了 IP 业务的服务质量，同时又能够保障网络的高可靠性。

- 适应于多业务，具有良好的网络可扩展能力，并能对其他几种网络协议如 IPX 等提供支持。

IP over ATM 具有以下缺点。

- 网络体系结构复杂，传输效率低，开销大。

- 由于传统的 IP 只工作在 IP 子网内，ATM 路由协议并不知道 IP 业务的实际传送需求，如 IP 的 QoS、多播等特性，这样就不能够保证 ATM 实现最佳的传送 IP 业务，在 ATM 网络中存在着扩展性和优化路由的问题。

（2）IP over SDH

① IP over SDH 的概念。

IP over SDH（POS）是 IP 技术与 SDH 技术的结合，是在 IP 网路由器之间采用 SDH 网传输 IP 数据报。具体地说，它利用 SDH 标准的帧结构，同时利用点到点传送等的封装技术把 IP 业务进行封装，然后在 SDH 网中传输。其网络结构如图 6-44 所示。

SDH 网为 IP 数据报提供点到点的链路连接，而 IP 数据报的寻址由路由器来完成。

② IP over SDH 的分层结构。

IP over SDH 的基本思路是将 IP 数据报通过点到点协议（PPP）直接映射到 SDH 帧结构中，从而省去了中间的复杂的 ATM 层。其分层结构如图 6-45 所示。

具体做法是：首先利用 PPP 技术把 IP 数据报封装进 PPP 帧，然后将 PPP 帧按字节同步映射进 SDH 的虚容器中，再加上相应的 SDH 开销置入 STM-N 帧中。这里有个问题说明一下，若进行波分复用则需要 DWDM 光网络层，否则这一层可以省略。

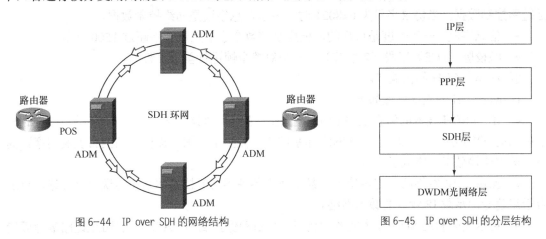

图 6-44　IP over SDH 的网络结构　　　　　图 6-45　IP over SDH 的分层结构

IP 数据报映射到 SDH 帧的过程如图 6-46 所示。

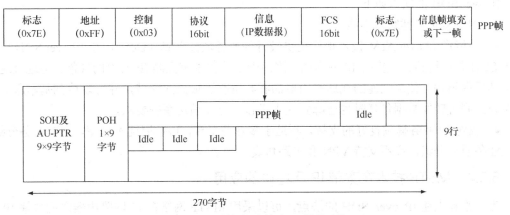

图 6-46　IP 数据报映射到 SDH 帧的过程

其中，PPP 帧的格式如图 6-47 所示。

图 6-47　PPP 帧的格式

各字段的作用如下。

- 标志字段 F（01111110）——表示一帧的开始和结束。PPP 协议规定连续两帧之间只需要用一个标志字段，它既可表示上一个帧的开始，又可表示下一个帧的结束。
- 地址字段 A（11111111）——由于 PPP 只能用在点到点的链路上，没有寻址的必要，因此把地址域设为"全站点地址"，即二进制序列 11111111，表示所有的站都接受这个帧（其实这个字段无意义）。
- 控制字段 C（00000011）——表示 PPP 帧不使用编号。
- 协议字段（2 字节）——PPP 帧与 HDLC 帧不同的是多了 2 个字节的协议字段。当协议字段为 0x0021 时，表示信息字段是 IP 数据报；当协议字段为 0xC021 时，表示信息字段是链路控制数据；当协议字段为 0x8021 时，表示信息字段是网络控制数据。
- 信息字段——其长度是可变的，但应是整数个字节且最长不超过 1500 字节。
- 帧校验（FCS）字段（2 字节）——是对整个帧进行差错校验的。

③ IP over SDH 的优缺点。

IP over SDH 的主要优点如下。

- IP 与 SDH 技术的结合是将 IP 数据报通过点到点协议直接映射到 SDH 帧，其中省掉了中间的 ATM 层，从而简化了 IP 网络体系结构，减少了开销，提供更高的带宽利用率，提高了数据传输效率，降低了成本。
- 保留了 IP 网络的无连接特征，易于兼容各种不同的技术体系和实现网络互连，更适合于组建专门承载 IP 业务的数据网络。
- 可以充分利用 SDH 技术的各种优点，如自动保护倒换（APS），以防止链路故障而造成的网络停顿，保证网络的可靠性。

IP over SDH 的缺点如下。

- 网络流量和拥塞控制能力差。
- 不能像 IP over ATM 技术那样提供较好的服务质量保障（QoS），在 IP over SDH 中，由于 SDH 是以链路方式支持 IP 网络的，因而无法从根本上提高 IP 网络的性能，但近来通过改进其硬件结构，使高性能的线速路由器的吞吐量有了很大的突破，并可以达到基本服务质量保证，同时转发数据包延时也已降到几十微秒，可以满足系统要求。
- 仅对 IP 业务提供良好的支持，不适于多业务平台，可扩展性不理想，只有业务分级，而无业务质量分级，尚不支持 VPN 和电路仿真。

6.5.4 MSTP 技术在宽带 IP 网络中的应用

为了弥补上述 IP over SDH 的缺点，可以采用 MSTP 网络在 IP 网路由器之间传输 IP 数据报。除此之外，MSTP 技术在宽带 IP 网络中还有一些重要应用。

1. MSTP 技术在城域网中的应用

MSTP 在 IP 城域网中的一个重要的功能就是提供专线服务，包括互联网接入专线和企业互联专线。

对于客户侧接口是数字数据网（DDN）和帧中继网（FRN）专用的低速接口，MSTP 提供以太网业务接口，用以实现 DDN、FRN 业务，以及 $N \times 64$kbit/s 仿真业务。这样可以通过 MSTP 所提供的 FE 接口，直接与客户交换机/路由器连接。

MSTP 提供大客户专线的组网模型如图 6-48 所示。

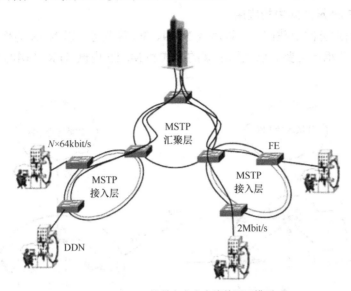

图 6-48 MSTP 提供大客户专线的组网模型

对于 ATM 专线、MPLS VPN（采用 MPLS 协议的虚拟专网）等，利用 MSTP 网络的以太网功能开展大客户以太专线，可实现 VPN 组网，进而提供 QoS、安全、可靠管理保障。其组网模型如图 6-49 所示。

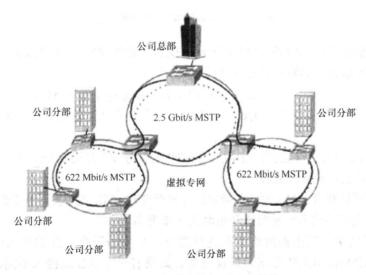

图 6-49 MSTP 提供虚拟专网的组网模型

MSTP 能够提供丰富的接口，例如 FE、GE、E1、E3、STM-1/4/16 等，提供速率范围为 2～1000Mbit/s，且有严格的带宽保证和安全隔离，可以进行简单的二层组网，具有 50ms 的网络自愈能力。但缺点是配置复杂，没有路由器，互通性差，二层处理能力受限。

MSTP 主要针对业务连续性和网络安全性要求高的客户，充分发挥其多业务能力的特点，实现视频会议、信息共享、内部 VoIP 等业务。同时又可以共享一个互联网出口，减少分别接入互联网的专线成本，真正实现无地域限制的虚拟专网。

2. MSTP 在 IP 承载网中的应用

MSTP 作为新业务的承载网，可以承载 NGN、3G 等业务。以 NGN 为例，MSTP 对接入网关（AG）上行的承载主要有以太网汇聚的方式和 MSTP 内嵌 RPR 环网的方式，如图 6-50 所示。

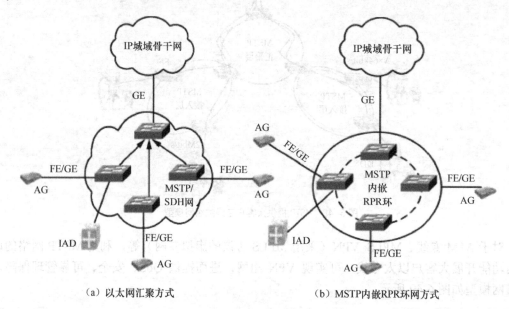

（a）以太网汇聚方式　　　　　　　　　　（b）MSTP内嵌RPR环网方式

图6-50　MSTP 承载 NGN 业务组网模式

图 6-50 中的综合接入设备（IAD）能同时交付传统的 PSTN 语音服务、数据包语音服务以及单个 WAN 链路上的数据服务（通过 LAN 端口）等。

① 以太网汇聚的方式：各 AG 上行的 FE、GE 业务将承载在 MSTP 的不同 VC 通道，独占带宽，可以保证各类业务的 QoS 和安全，在核心节点处通过 GE 汇聚进入到骨干路由器。

② MSTP 内嵌 RPR 环网的方式：利用 MSTP 的部分 VC 开通 RPR 环网，RPR 技术提供 QoS，支持公平算法和业务优先级。

两种方式都可以利用 LCAS 对业务带宽进行平滑调整，满足业务发展的需求，同时，MSTP 网络还提供其他业务的接入，使网络利用率进一步提高。

在具体的组网中，应根据网络情况进行选择。如果若干个 AG 欲接入一个 MSTP 环网，采用内嵌 RPR 的 MSTP 方案为最佳方案。如果若干个 AG 欲接入不同的 MSTP 环网或者 MSTP 设备没有条件组环的环境，则通过汇聚型的 MSTP 以太网专线的方式接入骨干路由器。

<big>小　　　结</big>

1. SDH 传输网为交换局之间提供高速高质量的数字传送能力。SDH 传输网的基本物理

拓扑有线形、星形、树形、环形和网孔形等。

各种拓扑结构各有其优缺点。在做具体的选择时，应综合考虑网络的生存性、网络配置的容易性，同时网络结构应当适于新业务的引进等多种实际因素和具体情况。一般来说，用户接入网适于星形拓扑和环形拓扑，有时也可用线形拓扑；中继网适于环形和线形拓扑；长途网则适于树形和网孔形拓扑的结合。

2．我国的 SDH 传输网根据网络的运营、管理和地理区域等因素分为 4 个层面：最高层面为长途一级干线网，第二层面为二级干线网，第三层面为中继网（即长途端局与市局之间以及市话局之间的部分），最低层面为用户接入网。

3．SDH 传输网的一个突出优势是具有自愈功能，利用其可以进行网络保护。所谓自愈就是无须人为干预，网络就能在极短时间内从失效故障中自动恢复所携带的业务，使用户感觉不到网络已出了故障。SDH 传输网目前主要采用的网络保护方式有线路保护倒换、环形网保护和子网连接保护等。

4．线路保护倒换一般用于链形网，保护倒换有两种方式：1+1 方式和 1：n 方式（1：1）。

采用环形网实现自愈的方式称为自愈环，SDH 自愈环分为以下几种：二纤单向通道倒换环、二纤双向通道倒换环、二纤单向复用段倒换环、四纤双向复用段倒换环以及二纤双向复用段倒换环。

子网连接保护（SNCP）倒换机理类似于通道倒换，采用"并发选收"的保护倒换规则，业务在工作和保护子网连接上同时传送。当工作子网连接失效或性能劣化到某一规定的水平时，子网连接的接收端依据优选准则选择保护子网连接上的信号。

5．网同步是全网各交换节点的时钟频率和相位保持一致。目前各国公用网中交换节点时钟的同步主要采用主从同步方式，而且是等级制，ITU-T 将时钟划分为四级：一级时钟——基准主时钟，由 G.811 建议规范；二级时钟——转接局从时钟，由 G.812 建议规范；三级时钟——端局从时钟，也由 G.812 建议规范；四级时钟——数字小交换机（PBX）、远端模块或 SDH 网络单元从时钟，由 G.813 建议规范。

在主从同步方式中，节点从时钟有 3 种工作模式：正常工作模式、保持模式和自由运行模式。

6．SDH 网同步通常采用主从同步方式。SDH 网内各网元（如终端复用器、分插复用器、数字交叉连接设备及再生中继器等）均应与基准主时钟保持同步。

局间同步时钟分配采用树形结构，使 SDH 网内所有节点都能同步。局内同步分配一般采用逻辑上的星形拓扑。所有网元时钟都直接从本局内最高质量的时钟——综合定时供给系统（BITS）获取。

SDH 网同步有 4 种工作方式：同步方式、伪同步方式、准同步方式和异步方式。

对 SDH 网同步的要求主要体现在以下两个方面：①同步网定时基准传输链——同步链的长度越短越好。②同步网的可靠性必须很高，避免形成定时环路。

7．MSTP 是指基于 SDH，同时实现 TDM、ATM、以太网等业务接入、处理和传送，提供统一网管的多业务传送平台。它将 SDH 的高可靠性、严格 QoS 和 ATM 的统计复用以及 IP 网络的带宽共享、统计时分复用等特征集于一身，可以针对不同 QoS 业务提供最佳传送方式。

MSTP 的功能模型包括了 MSTP 全部的功能模块。实际网络中，根据需要对若干功能模块进行组合，MSTP 设备可以配置成 SDH 的任何一种网元。

MSTP 支持的业务有 TDM 业务、ATM 业务、以太网业务等。MSTP 具有以下几个特点：继承了 SDH 技术的诸多优点、支持多种物理接口、支持多种协议、提供集成的数字交叉连接功能、具有动态带宽分配和链路高效建立能力、能提供综合网络管理功能。

8. 级联是将多个虚容器组合起来，形成一个容量更大的组合容器的过程。在一定的机制下，组合容器（容量为单个 VC 容量的 X 倍的新容器）可以当作仍然保持比特序列完整性的单个容器使用，以满足大容量数据业务传输的要求。

级联可以分为连续级联（相邻级联）和虚级联。连续级联需要将同一 STM-N 帧中相邻的虚容器级联并作为一个整体在相同的路径上进行传送；虚级联使用多个独立的不一定相邻的 VC，不同的 VC 可以像未级联一样分别沿不同路径传输，最后在接收端重新组合成为连续的带宽。

9. MSTP 中将以太网数据帧封装映射到 SDH 帧时，经常使用 3 种封装协议：点到点协议（PPP）、链路接入规程（LAPS）和通用成帧规程（GFP）。其中，GFP 具有明显优势，应用范围最广泛。

GFP 提供了一种通用的将高层客户信号适配到字节同步物理传输网络的方法，是一种先进的数据信号适配、映射技术，可以透明地将上层的各种数据信号封装为可以在 SDH 网络中有效传输的信号。它不但可以在字节同步的链路中传送可变长度的数据包，而且可以传送固定长度的数据块。

GFP 帧分为客户帧（业务帧）和控制帧两类，客户帧包括客户数据帧和客户（信号）管理帧，控制帧包括空闲帧和 OAM 帧。

10. 链路容量调整机制（LCAS）是利用虚级联 VC 中某些开销字节传递控制信息，在源端与宿端之间提供一种无损伤、动态调整线路容量的控制机制。可以自动删除虚级联中失效的 VC 或把正常的 VC 添加到虚级联之中，而且根据实际应用中被映射业务流量大小和所需带宽来调整虚级联的容量。

11. 支持以太网透传的 MSTP，处理简单透明。但由于 GFP 缺乏对以太网的二层处理能力，存在对以太网的数据没有二层的业务保护功能、汇聚节点的数目受到限制、组网灵活性不足等问题。

支持以太网二层交换的 MSTP 融合以太网二层交换功能，可以有效地对多个以太网用户的接入进行本地汇聚，从而提高网络的带宽利用率和用户接入能力。

在 MSTP 中内嵌 RPR 技术，能对以太网数据业务提供高效、动态的处理功能。

在 MSTP 中内嵌 MPLS 技术，是为了提高 MSTP 承载以太网业务的灵活性和带宽使用效率的同时，更有效地保证各类业务所需的 QoS，并进一步扩展 MSTP 的连网能力和适用范围。

12. SDH 传输网的应用范围非常广泛，除了应用在电话网中以外，还应用在光纤接入网、ATM 网和 IP 网中。

有源光纤接入网（AON）的传输体制一般采用 SDH，AON 中采用简化的 SDH 技术，包括系统简化、设立子速率、设备简化、组网方式简化（采用环形网，并配以一定的链形）、网管系统简化等。

ATM 网内 ATM 交换机之间 ATM 信元的主要传输手段之一就是基于 SDH，即利用 SDH 的帧结构传送 ATM 信元（话句话说，SDH 网作为 ATM 交换机之间的传输网）；SDH 传输网可以作为 IP 网的骨干传输技术，即在 IP 网路由器之间采用 SDH 网进行传输，称之为 IP over SDH。

13．MSTP 吸收了以太网、ATM、MPLS、RPR 等技术的优点，在 SDH 技术基础上，对业务接口进行了丰富，并且在其业务接口板中增加了以太网、ATM、MPLS、RPR 等处理功能，使之能够基于 SDH 网络支持多种数据业务的传送，所以 MSTP 在 IP 网中获得了广泛的应用。

MSTP 在 IP 城域网中的一个重要的功能就是提供专线服务，包括互联网接入专线和企业互联专线；利用 MSTP 网络的以太网功能开展大客户以太专线，可实现 VPN 组网，进而提供 QoS、安全、可靠管理保障。MSTP 作为新业务的承载网，可以承载 NGN、3G 等业务。

习　题

6-1　画出 SDH 传输网的几种基本物理拓扑。

6-2　环形网的主要优点是什么？

6-3　我国的 SDH 网络结构分为哪几个层面？

6-4　线路保护倒换有哪几种方式？线路保护倒换的特点是什么？

6-5　SDH 有哪几种自愈环？

6-6　本章图 6-7 所示的二纤双向复用段倒换环中，以 A 到 C、C 到 A 之间通信为例，假设 AD 节点间的光缆被切断，如何进行保护倒换？

6-7　网同步的概念是什么？为什么要进行网同步？

6-8　什么叫主从同步方式？

6-9　节点从时钟有哪几种工作模式？请详细加以解释。

6-10　SDH 网同步有哪几种工作方式？

6-11　对 SDH 同步网的要求主要体现在哪几个方面？

6-12　MSTP 的概念是什么？

6-13　论述连续级联与虚级联的概念及优缺点。

6-14　MSTP 中将以太网数据帧封装映射到 SDH 帧时，经常使用哪几种封装协议？哪种应用最广泛？

6-15　具有以太网二层交换功能的 MSTP 节点应具备哪些功能？

6-16　AON 中采用的简化的 SDH 技术包括哪几个方面？

6-17　ATM 交换机之间信元的传输方式有哪几种？

6-18　IP over SDH 的概念是什么？

6-19　MSTP 技术在宽带 IP 网络中有哪些重要应用？

参考文献

[1] 毛京丽，石方文. 数字通信原理（第 3 版）. 北京：人民邮电出版社，2011.

[2] 毛京丽. 数字通信原理. 北京：人民邮电出版社，2007.

[3] 毛京丽，董跃武. 数据通信原理（第 4 版）. 北京：北京邮电大学出版社，2015.

[4] 孙学康，毛京丽. SDH 技术（第 3 版）. 北京：人民邮电出版社，2015.

[5] 毛京丽. 宽带 IP 网络（第 2 版）. 北京：人民邮电出版社，2015.

[6] 刘颖，王春悦，赵蓉. 数字通信原理与技术. 北京：北京邮电大学出版社，1999.

[7] 韦乐平. 光同步数字传输网. 北京：人民邮电出版社，1998.

[8] 曾莆泉，李勇，王河. 光同步传输网技术. 北京：北京邮电大学出版社，1996.

[9] 郭世满. 数字通信——原理、技术及其应用. 北京：人民邮电出版社，1995.

[10] 纪越峰. 现代光纤通信技术. 北京：人民邮电出版社，1997.